W0208185

LEBENDIGE WILDNIS

Tiere der Meere und Ozeane

LEBENDIGE WILDNIS

Tiere der Meere und Ozeane

Delphine
Buckelwale · Haie · Kraken · Aale
Korallen · Orkas · Quallen

Verlag Das Beste Stuttgart · Zürich · Wien

INHALT

Über dieses Buch

Unsere Erde ist ein Planet der Meere, der blaue Planet des Sonnensystems, dessen Oberfläche zu mehr als 70% von Wasser eingenommen wird. Auf den flachen Kontinentalsockel, den Schelf, der sich bis in 200 m Meerestiefe erstreckt, folgt der relativ steile Kontinentalabhang, der 3000–6000 m tief zum Boden der Ozeane abfällt. Tiere kommen in sämtlichen Zonen vor, von der Wasseroberfläche bis in die Tiefsee, doch bislang sind erst verhältnismäßig wenige Meeresbewohner erforscht, so daß die unendlichen Ozeane noch viele Geheimnisse bergen.

Im größten Ökosystem der Erde bestimmen Sonne, Mond, Wind und Erdrotation die Meeresströmungen und damit auch die Nährstoffverteilung. Nach dem Licht, der Temperatur, der Strömung, der Wassertiefe, dem Nährstoffgehalt und der Beschaffenheit des Bodens richtet sich die Zusammensetzung der jeweiligen Lebensgemeinschaften. Modellhaft klar zeigen sich hier die Wechselbeziehungen zwischen Pflanzen und Tieren. Seinen Ausgang nimmt alles Leben im Meer in der obersten Wasserschicht, die von Licht durchflutet ist. In ihr gedeiht das pflanzliche Plankton, meist einzellige Algen, die die Lebensgrundlage für das tierische Plankton bilden. Das nächste Glied in der Nahrungskette der Meere stellen planktonfressende Fische dar, von denen sich die Raubfische ernähren, die wiederum von Meeressäugern wie Robben oder Zahnwalen erbeutet werden. Dabei wird die größte Biomasse erstaunlicherweise in den kalten Meeren erzeugt, obwohl sich die höchste Artenvielfalt im Tropenbereich findet. Dort entwickelten sich nahe dem Äquator dank der Symbiose von Pflanzen und Tieren Ökosysteme, die zu den farben- und formenreichsten der Erde zählen: die Korallenriffe. Am nährstoff- und planktonärmsten sind die leuchtend blauen, küstenfernen Bereiche der Hochsee, die aus biologischer Sicht eher Wüsten entsprechen.

Einige besonders interessante Meeresbewohner stellt dieser Band in Wort und Bild vor. Der Bogen spannt sich von den winzigen Korallenpolypen, die riesige Kalkgebirge aufbauen können, den glasig zart schwebenden Quallen oder den hochentwickelten Kraken bis zu den berüchtigten Haien und den größten Säugetieren der Erde, den Walen. Einmalige Farbbilder enthüllen dem staunenden Leser eine bunte Fülle faszinierender Lebewesen, die zum Teil vom Aussterben bedroht sind.

Trotz der unermeßlichen Weite der Ozeane vermochte der Mensch große Bereiche so nachhaltig zu schädigen, daß diese sich vielleicht nie mehr davon erholen können. Rücksichtslose Ausbeutung sowie gedankenlose oder bewußt in Kauf genommene Verschmutzung führten vielerorts bereits zur Vernichtung des Lebens in weiten Gebieten. Überfischung und Walfang sind weitere Kapitel, an denen sich zeigen wird, ob die Menschheit fähig ist, der Zerstörung ihrer eigenen Lebensgrundlagen Einhalt zu gebieten. Noch kann man ein Buch wie das vorliegende mit nachdenklicher Freude in die Hand nehmen.

Prof. Dr. Wilbert Neugebauer
Direktor a. D.
des Zoologisch-Botanischen Gartens WILHELMA, Stuttgart

DELPHINE

Trotz ihrer fischähnlichen Gestalt sind Delphine Säugetiere, deren Vorfahren vom Land- zum Wasserleben übergingen und sich dem nassen Element vollkommen anpaßten. Ihre Nahrung finden sie durch Echopeilung, und dank ihres stromlinienförmigen Körpers sowie eines komplizierten Feinbaus ihrer Haut erreichen sie beachtliche Geschwindigkeiten. Als gesellige Tiere pflegen Delphine enge soziale Beziehungen, die sie sogar auf andere Meeresbewohner und auf Menschen ausdehnen.

Wie die Wale zählen die Delphine zur Ordnung der Waltiere. Neben den Seekühen handelt es sich bei den Vertretern dieser Ordnung um die einzigen Säugetiere, die ihr ganzes Leben im Wasser verbringen. Sie sind warmblütige Lungenatmer, obwohl ihre Körper stark an die von Fischen erinnern.

Abgesehen von ihrer äußeren Erscheinung haben die Waltiere allerdings kaum etwas mit den Fischen gemeinsam, da ihre Vorfahren landlebende Säugetiere waren, die sich den Lebensraum Meer eroberten. Nach dem heutigen Stand der Forschung stammen Wale und Delphine von schweineartigen Huftieren ab, die vor rund 60 Mio. Jahren lebten.

Die ältesten Fossilien, die die Paläontologen den Waltieren zuordnen und die erst in den 80er Jahren unseres Jahrhunderts entdeckt wurden, gehören zur Gattung *Pakicetus.* Der Knochenbau läßt erkennen, daß dieses sehr ursprüngliche Waltier noch vier Beine besaß und sich deshalb sowohl auf dem Land als auch im Wasser fortbewegen konnte; es ist wahrscheinlich vor etwa 15 Mio. Jahren, im Miozän, ausgestorben. Zu dieser Zeit gab es bereits die ersten Zahnwale, zu denen auch die heutigen Delphine zählen.

An unterschiedlichen Orten in Europa entdeckten Wissenschaftler Fossilien eines der ältesten Zahnwale der Gattung *Squalodon*, dessen Beine bereits durch Flossen ersetzt waren und dessen Nasenlöcher an der Kopfoberseite lagen; außerdem enthielt seine verlängerte Schnauze mehr Zähne als die seiner Vorfahren.

Die Familie der Eigentlichen Delphine entstand vor etwa 10 Mio. Jahren und zählt heute 21 Arten verschiedener Größen und Formen. Sie sind in allen Ozeanen – von den Eismeeren bis hin zu den tropischen Gewässern – beheimatet. Ohne Zweifel gehören sie zu den höchstentwickelten Waltieren, nicht nur wegen ihrer perfekten Anpassung an das Leben im Wasser, sondern auch aufgrund ihrer erstaunlichen Gehirn- und Sinnesleistungen. Gegen die heutigen Fischfangmethoden und die Wasserverschmutzung sind sie jedoch hilflos.

Wie viele Delphine scheut der Große Tümmler, der Star in Delphinarien und „Flipper“ des Fernsehens, keineswegs die Nähe des Menschen. Im Gegenteil: Diese Meeressäuger begleiten Schiffe, tummeln sich an manchen Küsten zwischen Badegästen, nähern sich gelegentlich Tauchern und retten sogar Schiffbrüchige. Aus diesem Grund gelten Delphine seit alters als ausgesprochen intelligent. Doch ihre geistigen Fähigkeiten lassen sich wegen der völlig anderen Lebensweise nicht mit unseren vergleichen; deshalb schlugen alle Versuche, mit Delphinen zu „reden“, fehl.

Ein Delphin kommt selten allein

Delphine sind sehr soziale Tiere, die in großen Gruppen leben und wandern. Wieviele Mitglieder in einem Verband versammelt sind, hängt nicht zuletzt vom Lebensraum ab. Während Hochseedelphine große Herden bilden, die man als „Schulen" bezeichnet, bevorzugen Küstendelphine Familiengruppen, die sich aus bis zu 20 meist miteinander verwandten Tieren zusammensetzen.

Die Schulen sind häufig in Untergruppen aufgeteilt, die auf der einen Seite aus Weibchen und Jungtieren bestehen, die je nach Art 4–8 Jahre lang dieser Gruppengemeinschaft angehören, und auf der anderen Seite aus Heranwachsenden, zu denen sich oft erwachsene Männchen gesellen. Innerhalb ihres Aufenthaltsgebiets ziehen die Teilgruppen gemeinsam umher, wobei sie ihre Bewegungen genau aufeinander abstimmen. Weibchen und Jungtiere schwimmen stets im Zentrum des Herdenverbands, da sie dort am besten vor Raubtieren geschützt sind.

Die Zahl der Mitglieder einer solchen Schule schwankt von Art zu Art; auf hoher See ist eine Begegnung mit Schulen von mehr als 1000 Individuen keine Seltenheit. Weit über 3000 Mitglieder können diese Verbände bei den Flecken- und Streifendelphinen umfassen, doch die größten Schulen bilden die Gewöhnlichen Delphine. 1989 beobachtete Michael Scott, ein amerikanischer Meeresbiologe, eine Schule dieser Art, der über 8500 Delphine angehörten. Das Zusammenleben in Gruppen bietet den Tieren zwei entscheidende Vorteile: Einmal erleichtert es die Jagd, zum anderen gewährt es Schutz vor Verfolgern.

Delphine auf Brautschau

In Schulen, die mehrere tausend Delphine umfassen, können die Individuen unmöglich alle untereinander Kontakt pflegen, weshalb es in solchen Verbänden auch keine eindeutige Rangordnung gibt. Je kleiner jedoch die Gruppe ist, desto stärker bilden sich Hierarchien bei den Männchen und bei den Weibchen aus. In der Paarungszeit sind die Rangverhältnisse innerhalb der Gemeinschaften besonders stark ausgeprägt. Zunächst beginnen sich die Männchen- und Weibchengruppen zu mischen, so daß die Mitglieder einander besser kennenlernen können. Bei Delphinen gibt es keine festen Bindungen, statt dessen paaren sich Weibchen und Männchen während der Fortpflanzungszeit oft mit mehreren Partnern. Die Initiative geht von den Männchen aus: Sie nähern sich den Weibchen

und bemühen sich, alle Konkurrenten zu vertreiben. Mehrere Wochen dauern die Paraden an, mit denen die Männchen um ihre Partnerinnen werben, die sie durch die verschiedensten akrobatischen Vorführungen zu beeindrucken versuchen. Wenn sich ein Pärchen zusammengefunden hat, schmiegen sich die beiden Tiere eng aneinander und liebkosen sich gegenseitig, indem sie am Körper des Partners entlangstreifen.

So harmonisch verläuft die Paarbildung allerdings nicht immer. Manchmal schließen sich mehrere Männchen zusammen, um ein empfängnisbereites Weibchen gemeinsam zu verfolgen. Mit Bissen und Rempeleien gelingt es ihnen, dieses zur Paarung zu bewegen.

Vom ersten Lebenstag an ein Teil der Gemeinschaft

Je nach Art variiert die Tragzeit zwischen 10 und 12 Monaten. Bei der Geburt ist das Junge schon 70–110 cm lang. Es wird mit dem Schwanz voran geboren, was für Säugetiere ungewöhnlich, bei den Waltieren jedoch die Regel ist (siehe Seite 36). Unmittelbar nach der Geburt trägt die Mutter ihr Neugeborenes an die Wasseroberfläche, damit es seinen ersten Atemzug tun kann. Häufig wird sie dabei von einer „Tante“ tatkräftig unterstützt.

Das Junge hält sehr engen Kontakt zu seiner Mutter, aber schon bald beginnt es, sich auch für andere Gruppenmitglieder zu interessieren. Mit zunehmendem Alter entfernt sich das Jungtier mehr und mehr von der Mutter und sucht die Nähe von Artgenossen, mit denen es spielen kann.

Obwohl die Delphine ausgesprochen gesellig leben, trifft man gelegentlich auch Einzelgänger an. Warum diese Tiere allein umherziehen, konnten die Forscher noch nicht klären; möglicherweise handelt es sich bei ihnen um Individuen, die von der Gruppe ausgeschlossen wurden. Einsame Delphine halten sich oft in der Nähe von Stränden auf, um mit Badegästen zu spielen und sich streicheln zu lassen. Offenbar finden sie in dieser menschlichen Zuwendung einen Ersatz für den fehlenden Kontakt mit ihren Artgenossen.

Ein Säugling, der nicht saugen kann

Ein Delphinweibchen hat zwei Zitzen, die in Hautfalten am Bauch liegen und nur sichtbar werden, wenn es sein Junges säugt. Im Unterschied zu Landsäugern trinkt ein Delphin aber nicht, indem er die Milch abpumpt; vielmehr wird sie ihm ins Maul gespritzt, nachdem er die Zitze berührt hat. Dies geschieht mit Hilfe eines kräftigen Muskels, der den Inhalt aus der Milchdrüse preßt. Die Milch der Delphine ist äußerst nahrhaft und enthält sehr viel mehr Fett- und Eiweißanteile als die der meisten Säugetiere.

Die geselligen Delphine leben in unterschiedlich großen Verbänden, die von Familiengruppen bis hin zu riesigen Herden, sogenannten Schulen, reichen und bei manchen Arten mehr als 1000 Tiere umfassen können.

Delphinjunge kommen voll entwickelt zur Welt und sind bei der Geburt erstaunlich groß: Bei manchen Arten beträgt das Gewicht der Neugeborenen 30 % desjenigen der Mutter. In den ersten Lebenswochen unterstützt die Mutter ihr Kind beim Atemholen an der Wasseroberfläche.

Legendär: die Sinnesleistungen der Delphine

Gesellig lebende Tiere wie die Delphine müssen sich untereinander verständigen, um ihre Tätigkeiten koordinieren zu können. Für die Jagd und die Abwehr von Feinden übernimmt jedes Tier eine bestimmte Aufgabe und reagiert ständig auf die Bewegungen und Aktionen seiner Gruppengenossen. Die Abstimmung ihrer Verhaltensweisen kann nur gelingen, wenn die Tiere ständig in Kontakt bleiben und Signale austauschen.

Bei den Delphinen kommt den Lautäußerungen als Mittel für die Verständigung mit Artgenossen eine zentrale Bedeutung zu. In zahlreichen Studien versuchten Wissenschaftler, die „Sprache" der kleinen Zahnwale zu ergründen. Sie kamen zu dem Ergebnis, daß Delphine über ein äußerst differenziertes Lautrepertoire verfügen, dessen Töne als Zwitschern und Quietschen auch für den Menschen hörbar sind. Es handelt sich bei diesen Lauten um Stimmfühlungsrufe, mit denen Delphine Partner anlocken oder sich gegenseitig als Gruppenmitglieder identifizieren.

Noch bemerkenswerter ist die Fähigkeit der Delphine, Ultraschallwellen auszusenden und zu empfangen (siehe Kasten). Sie dient jedoch weniger dem Sozialleben als vielmehr der Nahrungssuche und der Orientierung. Mit Hilfe dieser Methode können Delphine auch nachts und in mehr als 600 m Tiefe auf die Jagd gehen.

Delphine benötigen nicht nur ein außergewöhnliches Gehör, um die Echowellen empfangen zu können, sondern auch ein hochentwickeltes Gehirn, um diese komplizierten Signale zu verarbeiten. Seine starke Furchung sowie seine beachtliche Größe führten zu der Annahme, daß die Intelligenz der Delphine der des Menschen gleichkommen müsse. Einen schlüssigen Beweis hierfür sind die Verfechter dieser These bislang jedoch schuldig geblieben.

Auch die Lernfähigkeit der Delphine, die das Publikum bei Vorführungen in Delphinarien immer wieder in großes Erstaunen zu versetzen vermag, unterscheidet sich nicht wesentlich von der anderer Säuger. Alle höheren Tiere, vor allem diejenigen, die in Gruppen leben, müssen zum Lernen fähig sein, und bei der Dressur werden ihre natürlichen Verhaltensweisen meist genutzt. Dasselbe geschieht bei der Abrichtung von Delphinen: Das gemeinsame Hochspringen aus dem Wasser oder das gezielte Ergreifen von Gegenständen gehört zum täglichen Leben eines jeden freilebenden Delphins.

Delphinshows ziehen jedes Jahr Millionen von Besuchern an. Die Anmut der Tiere, ihre Lernfähigkeit und ihre Aufgeschlossenheit gegenüber dem Menschen versetzen das Publikum stets in Begeisterung. Doch die Dressur gelingt nur bei denjenigen Arten, die schnell die Scheu vor Menschen verlieren; ungeachtet ihrer Spielfreude ist das Leben in Gefangenschaft für Delphine kein Spaß.

„Sehen" bei Nacht und in trübem Wasser

Während die obere Hörgrenze des Menschen im Frequenzbereich von 20000 Hertz liegt, nimmt ein Delphin Ultraschallwellen bis zu 280000 Hertz wahr. Er sendet solche Wellen zunächst über die sogenannte Melone aus (siehe Seite 19). Reflektiert ein Gegenstand den Schall, kann der Delphin die Größe und Entfernung des Objekts durch die empfangenen Schallwellen bestimmen. Man bezeichnet dieses Verfahren als „Echoortung". Die Wahrnehmung des Echos erfolgt im Innenohr, wohin die Schallwellen durch ölgefüllte Kanäle im Unterkiefer gelangen.

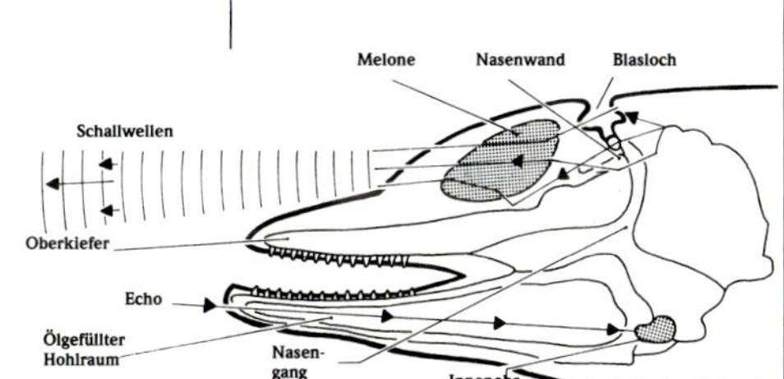

(nach Norris und Harvey)

Jagdzüge mit strenger Arbeitsteilung

Alle Delphine sind Fleischfresser, wobei jede Art bestimmte Beutetiere bevorzugt. Delphine können ihre Ernährungsgewohnheiten dem jeweiligen Lebensraum anpassen; auch ihre Jagdtechnik variiert je nach Aufenthaltsgebiet und Größe des Herdenverbands. Küstendelphine, die in kleineren Gruppen leben, jagen in der Regel einzeln. Dabei gehen sie nicht selten in Ufernähe auf Beutezug und bewegen sich in Gewässern, die manchmal weniger als 2 m tief sind. Dort stöbern sie Aale und andere am Meeresgrund lebende Fische, Kraken, Tintenfische und Krebstiere auf. Am liebsten fressen sie jedoch Meerbarben. Ihre Nahrung ist wesentlich vielfältiger als die der Hochseedelphine.

Hochseejagd

Die Großen Tümmler, die auf hoher See in Verbänden von mehreren hundert Tieren leben, jagen gemeinsam – meist am frühen Vor- oder am späten Nachmittag. Hierzu bilden sie mehrere kleine Gruppen, die sich über ein großes Areal verteilen, aber ständig Hörkontakt untereinander halten. Mit Hilfe ihres Echoortungssystems suchen sie nach Schwärmen von Dorschen, Makrelen, Heringen oder Stinten, denen ihr Hauptinteresse gilt. Haben sie einen solchen Schwarm geortet, nähern sich die Delphine, und einige „Treiber" schwärmen aus und kreisen ihn ein. Auf diese Weise sind die Fische von einer lebendigen Mauer umringt und rücken in einer Panikreaktion näher zusammen, was die Arbeit ihrer Jäger erleichtert.

Zunächst machen sich die stärkeren Tiere über die Beute her, bevor die rangniederen Gruppenmitglieder an die Reihe kommen. Während der ganzen Zeit halten die Delphine den Kreis um den Fischschwarm geschlossen, da sich die einzelnen Tiere immer wieder beim Fressen ablösen.

Nicht selten finden sich sogar verschiedene Arten von Fischjägern zu einer Gruppe zusammen. In den tropischen Breiten des Pazifik bilden beispielsweise Fleckendelphine zusammen mit Spinnerdelphinen und Thunfischen oft riesige Verbände von mehreren tausend Tieren. Die beiden Delphinarten scheinen in bezug auf ihre Nahrung nicht im Wettbewerb miteinander zu stehen; sie profitieren von dem Zusammenschluß, weil er ihnen einen besseren Schutz vor Feinden, vor allem Haien, gewährt. Für Thunfische hingegen liegt der Hauptvorteil der Gemeinschaft mit den Delphinen in der Steigerung ihres Jagderfolgs. Fleckendelphine und Thunfische ernähren sich ähnlich, indem sie nahe der Wasseroberfläche jagen. Da Thunfische ihre Beute auf „konventionelle" Art aufspüren, nimmt man an, daß sie Nutznießer der Echoortung der Delphine sind.

Auch Fregattvögel finden sich oft in der Nähe jagender Delphine ein: Sie schnappen nach Fischen, die versuchen, durch einen Sprung aus dem Wasser vor den Meeressäugern zu fliehen.

Delphine halten ihre Beute mit den Zähnen fest und schlingen sie dann ganz hinunter. Welche Mengen ein freilebender Delphin täglich frißt, läßt sich nur schwer schätzen. Demgegenüber weiß man natürlich von Tieren in Gefangenschaft sehr

Zeig mir deine Zähne, und ich sag dir, was du frißt!

Im Gegensatz zu anderen Säugetieren müssen Delphine ihr ganzes Leben mit ein und denselben Zähnen auskommen; sie haben kein Milchgebiß, das im Erwachsenenalter ersetzt wird.

Die Form ihrer Zähne ist völlig einheitlich, gleich, an welcher Stelle sie sich im Kiefer befinden. Ein solches Gebiß nennt man in der Fachsprache „homodont", während die meisten Säuger und auch der Mensch ein „heterodontes" Gebiß mit Schneide-, Eck- und Backenzähnen besitzen.

Anzahl, Form und Größe der Zähne weichen jedoch bei den Delphinarten entsprechend ihrer Ernährungsweise voneinander ab. Folglich kann man ihre Hauptnahrung ermitteln, indem man die Form des Kiefers und der Zähne betrachtet. Fischfressende Delphine wie der Große Tümmler oder der Gewöhnliche Delphin besitzen zahlreiche (80–200) spitze Zähne, die nach hinten gekrümmt sind, damit sie ihre wendige Beute besser festhalten können. Im Gegensatz dazu haben die Arten, die sich vorwiegend von Tintenfischen und Kraken ernähren, z. B. Grindwale, einen kurzen Schnabel mit wenigen Zähnen. Extrem reduziert ist das Gebiß der Schnabelwale, die ebenfalls Tintenfische fressen: Sie besitzen nur zwei bis vier Zähne.

genau, welche Futterrationen sie benötigen, um ihren Hunger zu stillen. Ausgewachsene Große Tümmler, die ungefähr 230 kg wiegen, fressen am Tag zwischen 8 und 10 kg Fisch, und trächtige Weibchen derselben Art brauchen stattliche 15 kg. Delphine in der freien Wildbahn jedoch vertilgen wahrscheinlich viel größere Mengen, da Beutetiere wie beispielsweise Kraken einen geringeren Nährwert haben als das Futter, das ihre in Gefangenschaft lebenden Artgenossen erhalten.

Eine strikte Aufgabenverteilung trägt wesentlich zum Jagderfolg der Tümmler bei. Delphine der Hochsee formieren sich auf der Suche nach Fischschwärmen zu Jagdverbänden und kreisen die Beute systematisch ein, so daß kein Tier entkommen kann.

▶ Harmonie der Bewegung: springende Delphine im Gleichklang mit dem Rhythmus der Wellen

Großer Tümmler

Tursiops truncatus

Der Große Tümmler, der gelegentlich auch Flaschennasentümmler genannt wird, gehört zu den häufigsten und am weitesten verbreiteten Delphinarten. Weil er zudem aus dem Fernsehen und aus Delphinarien einem breiten Publikum vertraut geworden ist, gilt er als *der* Delphin schlechthin. Seine erstaunliche Anpassungsfähigkeit an das Leben in Gefangenschaft ermöglicht die Durchführung zahlreicher wissenschaftlicher Studien, so daß er zugleich eine der am besten erforschten Walarten ist.

In der Regel bildet der Große Tümmler Gruppen von rund zehn (Küste) bis 25 (Hochsee) Individuen. Nicht selten finden sich die Gruppen aber auch in Schulen von mehreren hundert Mitgliedern zusammen, beispielsweise in den tropischen Bereichen des Pazifischen Ozeans. Seine stromlinienförmige Gestalt, seine kräftige Muskulatur und die besondere Struktur seiner Haut befähigen den Großen Tümmler zu eindrucksvollen Leistungen; dank dieser Eigenschaften kann er Geschwindigkeiten von 40 km/h erreichen. Damit zählt er zu den schnellsten Waltieren und wird nur noch vom Gewöhnlichen Delphin übertroffen, der es auf mehr als 60 km/h bringt.

Erstaunlicher jedoch als seine Schnelligkeit ist die Fähigkeit des Großen Tümmlers, bis in eine Tiefe von 300 m hinabzutauchen und dabei 15 Minuten lang die Luft anzuhalten. In solchen Tiefen erbeutet er Bodenfische wie Meerbarben, Welse, Aale und auch Kraken.

Als lernfähiges Tier vermag sich der Große Tümmler den Tätigkeiten des Menschen auf dem Meer anzupassen und daraus sogar seinen Nutzen zu ziehen, indem er z. B. Fische fängt, die aus Netzen entkommen oder von den Fischern wieder ins Wasser zurückgeworfen werden.

Im Abstand von 2–3 Jahren, während des Sommers, bringt das Weibchen ein einziges Junges zur Welt. Da das Jungtier keine Lippen hat und somit nicht saugen kann, spritzt ihm die Mutter ihre proteinreiche Milch ins Maul. 12–18 Monate lang bildet Muttermilch die Hauptnahrung des Delphinjungen. Während dieser langen Zeit eignet

	GROSSER TÜMMLER
Art:	*Tursiops truncatus*
Familie:	Eigentliche Delphine
Ordnung:	Waltiere
Klasse:	Säugetiere
Merkmale:	Kräftig gebaut; Haut einfarbig grau-beige, am Bauch heller. Erkennbarer Schnabel mittlerer Länge. Sichelförmige Rückenflosse. Zwei Typen: ein heller in Küstennähe, ein dunklerer auf hoher See
Maße:	Körperlänge 3–4 m
Gewicht:	150–350 kg
Verbreitung:	Alle Meere außer den Polargebieten
Lebensraum:	Küstengewässer und Hochsee
Nahrung:	Vorwiegend Fische und Tintenfische
Sozialstruktur:	Gruppen von rund zehn (Küste) bis 25 (Hochsee) Tieren. Selten auch Schulen mit bis zu 1000 Tieren
Geschlechtsreife:	Männchen mit 10–12 Jahren, Weibchen zwischen 6 und 10 Jahren
Fortpflanzung:	Im Sommer; von Juni bis September auf der nördlichen Halbkugel, von Dezember bis März auf der südlichen Halbkugel
Tragzeit:	12 Monate
Anzahl der Jungen pro Geburt:	1
Geburtsgewicht:	Rund 30 kg
Lebensdauer:	25 Jahre; in Gefangenschaft mehr als 30 Jahre
Bestand:	Schätzungsweise über 5 Mio. Exemplare

Schnabel
Deutlich vom übrigen Kopf abgesetzt.

Rückenflosse
Auch Rückenfinne genannt; beim Großen Tümmler sichelförmig nach hinten gerichtet.

es sich alle für das Überleben in Freiheit notwendigen Verhaltensweisen an.

Wie alle Delphine besitzt der Große Tümmler zwar keinen Geruchssinn, dafür aber ein gutes Sehvermögen; dank der anpassungsfähigen Linsen seiner Augen kann er sowohl im Wasser als auch in der Luft scharf sehen. Wichtiger als der Gesichtssinn ist jedoch das Gehör, wobei der Tümmler nicht nur Töne im menschlichen Hörbereich, sondern auch Ultraschallaute wahrnehmen kann. Letztere benutzt er zur Echoortung. Die Schallwellen werden in der sogenannten Melone gebündelt und ausgesandt; dieses Organ liegt hinter der Stirn und ist mit Walrat (einer wachsartigen Substanz) gefüllt. In Flachwasserzonen schwimmt der Delphin häufig auf dem Rücken; möglicherweise verringert er auf diese Weise Störungen in seinem Echoortungssystem und kann sich ein besseres akustisches Bild von seiner Umgebung machen (siehe Kasten auf Seite 13).

Gestalt
Spindelförmig, ermöglicht eine schnelle Fortbewegung im Wasser.

Besondere Merkmale

Schnabel
Diese schmale Verlängerung des Schädels wird von Ober- und Unterkiefer gebildet und enthält keine Nase. Beim Großen Tümmler ist sie etwa 20 cm lang und läuft spitz zu. Seitliche Bewegungen wie beim Kauen sind mit diesem Gebiß nicht möglich, es kann nur auf- und zugeklappt werden. Gelegentlich benutzen die Tiere ihren Schnabel zur Verteidigung, indem sie ihn z. B. Haien in den Bauch stoßen.

Blasloch
Bei den Delphinen sind beide Nasenlöcher in ein Blasloch von 5 cm Durchmesser umgewandelt. Es liegt in der Mitte der Kopfoberseite und ist mit einem muskulösen Polster verschlossen, das das Tier nach Bedarf öffnet und schließt. Zusammen mit mehreren Schließmuskeln in der Luftröhre verhindert das Verschlußpolster, daß Wasser in die Lunge eindringt.

Stromlinienform
Die torpedoartige Gestalt des Delphins begünstigt ein leichtes, zügiges Dahingleiten im Wasser. Den Antrieb erzeugt allein der Hinterkörper, der mit seinen mächtigen Muskelpaketen die waagrechte Schwanzflosse, die Fluke, auf und abbewegt. Der kräftige Schwanz versetzt die Tiere in die Lage, wie ein Pfeil aus dem Wasser emporzuschnellen und „senkrecht stehend" zu verweilen.

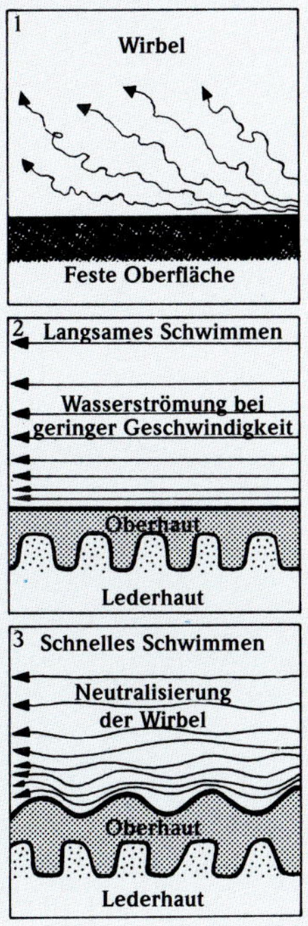

Haut
Bewegt sich ein Körper sehr schnell durchs Wasser, so bilden sich Wirbel, die sein Vorankommen bremsen (1). Die geschmeidige Oberhaut der Delphine kann ihre Oberflächenstruktur verändern und dadurch die Wirbel neutralisieren. Bei geringer Geschwindigkeit bleibt die Haut glatt (2), schwimmen die Tiere jedoch schnell (3), bildet sie eine wellenförmige Struktur, die den Reibungswiderstand entscheidend herabsetzt.

Andere Arten

Als „Delphine“ werden gemeinhin alle kleineren Zahnwale bezeichnet. Über ihre systematische Einteilung gehen die Ansichten der Wissenschaftler auseinander, doch in der Regel unterscheiden die Experten mehrere Familien, zu denen auch die Schwert- und Grindwale zählen. Im folgenden werden die Arten der Familien Eigentliche Delphine und Schwert- und Grindwale einzeln aufgeführt; die im Süßwasser verbreiteten Flußdelphine stellen wir in einem Kasten auf Seite 23 vor.

Eigentliche Delphine

HECTORDELPHIN
Cephalorhynchus hectori
Merkmale: Kehle und Bauch weiß, Rücken grau; Schnabel kurz. Körperlänge rund 1,4 m. Gewicht 40–50 kg.
Lebensraum: Küstengewässer Neuseelands.
Sozialstruktur: Stabile Gruppen von bis zu 100 Tieren.

JACOBITA
Cephalorhynchus commersoni
Merkmale: Kontrastreiche Schwarzweißzeichnung; abgerundete Rückenfinne, kein Schnabel. Körperlänge bis zu 1,7 m. Gewicht 40–60 kg.
Lebensraum: Küstengewässer des südlichen Südamerika.
Sozialstruktur: Kleine Gruppen in Schulen von rund 100 Mitgliedern.

CHILEDELPHIN
Cephalorhynchus eutropia
Merkmale: Oberseite schwarz, Unterseite weiß; niedrige Rückenfinne, kurzer Schnabel. Körperlänge etwa 1,6 m. Gewicht 40–50 kg.
Lebensraum: Küstengewässer Chiles.

HEAVISIDE-DELPHIN
Cephalorhynchus heavisidii
Merkmale: Weißer Fleck an Bauch und Flanken; dreieckige Rückenfinne, kurzer Schnabel. Körperlänge ungefähr 1,4 m. Gewicht rund 45 kg.
Lebensraum: Küstengewässer im Westen Südafrikas.

SÜDLICHER GLATTDELPHIN
Lissodelphis peroni
Merkmale: Schlank; Rücken schwarz, Kopf, Bauch, Flanken und Flossen weiß, keine Rückenfinne, Schnabel mittellang. Körperlänge 2–2,8 m. Gewicht 60–80 kg.
Lebensraum: Hochsee der Südhalbkugel.
Sozialstruktur: Große, sehr gut koordinierte Schulen von bis zu 1000 Tieren.

NÖRDLICHER GLATTDELPHIN
Lissodelphis borealis
Merkmale: Sehr schlank; Grundfarbe Schwarz, Bauch weiß. Keine Rückenfinne, Schnabel mittellang. Körperlänge 2–3 m. Gewicht 60–90 kg.
Lebensraum: Hochsee der Nordhalbkugel.
Sozialstruktur: Schulen mit manchmal über 1000 Tieren.

GEWÖHNLICHER DELPHIN
Delphinus delphis
Merkmale: Dunkler Streifen an Seite und Rücken; beigefarbene Flanken, heller Bauch; sichelförmige Rückenfinne, langer Schnabel. Körperlänge 1,7–2,4 m. Gewicht 80–120 kg.
Lebensraum: Gemäßigte und wärmere Meere; weltweit verbreitet.
Sozialstruktur: Oft riesige Schulen.

FLECKENDELPHIN
Stenella attenuata
Merkmale: Dunkelgraue Haut mit zahlreichen kleinen Flecken, Flanken und Bauch heller. Langer Schnabel, schlank. Körperlänge 2,2–2,5 m. Gewicht 100–140 kg.
Lebensraum: Gemäßigte bis warme Meere.
Sozialstruktur: In großen Gemeinschaften mit mehr als 4000 Tieren.

ATLANTISCHER FLECKENDELPHIN
Stenella plagiodon
Merkmale: Ganzer Körper mit kleinen Flecken. Körperlänge 1,8–2,3 m. Gewicht etwa 110 kg.
Lebensraum: Kalte Gewässer, vor allem Nordatlantik.

STREIFENDELPHIN
Stenella coeruleoalba
Auch Blauweißer Delphin genannt.
Merkmale: Rücken graublau, Bauch weiß, schwarzer seitlicher Streifen vom Auge bis zum After. Langer Schnabel. Körperlänge bis zu 2,7 m. Gewicht rund 100 kg.
Lebensraum: Warme Meere.
Sozialstruktur: Sehr große Schulen mit gelegentlich mehr als 7000 Tieren.

SPINNERDELPHIN
Stenella longirostris
Merkmale: Schwarzer Rücken, graue Flanken, heller Bauch; hohe Rückenfinne, langer, dünner Schnabel. Dreht sich häufig bei Luftsprüngen in charakteristischer Weise um seine Längsachse. Körperlänge 1,8–2,1 m. Gewicht etwa 75 kg.
Lebensraum: Warme Meere.
Sozialstruktur: Häufig Schulen mit mehr als 1000 Tieren.

WEISSSCHNAUZENDELPHIN
Lagenorhynchus albirostris
Merkmale: Schwarz mit weißem Bauch und weißem, kurzem Schnabel; graue Bereiche an den Flanken. Sichelförmige Rückenflosse. Körperlänge bis zu 3,1 m. Gewicht 200–260 kg.
Lebensraum: Kalte Gewässer, vor allem Nordatlantik.
Sozialstruktur: Schulen mit oft über 1000 Tieren.

ATLANTISCHER WEISSSEITEN-DELPHIN
Lagenorhynchus acutus
Merkmale: Grauschwarzer, kurzer Schnabel. Grundfarbe Grau, gelber oder beigefarbener Fleck am Hinterkörper; helle Flanken. Körperlänge 2,5–3 m. Gewicht 180–250 kg.
Lebensraum: Kalte Meere im Nordatlantik.
Sozialstruktur: Große Schulen.

PAZIFISCHER WEISSSEITENDELPHIN
Lagenorhynchus obliquidens
Merkmale: Kurzer schwarzer Schnabel; zweifarbige Rückenfinne; Flanken und Rücken in mehreren Grautönen, Bauch weiß. Körperlänge bis zu 2,3 m. Gewicht bis zu 150 kg.
Lebensraum: Kalte und gemäßigte Bereiche des Nordpazifik.

DUNKLER DELPHIN
Lagenorhynchus obscurus
Merkmale: Sehr kurzer, schwarzer Schnabel; Rücken und Flossen schwarz, graue Flanken mit breitem hellem Fleck im hinteren Körperbereich. Körperlänge 1,5–1,7 m. Gewicht 115–140 kg.
Lebensraum: Kalte und gemäßigte Meere.
Sozialstruktur: Gruppen mit 20 bis 300 Tieren.

Gewöhnliche Delphine *(Delphinus delphis)*

Fleckendelphin *(Stenella attenuata)*

SANDUHRDELPHIN
Lagenorhynchus cruciger
Merkmale: Schwarz mit weißem Bauch und weißem Flankenstreifen, der in der Mitte sanduhrförmig eingeschnürt ist; kurzer Schnabel. Körperlänge 1,5–1,7 m. Gewicht bis 110 kg.
Lebensraum: Südpolarmeer.
Sozialstruktur: Meist kleine Gruppen.

PEALES DELPHIN
Lagenorhynchus australis
Merkmale: Kopf, Rücken und Flossen schwarz, Kehle und Bauch weiß; silberfarbene Flecken an den Flanken. Kurzer Schnabel. Körperlänge 2–2,3 m. Gewicht etwa 120 kg.
Lebensraum: Meere um das südliche Südamerika, Falklandinseln.
Sozialstruktur: Kleine Gruppen.

KURZSCHNABELDELPHIN
Lagenodelphis hosei
Merkmale: Schnabel sehr kurz, kleine Flossen. Dunkelgrau, Bauch hell; breiter schwarzer Flankenstreifen. Körperlänge 2,3–2,7 m. Gewicht 100–180 kg.
Lebensraum: Tropische Meere.
Sozialstruktur: In Schulen mit bis zu 500 Tieren.

RUNDKOPFDELPHIN
Grampus griseus
Merkmale: Hellgrau, Körper mit zahlreichen Narben; runder Kopf ohne Schnabel; schwarze Flossen. Körperlänge 3,5–4 m. Gewicht 400–600 kg.
Lebensraum: Warme Meere.
Sozialstruktur: Kleine Gruppen.

IRRAWADDYDELPHIN
Orcaella brevirostris
Merkmale: Graublau; kugelförmiger Kopf mit deutlicher Melone, kein Schnabel. Rückenfinne klein. Körperlänge 2–2,4 m. Gewicht rund 100 kg.
Lebensraum: Küsten, Brack- und Mündungsgewässer in Südostasien.
Sozialstruktur: Kleine Gruppen.

Schwert- und Grindwale

MELONENKOPF
Peponocephala electra
Merkmale: Runder, fast schnabelloser Kopf mit ausgeprägter Melone. Lange, schmale Flossen; Grundfarbe Schwarz, weiße Flecken an Kehle, Lippen und am After. Große, spitze Rückenfinne. Körperlänge 2,5–2,7 m. Gewicht 170 kg.
Lebensraum: Warme Meere.
Sozialstruktur: Schulen mit bis zu 500 Tieren.

ZWERGSCHWERTWAL
Feresa attenuata
Merkmale: Grundfarbe dunkel, Lippen und Bauchfleck weiß; runder Kopf, schnabellos. Körperlänge 2–2,7 m. Gewicht rund 170 kg.
Lebensraum: Warme Meere.
Sozialstruktur: Kleine Gruppen.

LANGFLOSSEN-GRINDWAL
Globicephala melaena
Merkmale: Grundfarbe Metallgrau bis Schwarz; kurzer Kopf mit deutlicher Melone, sehr kurzer Schnabel; lange Flossen. Körperlänge der Männchen 5,5–8,5 m, der Weibchen 4–6 m. Gewicht der Männchen 3000–3500 kg, der Weibchen 1800–2500 kg.
Lebensraum: Gemäßigte bis kalte Meere.
Sozialstruktur: Sehr gesellig; Schulen umfassen oft mehrere hundert Tiere.

KURZFLOSSEN-GRINDWAL
Globicephala macrorhynchus
Merkmale: Kürzere Flossen als der Langflossen-Grindwal, sonst ähnlich. Körperlänge 4–6 m. Gewicht 1200 bis 3000 kg.
Lebensraum: Warme Meere.
Sozialstruktur: Wie Langflossen-Grindwal.

UNECHTER SCHWERTWAL
Pseudorca crassidens
Wird auch Schwarzer oder Mittlerer Schwertwal genannt.
Merkmale: Schwarz; länglicher Kopf mit Ramsnase. Kein Schnabel, schmale Flossen. Körperlänge der Weibchen 4–4,9 m, der Männchen 5–6,1 m. Gewicht der Weibchen bis 1200 kg, der Männchen bis 2000 kg.
Lebensraum: Warme Meere.
Sozialstruktur: Oft große Schulen mit mehreren hundert Tieren.

ORKA
Orcinus orca
Er wird auf den Seiten 127–146 ausführlich beschrieben.

Grindwal

Grindwal *(Globicephala melaena)*

Orka *(Orcinus orca)*

Delphine in ihrem Lebensraum

Delphine haben alle Ozeane erobert. Manche Arten sind nur gebietsweise verbreitet, so z. B. der Hectordelphin, der in der Nähe der neuseeländischen Küsten lebt, und der Heaviside-Delphin, der in den Küstengewässern Südafrikas beheimatet ist. Sie gehören beide zur Gattung *Cephalorhynchus,* deren zwei weitere Arten auf bestimmte Bereiche nahe den Küsten Südamerikas beschränkt sind. Der Chiledelphin kommt nur an der Westküste von Chile bis zum Kap Hoorn vor, der Jacobita an der chilenischen und argentinischen Küste sowie im Gebiet um die Inselgruppen der Falklands und Kerguelen.

Andere Delphinarten haben weit größere Verbreitungsgebiete. So findet man den Großen Tümmler und den Gewöhnlichen Delphin rund um den Erdball, auf hoher See ebenso wie in der Nähe der Küsten aller Kontinente mit Ausnahme der Polargebiete.

Mehrere Faktoren können die Verbreitung dieser Zahnwale beeinflussen; die wichtigsten sind die Wassertemperatur und -tiefe, der Salzgehalt und die Oberflächenstruktur des Meeresgrunds sowie nicht zuletzt die Häufigkeit von Nahrungstieren.

Einige Delphinarten, die an Küsten leben, dringen sogar in Brack- oder Süßwasser vor. Dazu gehören die Mitglieder der Delphinfamilien Kleintümmler und Langschnabeldelphine, aber auch der Irrawaddydelphin, der sich in Lagunen und Flußmündungen Südostasiens aufhält und gelegentlich flußaufwärts wandert. Reine Flußbewohner sind die ungewöhnlichen Flußdelphine (siehe Kasten rechts).

Andere Arten haben sich auf die Hochsee spezialisiert; dies gilt insbesondere für die Glattdelphine, die Weißseiten- und die Fleckendelphine. Große Tümmler dagegen sind in verschiedenen Lebensräumen zu Hause – an den Küsten ebenso wie auf hoher See.

Immer auf Wanderschaft

Meeressäugetiere legen im Lauf eines Jahres riesige Strecken zurück, unter ihnen auch einige Delphine. Manche Arten unternehmen zwar keine großen Wanderungen, wechseln aber ihr Aufenthaltsgebiet in Abhängigkeit von der Jahreszeit. Der Grund hierfür liegt in der Häufigkeit und den Wanderungen der Tiere, von denen sich diese Delphine ernähren. Fischschwärme ziehen dorthin, wo ihre Nahrung, das Plankton, massenhaft wächst, und dessen Gedeihen hängt entscheidend von der Außentemperatur ab. Auf diese Weise, über die verschiedenen Stufen der Nahrungskette, beeinflußt das jahreszeitliche Klima die Bewegungen der Delphine.

Ebenfalls auf den Spuren ihrer Beutetiere suchen die Grindwale im Sommer die Küsten Neufundlands auf, weil dort in dieser Zeit bestimmte Tintenfische massenhaft auftreten. Im Winter ziehen die Jäger in tiefere Gewässer, die vom Golfstrom erwärmt werden, um nun andere Nahrung aufzunehmen. Die vor der Ostküste Südamerikas lebenden Tucuxis, die zur Familie der Langschnabeldelphine gehören, unternehmen zwar keine größeren Wanderungen, wechseln jedoch vermutlich vom Salz- ins Süßwasser, wenn in der Regenzeit die Ebenen überschwemmt sind. Führen die Flüsse in den Trockenmonaten Niedrigwasser, kehren sie ins Meer zurück.

Temperaturempfindlich

Die Meerestemperatur vermag jedoch nicht nur die Häufigkeit von Beutetieren und damit den Aufenthaltsort von Delphinen zu beeinflussen, sondern spielt insbesondere bei empfindlicheren Arten auch eine entscheidende Rolle für deren körperliches Wohlbefinden. Während Fleckendelphine beispielsweise warme Meere bevorzugen, leben Weißschnauzen- und Sanduhrdelphine in kalten Regionen. Es gibt jedoch auch Arten, die in warmen und kalten Gewässern zu Hause und entsprechend weit verbreitet sind – der Große Tümmler ist eine davon.

Temperaturänderungen in einem Gebiet können sich deshalb langfristig auf die Häufigkeit der Delphine auswirken. So verschwanden die Rundkopfdelphine, die zu Beginn des 20. Jh. in der Montereybucht vor der kalifornischen Küste in großer Zahl lebten, für etwa 70 Jahre aus diesem Gebiet, bevor sie in den 70er Jahren plötzlich wiederauftauchten. Um diesem Phänomen auf die Spur zu kommen, untersuchte ein Wissenschaftler die Aufzeichnungen der Wassertemperatu-

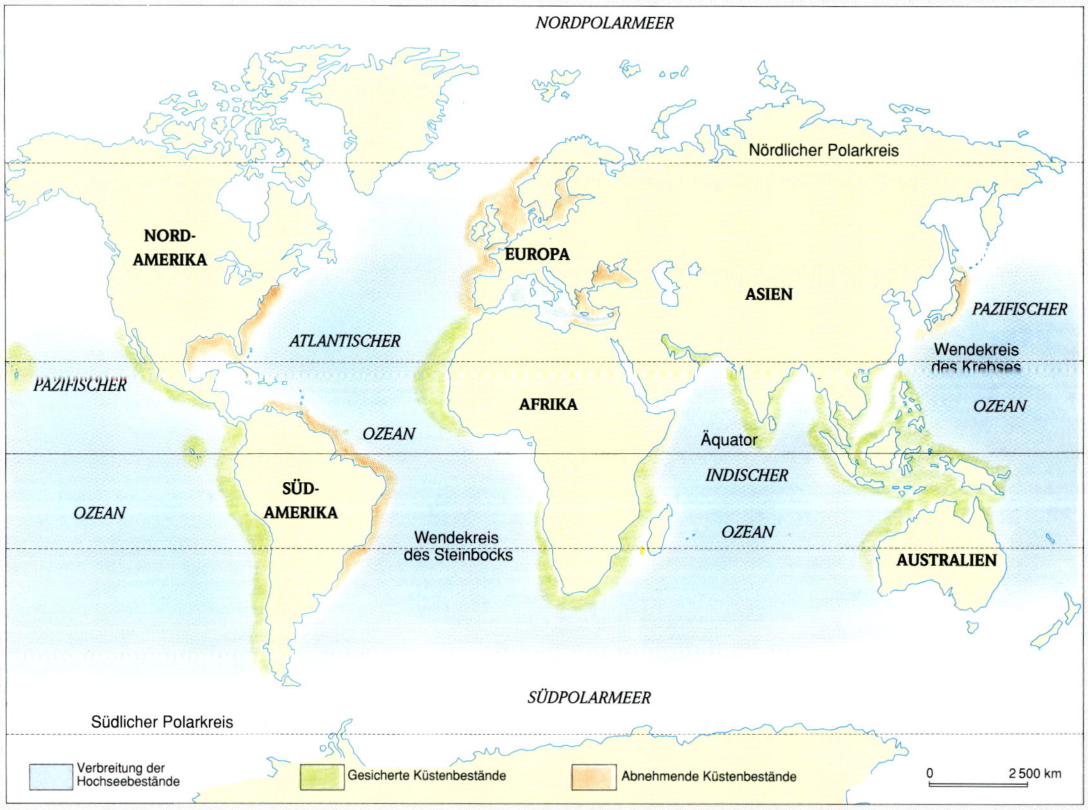

Das Verbreitungsgebiet des Großen Tümmlers läßt sich nicht eindeutig abgrenzen, da er auf der Suche nach Fischgründen häufig weite Strecken zurücklegt. Mit Ausnahme der Polargebiete kommt er in allen Ozeanen der Welt vor, und auch die Küstengewässer zählen zu seinem Lebensraum. Doch in vielen Gebieten nehmen die Bestände durch die Verschmutzung der Meere und die starke Bejagung bedenklich ab.

ren der letzten 100 Jahre; er fand heraus, daß die Anwesenheit der Delphine weniger vom Nahrungsangebot als von der Temperatur abhing. Eine ungewöhnliche Erwärmung des Wassers hatte die Tiere in großer Zahl in die Bucht gezogen.

Anders verhält es sich bei den Großen Tümmlern, die kürzlich erstmals in der Montereybucht auftauchten. Die ersten Tiere wurden 1982/83 beobachtet, als sich das Wasser stark erwärmte. Fachleute nehmen jedoch an, daß nicht der Temperaturanstieg als solcher die Tiere anlockte, sondern die Fischschwärme, die auf ihren Wanderungen in die Bucht eindrangen. Seitdem hat sich eine eigene Küstenpopulation der Großen Tümmler in der Montereybucht angesiedelt.

Jäger und Beute zugleich

Delphine sind Jäger, die, abgesehen von ihrem Vetter Orka, kaum Feinde zu fürchten brauchen. Sie selbst fressen aber große Mengen von Beutetieren – in erster Linie Fische und Tintenfische. Doch kleinere Arten wie etwa Buckeldelphine, die zu den Langschnabeldelphinen gehören, und sogar Große Tümmler können stärkeren Jägern wie Orkas und Haien zum Opfer fallen.

In Südafrika und Australien stellen diese Tiere eine ernsthafte Bedrohung für die Delphine dar. Der Walforscher V. Cockcroft untersuchte die Buckeldelphine an der Südostküste Südafrikas auf Spuren, die von Angriffen der großen Meeresräuber stammten. Hierbei stellte er fest, daß 35% der Tiere schon mindestens einmal bedrängt worden waren: Untrügliche Kennzeichen hierfür waren Narben am ganzen Körper sowie beschädigte oder gar ganz fehlende Flossen. Diese Tiere hatten die Angriffe überstanden; in wieviel Prozent der Fälle Delphine solche Attacken mit dem Leben bezahlen, konnte der Wissenschaftler nicht ermitteln.

Ohne Luft ertrinken sie, ohne Wasser ersticken sie

Häufig berichtet die Presse über gestrandete Wale oder Delphine, die aus eigener Kraft nicht mehr ins Meer zurückkehren konnten und starben. In Großbritannien strandeten innerhalb von 70 Jahren mehr als 1600 Tiere, fast ausschließlich Hochseebewohner. Auch zahlreiche Delphine waren darunter, u. a. Rundkopfdelphine, Weißseitendelphine und Gewöhnliche Delphine.

Dieses Phänomen, das immer wieder an den verschiedensten Küsten zu beobachten ist, wird von Fachleuten gegenwärtig noch erforscht (siehe Seite 145 f.). Die Tiere, die davon betroffen sind, haben nur selten eine Chance, zu überleben, auch wenn Tierschützer sie ins Meer zurückschieben. Wie alle Waltiere sind Delphine so stark an das Wasser angepaßt, daß sie nur noch dort existieren können. Besonders die schweren Wale ersticken außerhalb des Wassers, weil ihre schwachen Rippen den Brustkorb nicht stützen können und ihre inneren Organe folglich zusammengedrückt werden.

Delphine, die für Delphinarien gefangen werden, müssen deshalb in speziellen Behältern transportiert werden, die entweder mit Wasser gefüllt sind oder den Körper der Tiere von allen Seiten stützen. Auch im letzteren Fall werden sie aber ständig mit Wasser übergossen, damit ihre empfindliche Haut nicht austrocknet.

Delphine im Süßwasser

Obwohl wir Delphine bislang als Bewohner der Meere und Ozeane kennengelernt haben, sind kleine Zahnwale nicht nur dort verbreitet. Die Arten der Familie Flußdelphine leben sogar ausschließlich im Süßwasser. Wahrscheinlich haben sich diese Tiere aus Meeresdelphinen entwickelt. Ihre Haut weist keine speziellen Anpassungen an das Schnellschwimmen auf, sondern ist verhornt.

Der Gangesdelphin und der Indusdelphin kommen in den Flüssen Südasiens vor, der Amazonasdelphin im Amazonas und Orinoko und der La-Plata-Delphin im Mündungsgebiet des Rio de la Plata. Von dem äußerst bedrohten Chinesischen Flußdelphin, der im Jangtsekiang lebt, gibt es schätzungsweise noch höchstens 300 Tiere, womit er die seltenste Walart ist.

Alle Süßwasserdelphine besitzen einen sehr langen Schnabel mit vielen kleinen Zähnen und ernähren sich in erster Linie von Fischen. In Anpassung an das schlammig-trübe Wasser der Flüsse, das den Gesichtssinn weitgehend überflüssig macht, haben sich ihre Augen zurückgebildet. Statt dessen verfügen sie über Sinneshaare am Schnabel. Wenn ein Beutetier diese Haare berührt, schnappen die Delphine zu.

Die Augen der Gangesdelphine sind kaum mehr sichtbar. Da die Tiere allenfalls Hell und Dunkel unterscheiden können, ist ihre Ultraschallortung besonders hoch entwickelt. Außerdem orientieren sie sich mit dem Tastsinn: Sie schwimmen auf der Seite und tasten dabei den Boden mit einer Flosse ab.

Der Große Tümmler ist nicht nur eine der am weitesten verbreiteten, sondern auch eine der anpassungsfähigsten Delphinarten. Dank seiner Schnelligkeit hat er außer dem Orka kaum natürliche Feinde.

Von den einen geliebt, von den anderen in Massen abgeschlachtet

Schon vor mehreren tausend Jahren haben Delphine die Menschen so fasziniert, daß diese ihrer Bewunderung für die Tiere in Wort und Bild Ausdruck verliehen. Das älteste Fresko, das Delphine darstellt, befindet sich in Knossos auf Kreta; seine Entstehung wird auf 1500 v. Chr. datiert. Man erkennt darauf eine Gruppe Gewöhnlicher Delphine.

Zahlreiche Dichter und Gelehrte der Antike hielten die anhänglichen Meeresbewohner für heilige Wesen, ja sogar für eine Wiedergeburt menschlicher Seelen. Der griechische Philosoph Aristoteles (384–322 v. Chr.) ordnete die Delphine bei den Fischen ein, führte jedoch in seiner *Tierkunde* aus, daß sie sich deutlich von letzteren unterscheiden: „Delphin, Walfisch und die anderen Seeungeheuer, die nicht Kiemen, sondern ein Blasloch haben, gebären lebende Junge (. . .). Delphin und Tümmler haben auch Milch und säugen ihre Jungen, solange sie noch klein sind."

Aristoteles beschrieb nicht nur den Körperbau und die Lebensweise der Tiere, sondern auch ihre Beziehung zum Menschen. Dabei werden die Delphine als sanftmütige Wesen geschildert, deren Intelligenz nahezu menschliche Züge aufweist.

Auch der römische Naturforscher Plinius (23–79 n. Chr.) ging in seiner *Naturgeschichte* auf die Delphine ein und berichtet eine rührende Anekdote: Ein junger Bursche fütterte jeden Tag einen von ihm auf den Namen „Simo" getauften Delphin mit Brot, woraufhin ihn das Tier auf seinem Rücken reiten ließ. Mit der Zeit entwickelte sich eine enge Freundschaft zwischen den beiden. Doch plötzlich wurde der Jüngling krank und starb; der Delphin verkraftete den Verlust seines Spielgefährten nicht und lag einige Tage später tot am Ufer.

Obwohl diese alten Geschichten in unseren Ohren wie Märchen klingen mögen, entbehren sie nicht völlig der Wahrheit. Delphine halten in ihrer Gruppe fest zusammen und gehen untereinander enge Bindungen ein, die sie auch auf Menschen ausdehnen können. Und so stammen Berichte, denen zufolge Menschen von den Meeressäugern das Leben gerettet wurde, keineswegs aus dem Reich der Phantasie. Schon mehrfach wurden Menschen von Delphinen vor dem Ertrinken bewahrt, indem die Tiere sie zum Strand trugen und in Sicherheit brachten. Die Grundlage für dieses Verhalten liegt im Instinkt der Delphine, die auch Artgenossen auf ähnliche Art vor dem Tod zu erretten versuchen.

Delphine und Menschen: miteinander vertraute Lebewesen

Freundschaften zwischen Delphinen und Menschen gab und gibt es auf der ganzen Welt. Einem Delphin, der den Menschen besonders eng verbunden war, wurde sogar ein Denkmal gesetzt. Es steht in der Nähe der neuseeländischen Stadt Auckland und erinnert an einen Großen Tümmler, der „Opo" genannt wurde. Dieser tauchte im Jahr 1955 regelmäßig am Strand auf, um mit Kindern zu spielen. Zum Vergnügen der Badegäste führte das Tier schließlich eine regelrechte Show mit Sprüngen und Ballspielen vor.

Eine andere eindrucksvolle Geschichte wird aus der Shark Bay (Haibucht) in Australien erzählt. Dort begann eine junge Austra-

Dieses Delphinbaby hatte sich in einem Treibnetz verfangen und konnte gerade noch vor dem Ertrinken gerettet werden. Viele seiner Artgenossen haben nicht soviel Glück und verlieren in den Maschen ihr Leben, da sie zum Atmen nicht mehr an die Wasseroberfläche gelangen.

Im Sommer ist das Meer vor der Küste der Färöer rot vom Blut der Grindwale. Während der Walfang früher für die Bewohner der Inseln von großer wirtschaftlicher Bedeutung war, werden die Meeressäuger heute zu Hunderten in einer Art Volkssport sinnlos abgeschlachtet.

lierin in einer Sommernacht des Jahres 1964 einen Delphin von Bord eines Schiffes aus mit Fischen zu füttern; sehr schnell lernte das Tier, die Fische direkt aus ihrer Hand zu nehmen. Es wurde zum Maskottchen der Bucht und brachte nach und nach andere Artgenossen dorthin. Seit den 70er Jahren haben sich etwa 20 Delphine in der Shark Bay angesiedelt; jedes Jahr kommen mehr als 40 000 Besucher, um diese wilden Delphine zu beobachten und zu berühren. Wegen der wachsenden Zahl der Besucher aus aller Welt mußte 1986 ein Gesetz zum Schutz der Delphine erlassen werden. Seither kümmern sich Wildhüter um die Sicherheit und das Wohlbefinden der Tiere.

Delphine und Fischer: eine schwierige Beziehung

An verschiedenen Orten der Erde arbeiten Delphine und Menschen beim Fischfang eng zusammen. Die Delphine treiben die Fischschwärme in die Netze der Fischer, nachdem letztere ein Signal gegeben haben. Nach dem Fang erhalten die hilfreichen Säuger einen Teil der Beute als Gegenleistung. Bekannt sind solche Beziehungen aus Südamerika, Südostasien und Australien.

In der Regel jedoch werden Delphine von Fischern als Konkurrenten betrachtet. Dieser Konflikt besteht nicht erst seit gestern; nach Meinung der Fischer zerstören die Tiere die Netze, treiben die Fische in die Flucht und ernähren sich vorwiegend von solchen Fischarten, mit denen sich ein einträgliches Geschäft machen läßt.

Aus diesem Grund werden Delphine mancherorts massenhaft abgestochen, beispielsweise in Japan. In den 60er Jahren wurden dort mehr als 20 000 Streifendelphine pro Jahr getötet, um die Fische für Menschen zu reservieren. Schließlich mußte die Internationale Walfangkommission eingreifen; sie erreichte, daß Japan bis zum Jahr 1982 die Fangquote auf 4800 Tiere drosselte. Doch zahlreiche japanische Fischer töten darüber hinaus nach wie vor jedes Jahr Tausende von Großen Tümmlern in den Küstengewässern.

In anderen Ländern werden die Delphine wegen ihres Fleischs gejagt. So fangen die Fischer von Saint Vincent in der Karibik Buckelwale, aber auch Orkas, Unechte Schwertwale und Grindwale. In Chile benutzen Krabbenfischer das Fleisch von Delphinen als Köder, obwohl dies verboten ist. Zu diesem Zweck mußten in den Jahren 1980/81 etwa 5000 Chiledelphine ihr Leben lassen; 204 t Fleisch gewannen die Fischer aus ihnen.

Sogar in Europa ist die Jagd auf Delphine an manchen Orten üblich, vor allem auf den Färöerinseln zwischen Schottland und Island, wo Grindwale die Opfer sind. Die äußerst grausame Jagd findet nur im Sommer statt, wenn zahlreiche Tiere in der Nähe der Küsten auftauchen. Sobald die Zahnwale von den Fischern gesichtet werden, lassen diese Boote zu Wasser, um die Tiere einzukreisen. Sie verletzen einige Grindwale mit Lanzen und treiben die blutenden Tiere auf das Ufer zu. Der Rest der Gruppe folgt den verletzten Artgenossen und strandet mit ihnen. Auf diese Weise werden jedes Jahr 400 bis 1000 Tiere getötet.

Obwohl die offizielle Fangquote für Delphine wegen zahlreicher Proteste stark verringert wurde, lauern auf die Tiere noch andere Gefahren. Unbeabsichtigte Fänge in Treibnetzen kosten viele Delphine das Leben. Vor allem die riesigen Schleppnetze, die zum Fang von Thunfischen verwendet werden, sind eine tödliche Falle für Delphine: Die Tiere verheddern sich in den Netzen, können zum Atmen nicht mehr an die Wasseroberfläche gelangen und ertrinken qualvoll. Auf diese Weise wurden 1986 mehr als 125 000 Tiere getötet; 1988 verfingen sich in den Netzen der Makrelenfischer vor Baltimore allein 141 Grindwale. Bei den Treibnetzfängen der Japaner im Nordpazifik verendeten im Jahr 1990 schätzungsweise 18 000 Delphine und Wale, vor allem Glattdelphine und Weißseitendelphine. Inzwischen mußten die Fischfangflotten im Nordpazifik allerdings den Gebrauch von Treibnetzen einstellen, da internationale Naturschutzorganisationen scharf dagegen protestiert hatten.

Die Verschmutzung der Ozeane stellt ebenfalls ein ernsthaftes Problem für das Überleben der Delphine dar. Über die Nahrungskette lagern sich zahlreiche Chemikalien, die aus Industrieabwässern stammen, in den Fischen ein und reichern sich schließlich im Gewebe der Delphine noch weiter an.

Delphinarien dienen nicht nur dem Vergnügen der Besucher, sondern auch der wissenschaftlichen Forschung; die meisten Erkenntnisse über die Tiere wurden dort gewonnen. Große Tümmler werden so zahm, daß sie Tauchern aus der Hand fressen.

Die Folge sind Hormonstörungen, die sich negativ auf die Fortpflanzung der Delphine auswirken, sofern die Tiere nicht bereits an der direkten Wirkung giftiger Stoffe erkranken.

Angesichts der vielen Gefahren, die die Zukunft der Delphine bedrohen, wurden seit 1980 zahlreiche Maßnahmen auf internationaler Ebene getroffen. Leider halten sich aber nur die Länder, die das Washingtoner Artenschutzübereinkommen unterzeichnet haben, daran; Japan und einige andere Staaten weigern sich noch immer, diese Vereinbarung anzuerkennen. Weil die Einhaltung der Regeln außerdem sehr schwer zu kontrollieren ist, werden auch weiterhin Tausende von Delphinen in südamerikanischen, japanischen und europäischen Meeren getötet.

Forschungsaufgaben

Zahlreiche Arbeiten aus verschiedenen Bereichen der Biologie, der Physiologie, der Pathologie und der Verhaltensforschung beschäftigen sich mit Delphinen; dennoch verstehen wir viele Aspekte ihres Lebens bis heute kaum. Freilebende Tiere sind vor allem aufgrund ihrer Wandergewohnheiten nur schwer zu untersuchen. In den letzten Jahren haben Forscherteams damit begonnen, Delphinverbände systematisch zu beobachten. Mit Hilfe von Satelliten können sie heute große Schulen orten und ihre Bewegungen nachvollziehen, wie es beispielsweise im Pazifik geschieht.

In manchen Buchten vor der Küste Australiens können Besucher wilde Delphine hautnah erleben. Die Tiere genießen es offenbar, in der Gesellschaft von Menschen zu spielen und zu schwimmen.

Drei Große Tümmler und ein Orka zeigen ihre Sprungkünste in einem Delphinarium. Besonders geeignet für die Dressur sind junge Tiere; in einem Alter von 18 Monaten übernimmt ein Trainer ihre Ausbildung. Alle Übungen, die sie dabei erlernen, entsprechen natürlichen Verhaltensweisen wie Springen, Rückenschwimmen und Schwanzschlagen.

Um die Tiere aus nächster Nähe studieren zu können, richteten Biologen im November 1989 auf einer Insel bei Australien eine Futterstelle für Delphine ein. Wissenschaftler versorgten sie zunächst regelmäßig mit frischgefangenem Fisch, damit sie sich an die Gegenwart von Menschen gewöhnen sollten. Innerhalb von 2 Monaten hatten bereits mehr als 25 Delphine Vertrauen gefaßt und duldeten Menschen in ihrer Nähe. Gegenwärtig werden Studien zur Sprache und zum Verhalten dieser Tiere durchgeführt. Fast alles, was wir heute über Delphine wissen, wurde aber an Tieren in Gefangenschaft erforscht. Als eines der ersten Delphinarien begann der Sea Life Park auf Hawaii 1961, das Verhalten dieser Meeressäuger zu untersuchen. Ihre Sprache und das Echoortungssystem stehen heute im Mittelpunkt der Forschung. In anderen Delphinarien versucht man, Aufschluß über die Intelligenz der Delphine zu erlangen oder durch eine Analyse ihrer Erbanlagen Hinweise auf die Entwicklungsgeschichte der Meeressäuger zu erhalten.

Zirkusstars einer nassen Arena

Schon im Jahr 1913 präsentierte das New Yorker Aquarium Delphine und hatte damit so großen Erfolg, daß bald in vielen Ländern der Welt Delphinarien gebaut wurden. 1938 richtete sogar eine Filmgesellschaft in Florida ein Becken für die Haltung von Delphinen ein, in dem sie unter Wasser aufgenommen werden sollten. Weil das Publikum von diesen Tieren so begeistert war, stellte man einen Spezialisten für die Dressur der Tiere ein.

Seit 1913 gelangten mehr als 2700 Große Tümmler, 250 Grindwale, 150 Fleckendelphine, rund 120 Orkas und zahlreiche Gewöhnliche Delphine in die Delphinarien der ganzen Welt. Einige hundert Millionen Menschen besuchen jedes Jahr Delphinshows, die dort mit großem Erfolg gezeigt werden. Auch einige Zoos im deutschsprachigen Raum halten Delphine, am bekanntesten ist der Duisburger Zoo. Dort leben neben Großen Tümmlern auch Weißwale, Jacobitas und sogar Amazonasdelphine, die besonders selten außerhalb ihrer südamerikanischen Heimat zu sehen sind. Allerdings sterben viele Delphine in Gefangenschaft nach kurzer Zeit; von den 109 Delphinen, die von 1965 bis 1991 in deutsche Zoos kamen, lebten 1991 nur noch 23 Tiere.

Die bemerkenswerte Lernfähigkeit der Delphine ermöglicht nicht nur ihren Einsatz als Publikumsmagneten bei Tiershows, sondern auch ihre Verwendung für unterschiedlichste Aufgaben. Dressierte Große Tümmler können beispielsweise auf Baustellen am Meeresgrund eingesetzt werden, indem sie als Kuriere zwischen Wasseroberfläche und Meeresgrund fungieren. Dabei übertreffen sie natürlich jeden Taucher an Geschwindigkeit. Leider werden Delphine sogar für militärische Zwecke mißbraucht: Die amerikanische Armee trainiert Große Tümmler darauf, Minen zu suchen und andere gefährliche Aufgaben zu verrichten, die sie besser ausführen können als Taucher, und für die keine Menschenleben geopfert werden sollen. Selbst das Echoortungssystem der Delphine nutzen die Militärs, indem sie die intelligenten Tiere auf die Ortung von U-Booten abrichten.

BUCKELWALE

Ihre melodiösen Gesänge, die sie in immer neuen Variationen erklingen lassen, machten sie berühmt, diese buckligen Riesen mit den flügelartigen Flossen. Trotz ihrer Größe ernähren sie sich von winzigen Lebewesen, die sie aus dem eisigen Wasser der Polarmeere filtern. Dabei setzen sie eine dicke Speckschicht an, die der Mensch auf vielfältige Weise nutzen kann und die den Tieren fast zum Verhängnis wurde.

Am Ende des Eozäns, etwa 10 Mio. Jahre, nachdem sich eine Gruppe von Säugetieren im Meer angesiedelt hatte, spaltete sich diese in die Zahnwale und in die Bartenwale auf. Während die erstgenannten mit ihren spitzen Zähnen Fische und andere Tiere erbeuten, nehmen letztere, zu denen auch der Buckelwal zählt, ihre Nahrung durch Filtration des Wassers mit ihren Barten auf. Bei diesen handelt es sich um lange, elastische Fransen, die die Zähne ersetzen und vom Oberkiefer herabhängen. Nur als Embryos haben Bartenwale vorübergehend Zähne.

Bartenwale fressen Plankton, vor allem den sogenannten Krill; diese Ernährungsweise konnte sich jedoch erst entwickeln, als kühle Meeresströmungen die massenhafte Entwicklung von Plankton ermöglichten.

In Neuseeland wurden Fossilien von Bartenwalen entdeckt, die im Oligozän gelebt hatten; in den folgenden Jahrmillionen entstanden zahlreiche Arten, die jedoch noch nicht die Maße der heute lebenden Tiere erreichten. Im Lauf ihrer Entwicklung wurde die Anpassung der Bartenwale an das Leben im Meer immer perfekter. Ihr Körper nahm Stromlinienform an, und vor etwa 5 Mio. Jahren erreichten sie ihre heutige Größe.

Die respektgebietende Erscheinung der Bartenwale vermochte zwar die Bewunderung des Menschen zu erwecken, verstärkte aber auch die Distanz zwischen diesem und den Meeressäugern. Verständnis für ihre Lebensweise, die der unseren so fremd ist, weckten erst Naturschützer, vor allem die Organisation Greenpeace. Sie erkor die großen Wale zu Symboltieren für die vernichtenden Auswirkungen menschlicher Profitgier auf die Natur.

Wale stellten von jeher eine reiche Beute dar, die mit jedem Fang tonnenweise Öl und Fleisch lieferte. Folglich wurden die Tiere immer stärker und mit immer wirksameren Waffen verfolgt. Betrug der Gesamtbestand der Bartenwale vor Beginn der intensiven Ausbeutung noch 2–3 Mio. Tiere, so ist er heute auf weniger als 1,5 Mio. geschrumpft. Obwohl 1986 gegen den Widerstand vieler Länder ein zeitlich begrenztes Walfangverbot verabschiedet wurde, töten einige Staaten auch weiterhin Wale in großer Zahl.

Etwa 40 t – das entspricht dem Gewicht von acht Elefantenbullen – muß dieser Buckelwal bei seinem Sprung aus dem Wasser bewegen. Scheinbar mühelos hebt er sich empor und läßt sich schwer auf die Meeresoberfläche zurückfallen. Mit diesem Verhalten kann das Tier verschiedene Ziele verfolgen: In der Paarungszeit etwa werben die Männchen solcherart um die Gunst der Weibchen, vermutlich erleichtert es den Walen aber auch die Nahrungsaufnahme. Die Wasserbewegungen, die durch einen kraftvollen Sprung erzeugt werden, können einen Schwarm kleiner Fische in Panik versetzen und ihn zu einer leichten Beute werden lassen.

Verführerische Klänge beim Rendezvous der Wale

Die Buckelwale des Nordpazifik unternehmen im Lauf eines Jahres ausgedehnte Wanderungen: Im Sommer leben sie in den Gewässern um Alaska, wo sie Nahrung im Überfluß finden, im Winter jedoch nahe den Hawaii-Inseln. Dort, im tropisch warmen Wasser, paaren sie sich und bringen ihre Jungen zur Welt. In dieser Zeit läßt sich das Sozialleben der Tiere besonders gut verfolgen.

Auf ihren Wanderungen trifft man Buckelwale meist einzeln an, manchmal auch in Zweier- oder Dreiergruppen. Bei der Ankunft in den Paarungs- und Aufzuchtgebieten versammeln sie sich häufig in größeren Verbänden. Eine Gruppe, die mehr als 20 Einzeltiere zählen kann, bildet sich um ein erwachsenes Weibchen und ein Männchen, das „Begleiter" genannt wird. Dieser Begleiter weicht seinem Weibchen nicht von der Seite und versucht andere Männchen durch Stöße mit dem Kopf und durch Schwanzschläge daran zu hindern, sich seiner Partnerin zu nähern.

Die Wirkung dieser Schläge wird auf unangenehme Weise durch Seepocken verstärkt, kleine Krebstiere mit Kalkgehäusen, die auf der Haut der Buckelwale sitzen und bei einem Kampf zu Verletzungen führen können. In der Regel bleibt es aber bei Drohgebärden, bei denen die Tiere ihren Hinterkörper kräftig auf die Wasseroberfläche schlagen.

Ein völlig anderes Verhalten legt das Männchen natürlich seinem Weibchen gegenüber an den Tag. Während die Partner Seite an Seite schwimmen, tätscheln sie sich mit den Flossen oder reiben behutsam ihre Köpfe aneinander. Bei der Paarung umfassen sie sich – Bauch an Bauch senkrecht im Wasser stehend – zärtlich mit den langen Brustflossen.

Buckelwale bilden jedoch keine festen Paare; der Bund zwischen dem Weibchen und seinem Begleiter besteht nur bis zur Paarung – meist nicht länger als 3 Tage. Danach macht sich das Männchen auf die Suche nach einem anderen Weibchen.

Gruppenleben

In der Paarungszeit bilden die Wale immer wieder Gruppen, in denen strenge Regeln gelten.

1. In der Mitte schwimmt ein Weibchen, das meist von einem bereits entwöhnten Jungen begleitet wird. Ein ranghohes Männchen, der „Begleiter", hält sich in 5 m Abstand von diesem Weibchen auf und stimmt jede seiner Bewegungen auf die Partnerin ab. Andere Männchen und Jungtiere verschiedenen Alters schwimmen etwa 15 m von diesem Paar entfernt.

2. Ein Nebenbuhler, der den Platz des Begleiters für sich beansprucht, versucht, diesen zu verdrängen.

3. Die beiden Rivalen kämpfen miteinander; der Sieger darf in Zukunft das Weibchen begleiten.

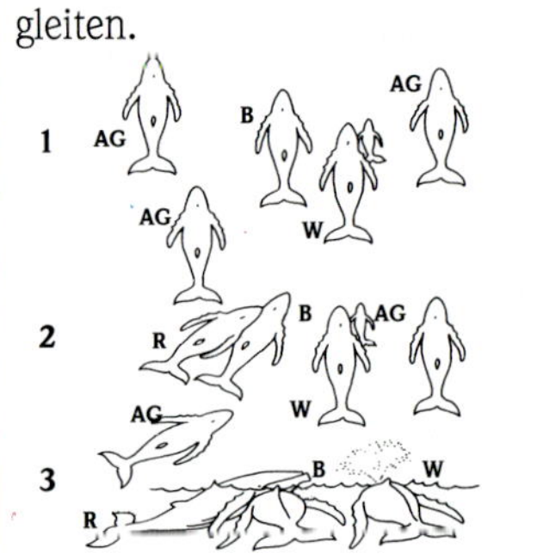

W = Weibchen
B = Begleiter
AG = Andere Gruppenmitglieder
R = Rivale

Komponisten der Meere

Lange Zeit hielt man Wale für stumm, weil sie keine Stimmbänder haben. Doch die großen Meeressäuger sind durchaus imstande, Laute zu erzeugen. Insbesondere Buckelwale geben lang anhaltende und abwechslungsreiche Töne von sich, die noch in über 9 km Entfernung zu hören sind und deren Frequenz zwischen 20 und 450 Hertz liegt. Ihr Gesang besteht aus einer mehrfachen Wiederholung melodischer Strophen, die jeweils bis zu 10 Minuten andauern können. Mehrere Stunden lang singen die Tiere häufig ununterbrochen, vor allem die Männchen; wahrscheinlich haben nur die besten „Sänger" eine Chance, von einem Weibchen als Begleiter akzeptiert zu werden. Einsame Männchen singen häufig, um Anschluß an eine Gruppe zu finden. Die Tiere jeder einzelnen Population benutzen bestimmte Frequenzen, um sich mit ihren Artgenossen zu verständigen, und lassen sich dadurch von Angehörigen anderer Populationen unterscheiden. Aber auch innerhalb eines Gebiets konnten die Forscher große Unterschiede feststellen; offenbar „komponieren" die Wale immer wieder neue Gesänge, die sie dann in der Fortpflanzungszeit anstimmen.

Männliche Buckelwale setzen ihre melodischen Gesänge vor allem bei der Werbung um die Weibchen ein. Vor der Paarung geben sich die Tiere einem ausführlichen Liebesspiel hin, in dessen Verlauf sie sich mehrfach um ihre Längsachse drehen und, auf dem Rücken liegend, abwechselnd mit den Brustflossen auf die Wasseroberfläche schlagen.

In ihren nahrungsreichen Sommerquartieren leben die Buckelwale meist einzeln, wie das Tier auf dem oberen Bild, das gerade seinen „Blas" ausstößt (der Atem kondensiert an der Luft und steigt als Dampfwolke bis zu 3 m hoch). Haben die Wale jedoch einen großen Krillschwarm geortet, finden sie sich oft zahlreich ein, um sich den Bauch vollzuschlagen. Anschließend trennen sich ihre Wege wieder. Gruppen bilden sich vorwiegend in den Fortpflanzungsgebieten.

Akrobatische Spiele

In einem Alter von 1–3 Jahren verbringen junge Buckelwale den größten Teil ihrer Zeit mit akrobatischen Wasserspielen. Der amerikanische Biologe C. Belt zeichnete in einer Untersuchung auf, welche Verhaltensweisen sie dabei zeigen.
Am eindrucksvollsten sind Sprünge, bei denen sich die imposanten Tiere nahezu senkrecht aus dem Meer heben. Bis auf den Schwanz ragen die Wale aus dem Wasser, bevor sie sich ruckartig umdrehen und mit donnerndem Getöse flach auf den Rücken fallen lassen.
Der Lärm, der bei einem solchen Aufprall aufs Wasser entsteht, ist offenbar besonders wichtig für die Tiere. Auch mit Schlägen der Schwanzflosse auf die Wasseroberfläche vermögen die jungen Buckelwale ein lautes Klatschen zu erzeugen, da sie bei den Bewegungen dieses Körperteils ihre größte Kraft einsetzen können. Auf diese Weise signalisieren sie weit entfernten Artgenossen ihre Anwesenheit.
Der Flossenschlag ist die eleganteste Figur. Dazu rollen sich die Wale auf die Seite und strecken eine Brustflosse senkrecht aus den Wellen heraus. Dann klatschen sie mit ihr mehrfach aufs Wasser, wodurch der Eindruck entsteht, als würden sie winken.
Darüber hinaus gibt es noch zahlreiche andere Übungen, der Erfindungsgabe sind kaum Grenzen gesetzt. Buckelwale sollen bei ihren Sprüngen sogar Purzelbäume schlagen.
Im Lauf ihrer Entwicklung stellen sie diese übermütigen Spiele zunehmend ein. Erst als Erwachsene zeigen die Männchen wieder akrobatische Vorführungen – diesmal, um den Weibchen zu gefallen.

Nahe der Wasseroberfläche finden Buckelwale ihre Hauptnahrung – riesige Planktonschwärme. Sie brauchen nur das Maul zu öffnen und einen kräftigen Schluck zu nehmen. Ihr dehnbarer Hals kann mehrere Kubikmeter Wasser fassen, das sie durch die Barten wieder auspressen; dabei werden alle festen Bestandteile herausgefiltert. Die rund 1m langen Barten bestehen wie die menschlichen Fingernägel aus Horn. An jeder Oberkieferhälfte eines Buckelwals sitzen 270–400 Bartenplatten.

Ein Schlaraffenland für Wale

Nach der sechsmonatigen Winterfastenzeit in tropischen Gefilden machen sich die Buckelwale hungrig auf den Weg in die nahrungsreichen kalten Meere. Im Sommer sind die Polargewässer ein wahres Schlaraffenland für Wale, denn die langen Tage und die intensive Sonnenstrahlung fördern die Vermehrung des Planktons. Dieses besteht hauptsächlich aus kleinen Krebstieren, dem Krill. Meeresbewohner, die sich von diesen Lebewesen ernähren, finden nun ausgezeichnete Bedingungen vor.

Obwohl alle Buckelwale ihre Nahrung durch Filtration des Wassers gewinnen, sieht ihr Speisezettel nicht überall gleich aus. Während sich die Wale der Antarktis ganz auf Krill spezialisiert haben, fressen diejenigen der nördlichen Erdhalbkugel auch kleine Fische. Ihre riesigen Körper benötigen täglich 1–2 t Fische oder Krill.

Kleine Krebstiere für ein großes Maul

Buckelwale fangen ihre Beute mit der „Schluckmethode“. Mit offenem Maul nehmen sie bis zu 6 m^3 Wasser auf, das sie anschließend wieder herauspressen; dabei werden Plankton, Krill oder Fische von den Barten zurückgehalten. Solche großen Wassermengen können sie nur aufnehmen, weil an ihrer Körperunterseite vom Unterkiefer bis zum Bauch mächtige Falten (Furchen) verlaufen, die eine ziehharmonikaähnliche Dehnung der Haut ermöglichen. Da die Weibchen während der Tragzeit sehr viel fressen müssen, ist ihre Haut besonders dehnbar: Sie besitzen 20–24 solcher Falten, während die Männchen nur 14–20 aufweisen.

Bei Nahrungsknappheit in den oberen Wasserschichten tauchen Buckelwale auch in Tiefen von 60–120 m hinab, wo sie sich bis zu 30 Minuten aufhalten können, ohne zu atmen. Meist jagen sie am frühen Morgen oder am späten Nachmittag – entweder alleine, oder, seltener, in einer Gruppe.

Da Buckelwale im Gegensatz zu Delphinen nicht über ein Echoortungssystem verfügen, scheinen sie ihre Beute dank ihres relativ guten Gesichtssinns zu finden. Häufig ist jedoch die Sicht durch trübes Wasser beeinträchtigt, weshalb die Tiere zur Ortung der Planktonschwärme noch weitere Sinne einsetzen müssen.

Dazu zählen Tastsinneshaare, die Buckelwale vermutlich benutzen wie Katzen ihre Schnurrhaare. Sie sitzen auf den beulenartigen Erhebungen im Kopfbereich der Tiere. Jedes Haar hat eigene Blutgefäße sowie ein eigenes Nervennetz und reagiert auf Berührungsreize. Diese Haare ermöglichen es den Buckelwalen, selbst winzige Krebstiere wie Krill wahrzunehmen und die Dichte der Schwärme zu ermitteln.

Ein Fangnetz aus Luftperlen

Sobald ein Buckelwal einen Krill- oder Fischschwarm entdeckt hat, taucht er unter ihn. Dann schwimmt er in Spiralen zur Wasseroberfläche zurück, während seine Atemluft in kleinen Bläschen nach oben steigt. Tausende dieser Luftbläschen bilden eine silbrige Wand, die die Beutetiere umschließt. Nun taucht der Wal in der Mitte auf und nimmt einen kräftigen Schluck „Krillsuppe“. Manchmal wird ein solches Luftperlennetz von mehreren Walen erzeugt, die sich dann der Reihe nach ihren Anteil holen.

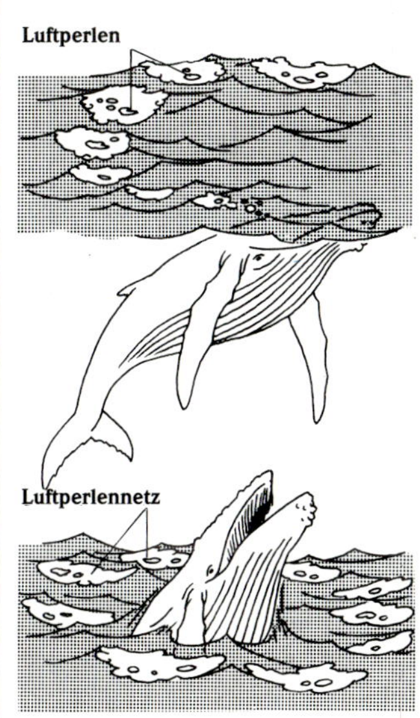

Wenn Buckelwale eine ergiebige Nahrungsquelle entdeckt haben, sind bald auch zahlreiche Seevögel zur Stelle, die nach Fischen schnappen, welche sich durch einen Sprung aus der riesigen „Schöpfwanne“ zu retten versuchen. Obwohl den Vögeln keine Gefahr von den Meeresgiganten droht, dürfen sie nicht zu unvorsichtig sein: Kommen sie dem Maul zu nahe, können sie versehentlich im Walmagen enden.

Das Walleben beginnt in tropisch warmen Meeren

Gegen Ende des Sommers verlassen die Buckelwale ihre Nahrungsgründe im Eismeer und ziehen bis zu 6000 km weit in tropische Gewässer. Dort beginnt ihr Interesse am anderen Geschlecht zu erwachen, und nach eindrucksvollen Werbezeremonien findet die Paarung statt. Weibliche Buckelwale haben nur einmal im Jahr einen Eisprung, so daß Männchen und Weibchen ihr Verhalten sehr genau aufeinander abstimmen müssen, um erfolgreich Nachwuchs zu zeugen.

Die Entwicklung der Jungtiere im Mutterleib dauert 11–12 Monate. Mit 3 Monaten ist der Fötus bereits rund 30 cm lang, und alle Organe sind schon angelegt. Er wächst in atemberaubendem Tempo heran, allein während der beiden letzten Monate der Trächtigkeit nimmt er etwa 700 kg zu. Das Neugeborene wiegt ungefähr 1 t und ist durchschnittlich 4,5 m lang.

Um dieses Wachstum zu ermöglichen, muß die Mutter Massen von Krill aufnehmen. Nachdem sie sich beträchtliche Fettreserven angefressen hat, um die riesigen Milchmengen bilden zu können, die das Buckelwalbaby benötigt, kehrt sie zur Geburt in die tropischen Meere zurück. Offenbar bieten die flachen Gewässer in Küstennähe, in denen die Temperatur 22–25 °C erreicht, die besten Voraussetzungen für die ersten Lebensmonate des Jungtiers.

Sobald der kleine Buckelwal den ersten Atemzug gemacht hat, beginnt er unverzüglich, die Zitzen seiner Mutter zu suchen. Wenn er diese zwischen Zunge und Oberkiefer zu fassen bekommen hat, spritzt die Mutter eine große Menge Milch durch Muskeldruck in das Maul des Kleinen. Ein einzelner Stillvorgang dauert zwar nur einige Sekunden, weil das Junge zwischendurch immer wieder Atem holen muß, aber er wiederholt sich 30–40mal am Tag. Dabei schluckt der junge Wal jedesmal rund 12 l Milch, was einer Gesamtmenge von bis zu 500 l täglich entspricht.

Ein Riesenbaby wächst heran

Die Walmilch enthält wesentlich mehr Fett und Eiweiß als Kuhmilch und stellt in den ersten 5–6 Lebensmonaten die ausschließliche Nahrung des Jungen dar. In diesem Zeitraum verdoppelt sich sein Gewicht. Im Alter von einem halben Jahr beginnt es langsam, sich wie die Mutter zu ernähren, trinkt aber auch weiterhin Milch.

Wie bei allen Walen ist die Bindung zwischen Mutter und Kind sehr eng, und das Kleine weicht ihr nicht von der Seite. Wenn sie zusammen schwimmen, bleibt das Jungtier immer etwas über der Mutter und möglichst in ihrem Blickfeld. Manchmal läßt sich das Waljunge auch von der Mutter tragen und zum Atmen an die Wasseroberfläche heben.

Von den übrigen Buckelwalen wird das Paar respektvoll behandelt und in Ruhe gelassen, denn die Mutter ist während der Aufzucht sehr reizbar; sie würde ihr Leben aufs Spiel setzen, um ihr Junges vor Haien, Orkas oder Walfängern zu schützen. Im Gegensatz zu den Delphinen nimmt kein weiteres Mitglied der Gruppe an der Jungtierbetreuung teil. Das bedeutet allerdings auch, daß ein Buckelwaljunges, dessen Mutter stirbt, kaum Überlebenschancen hat.

Entwöhnt wird das Jungtier mit etwa 11 Monaten; bis dahin ist es auf 8–9 m herangewachsen. Nun muß es bei erfahrenen Tieren in die Schule gehen: Buckelwale sind sehr intelligent, und nicht alle für das Überleben notwendigen Verhaltensweisen sind ihnen angeboren. Das Fischen mit einem Luftblasennetz etwa muß erlernt werden. Erst mit 2 Jahren beherrschen die jungen Buckelwale diese Technik.

In seinen ersten Lebensjahren lernt der heranwachsende Buckelwal, sein Verhalten zu koordinieren und seine Fähigkeiten richtig einzuschätzen. Im Lauf seines zweiten Sommers in den Eismeeren wird das Junge nach und nach von seiner Mutter getrennt, doch selbständig ist es erst mit rund 4 Jahren.

Im Alter von etwa 10 Jahren sind Buckelwale ausgewachsen; mit einer Länge von 14–19 m zählen sie zu den mittelgroßen Bartenwalen. Wenn sie die Geschlechtsreife erreichen, müssen sie mehr Zeit für das Fressen aufwenden, da sich ihr Nahrungsbedarf während der Fortpflanzungszeit erhöht.

Eine Unterwassergeburt

Wahrscheinlich wird das Buckelwaljunge mit dem Schwanz voran geboren, genau wie Delphine. Eine solche Geburt verringert die Gefahr, daß Wasser in die Lunge des Neugeborenen gelangt, wenn sich die Austreibungsphase verzögert. Unmittelbar nach der Geburt muß das Kleine zum Luftholen an die Wasseroberfläche gelangen; die Mutter hilft ihm dabei.

Buckelwale werden weit entwickelt geboren und können bereits gut sehen und hören. Weil ihre Flossen aber noch weich sind – andernfalls würden sie die Mutter bei der Geburt womöglich verletzen –, wirken die ersten Schwimmversuche der Jungen etwas unbeholfen.

Nach einer Tragzeit von fast 12 Monaten kommt das Buckelwalbaby zur Welt – in demselben Meer, in dem es gezeugt wurde. Im tropisch warmen Wasser kann es sich gut entwickeln, denn die Speckschicht, die es vor der Kälte des Polarmeers schützt, muß sich erst noch bilden.

▶ *Wenn das Junge einige Monate alt ist, machen sich Mutter und Kind auf den Weg in ihre Sommergebiete, wo sie im eisigen Wasser Nahrung im Überfluß finden.*

Buckelwal

Megaptera novaeangliae

Der Gattungsname des Buckelwals, *Megaptera*, setzt sich aus den Wörtern *mega*, „groß", und *ptera*, „Flügel", zusammen. Er weist auf die außerordentlich langen Brustflossen des Tiers hin, die wie Flügel von den Seiten seines Körpers abstehen. Sie entsprechen den Vordergliedmaßen der Landsäuger; die Hintergliedmaßen der Waltiere sind völlig rückgebildet.

Abgesehen von den Flossen paßt sich jeder Körperteil des Buckelwals in die Stromlinienform seiner Gestalt ein. Auf diese Weise kann das Tier bis zu 27 km/h schnell schwimmen. Auch die Leistung beim Tauchen ist beachtlich; ein Buckelwal kann bis zu 30 Minuten unter Wasser bleiben. Er erreicht dabei jedoch höchstens 250 m Tiefe, ein Wert, der sich bescheiden ausnimmt, verglichen jedenfalls mit dem des Rekordhalters Pottwal. Dieser kann mehr als eine Stunde unter Wasser ausharren und vermutlich 3000 m tief tauchen. Solche Leistungen stellen Extremfälle dar (im Durchschnitt holt ein Buckelwal einmal pro Minute Luft), doch sie zeigen, daß sich die Atmung der Wale von derjenigen der Landsäuger stark unterscheidet. Während der Mensch bei einem Atemzug weniger als 20 % der Luft in den Lungen erneuert, können es bei Walen 90 % sein. Außerdem entziehen die Meeressäuger der Luft fast doppelt soviel Sauerstoff wie der Mensch.

Die langen Wanderungen der Buckelwale führen von 2–4 °C kalten Gewässern nahe der Pole in die mehr als 20 °C warmen Meere der Tropen, doch ihre Körpertemperatur bleibt das ganze Jahr über konstant bei etwa 37 °C. Dazu benötigen sie ein Temperaturregulationssystem, das Unterkühlung und Überhitzung verhindert. Als Schutz vor Kälte legen sie eine Fettschicht

	BUCKELWAL
Art:	*Megaptera novaeangliae*
Familie:	Furchenwale
Ordnung:	Waltiere
Klasse:	Säugetiere
Merkmale:	Schwarzer Körper mit weißen Bereichen an Kinn, Hals, Brustflossen und Schwanzflosse; sehr lange Brustflossen; zahlreiche beulenartige Erhebungen mit Tastsinneshaaren, vor allem am Kopf
Maße:	Körperlänge der Männchen 14–17 m, der Weibchen 15–19 m
Gewicht:	Bis 48 t
Verbreitung und Lebensraum:	Alle Weltmeere bis zur Treibeisgrenze; im Frühjahr Wanderung in die Polarmeere, im Herbst in tropische Meere
Nahrung:	Krill und Kleinfische; Tintenfische, Kalmare und Quallen
Sozialstruktur:	Einzelgänger; oft zeitweilig in Kleingruppen von zwei bis zehn Tieren; in den Fortpflanzungsgebieten zeitweilig Verbände mit fester Zusammensetzung
Geschlechtsreife:	Mit 9–10 Jahren
Fortpflanzung:	Hauptsächlich im Winter
Tragzeit:	11–12 Monate
Zahl der Jungen pro Geburt:	1
Geburtsgewicht:	900–1300 kg
Lebensdauer:	Im Mittel 30, maximal 48 Jahre
Bestand:	Auf der nördlichen Halbkugel höchstens 4000, auf der südlichen etwa 4000–5000 Tiere; seit Inkrafttreten des internationalen Fangverbots leicht zunehmend
Bedrohung und Schutz:	Jagd streng verboten

Augen
Mit ihrer Hilfe findet der Buckelwal seine Beute.

Kopfform
Spitz zulaufend; typisch für die Furchenwale.

Maul
Mit beulenartigen Erhebungen vor allem an den Rändern von Ober- und Unterkiefer, die tastempfindliche Sinneshaare tragen.

Furchen
Falten an der Bauchseite, die die Haut sehr dehnbar machen und die Aufnahme großer Mengen „Krillsuppe" ermöglichen.

an, die bis zu 20 cm dick wird und den Körper weitgehend isoliert. Trächtige Weibchen können auf diese Weise bis zu 7 t Fett ansetzen, solange sie in den kalten Meeren genügend Nahrung finden. Gegen das andere Extrem, einen Wärmestau in ihrem Körper, schützen sich die Tiere durch häufigeres Atmen; auch eine verstärkte Durchblutung der Schwanzflosse dient der Abkühlung.

Obwohl sie früher sehr häufig waren und auch an zahlreichen europäischen Küsten auftauchten, sind die Buckelwale mittlerweile selten geworden, da sie seit dem 10. Jh. intensiv bejagt werden. Während noch Ende des 18. Jh. 250 000 Buckelwale die Meere bevölkert haben sollen, beläuft sich ihr Bestand gegenwärtig auf nicht einmal 10 000 Tiere. Nach der heutigen Gesetzgebung stehen sie vollständig unter Artenschutz, und wenn man neueren Schätzungen glauben darf, nimmt ihre Zahl inzwischen wieder leicht zu.

Brustflossen

Sehr groß, bis zu 6 m lang; ihre Knochen entsprechen dem menschlichen Arm- und Handskelett.

Besondere Merkmale

Barten

Buckelwale ernähren sich durch Filtration des Meerwassers mit Hilfe der Barten. Diese bestehen nicht aus Mineralstoffen wie Zähne, sondern aus Horn. Der Buckelwal besitzt auf jeder Seite des Oberkiefers 270–400 braunschwarze Bartenplatten, die in haarförmigen Fransen auslaufen. Je kleiner die Beute ist, desto länger und feiner fallen die Barten aus. Während die Barten der Buckelwale, die auf der südlichen Erdhalbkugel leben und fast ausschließlich Krill fressen, bis über 1 m lang werden, haben die Wale der nördlichen Halbkugel nur ca. 50 cm lange Barten, da ihre Beute im Mittel wesentlich größer ist. Nach jedem Fangschluck wird das Wasser bei geschlossenem Maul seitlich herausgepreßt. Alle festen Teile bleiben innen an den Barten hängen und landen im Magen. Auf diese Weise vertilgen Buckelwale täglich 1–2 t Nahrung.

Blasloch

Im Unterschied zu den Zahnwalen, zu denen Delphine und Orkas gehören, besteht das Blasloch bei den Bartenwalen aus zwei Teilen, die den Nasenlöchern entsprechen. An der Luft öffnen sie sich gleichzeitig durch Muskelkontraktion. Beim Ausatmen wird der Lungeninhalt mit solcher Kraft ausgestoßen, daß der Wasserdampf an der kühlen Luft kondensiert. Diese Dampfwolke bezeichnet man als „Blas". Beim Buckelwal erreicht diese „Fontäne" eine Höhe von 3 m, beim Blauwal bis 6 m. An ihrer Form und Größe erkennen Fachleute, welche Walart sie vor sich haben.

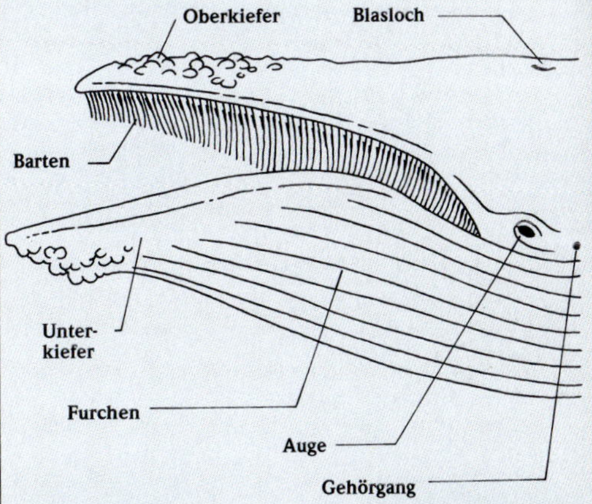

Schwanzflosse

Die Fluke der Buckelwale hat eine Spannweite von 2–3 m. Sie besteht wie bei allen Walen aus zwei waagrechten Teilen, die keine Knochen enthalten. Bei Fischen dagegen steht die Schwanzflosse senkrecht und ist durch Skelettelemente versteift.

Andere Arten

Bartenwale werden in drei Familien eingeteilt. Die Vertreter der Furchenwale, zu denen auch der Buckelwal zählt, zeichnen sich durch einen länglichen Körper, eine deutliche Rückenflosse und Bauchfalten aus. Die Arten der Familie der Glattwale besitzen einen glatten Bauch und tragen in ihrem riesigen Kopf bis zu 4 m lange Barten mit seidigen Fransen. Sie schwimmen mit geöffnetem Maul durch Krillschwärme und schöpfen dabei Kleinlebewesen wie mit einer Reuse ab. Schließlich gibt es noch die Bartenwalfamilie der Grauwale mit nur einer Art.

Furchenwale

SEIWAL
Balaenoptera borealis
Merkmale: Länge 15–21 m; Gewicht 12–25 t. Rücken grau mit weißen Flecken, weißer Bauch und Hals.
Verbreitung: Alle Ozeane.
Bestand: 15 000 Tiere auf der Nordhalbkugel, 40 000 auf der Südhalbkugel.

FINNWAL
Balaenoptera physalus
Merkmale: Länge 20–27 m; Gewicht 50–70 t. Rücken braun bis schwarz, Bauch weiß; dreieckiger Kopf. Schnellster Großwal.
Verbreitung: Vermutlich jahreszeitliche Wanderungen.
Bestand: 10 000–20 000 Tiere.

BLAUWAL
Balaenoptera musculus
Merkmale: Länge 25–35 m; Gewicht 90–160 t. Schlanker, blaugrau gefärbter Körper. Größtes Säugetier der Welt.
Verbreitung: Jahreszeitliche Wanderungen.
Bestand: Im Jahr 1991 weniger als 3000 Tiere. 1990 wurden 453 Blauwale individuell registriert.

BRYDEWAL
Balaenoptera edeni
Merkmale: Länge 12–15 m; Gewicht 12–20 t. Grundfarbe Grau, am Bauch etwas heller.
Verbreitung: Tropische bis subtropische Meere.
Bestand: Nach Schätzungen im Jahr 1991 weniger als 10 000 Tiere.

ZWERGWAL
Balaenoptera acutorostrata
Merkmale: Länge 8–10 m; Gewicht 6–9 t. Rücken dunkel, Seiten grau, weißer Bauch und weißer Streifen auf den Brustflossen.
Verbreitung: Alle Ozeane.
Bestand: Im Jahr 1992 noch etwa 850 000 Tiere.

Glattwale

NORDKAPER
Eubalaena glacialis
Wird auch Glattwal genannt.
Merkmale: Länge 15–18 m; Gewicht 50–100 t. Körperfarbe dunkelgrau bis schwarz, häufig mit Seepocken bewachsen. Oberkiefer stark gebogen.
Verbreitung: Nördliche Halbkugel.
Bestand: Im Nordatlantik weniger als 400 Tiere; im Nordpazifik ebenfalls unter 400 Exemplaren. Vom Aussterben bedroht.

SÜDKAPER
Eubalaena australis
Merkmale: Wie Nordkaper, aber heller gefärbt.
Verbreitung: Kalte Meere der Südhalbkugel.
Bestand: 2000–3000 Tiere. Vom Aussterben bedroht.

GRÖNLANDWAL
Balaena mysticetus
Merkmale: Länge 15–20 m; Gewicht 60–100 t. Riesiger Kopf, stark gebogener Oberkiefer; weißes Kinn, sonst schwarz gefärbt.
Verbreitung: Meere der Arktis.
Bestand: Weniger als 3000 Tiere. Stark gefährdet.

ZWERGGLATTWAL
Caperea marginata
Merkmale: Länge 5–7 m; Gewicht 4–5 t. Rücken dunkelgrau, Bauch heller.
Verbreitung: Südliche Erdhalbkugel.
Bestand: Unbekannt.

Grauwale

GRAUWAL
Eschrichtius robustus
Merkmale: Länge 12–15 m; Gewicht 25–35 t. Grau mit weißgelblichen Flecken auf Kopf und Rücken, starker Bewuchs mit Seepocken.
Verbreitung: Küsten des Nordpazifik; jahreszeitliche Wanderungen.
Bestand: 20 000 Tiere.

Grauwal
(Eschrichtius robustus)

Blauwal *(Balaenoptera musculus)*

Buckelwale in ihrem Lebensraum

Nach den heutigen Verbreitungsgebieten der Buckelwale lassen sich vier geographisch getrennte Populationen unterscheiden. Sie leben im Nordatlantik, im Nordpazifik, auf der südlichen Erdhalbkugel und im Arabischen Meer. Jede Population besteht nur zur Fortpflanzungszeit aus festumrissenen Gruppen; während des Aufenthalts in ihren Nahrungsgebieten mischen sich die Tiere.

Fast alle Buckelwale verbringen den Winter in den warmen, aber nahrungsarmen Meeren der Tropen und Subtropen, wo für ihre Jungen bessere Wachstumsbedingungen vorherrschen; im Sommer jedoch müssen sie sich in den Polarmeeren eine dicke Speckschicht anfressen, um den Winter zu überstehen. Dazu folgen sie den Krillschwärmen, die nicht nur Bartenwale, sondern auch Heringe, Sardinen und andere Fische anziehen.

Solche Krillschwärme können sich über eine Fläche von mehreren hundert Quadratmetern erstrecken und Abermillionen dicht gedrängter Tiere enthalten.

Krill besteht vorwiegend aus Leuchtkrebsen, die, wie schon der Name sagt, Licht aussenden. In der Antarktis bildet die Art *Euphausia superba* den Hauptteil des Krills. Diese Tiere halten sich Tag und Nacht nahe der Wasseroberfläche auf und sind daher für Buckelwale, die in der Regel nicht tief tauchen, ständig erreichbar. Im Nordpolarmeer dagegen wandern viele Krillkrebse tagsüber in tiefere Schichten, weshalb sich die dort verbreiteten Buckelwale zusätzlich von anderen Tieren ernähren müssen.

Die großen Wanderer

Buckelwale wandern zweimal im Jahr, jeweils mehrere tausend Kilometer weit. Dabei können sich die Populationen der nördlichen und der südlichen Halbkugel nie begegnen, weil sich die beiden Gruppen mit einer sechsmonatigen zeitlichen Verschiebung bewegen; wenn die Wale des Nordens in ihre Winterquartiere im Süden ziehen, sind die südlichen Buckelwale auf dem Weg in antarktische Gewässer, wo zu dieser Zeit der Sommer beginnt.

Eine einzige Buckelwalpopulation nimmt keine jahreszeitlichen Wanderungen vor. Sie lebt ständig im Arabischen Meer, wo sich die Tiere ganzjährig ernähren und auch fortpflanzen können.

Wie die großen Wanderungen der Meeresriesen verlaufen, wurde von zwei Wissenschaftlern – dem Kanadier S. Katona für Populationen der nördlichen Erdhalbkugel und M. Bryden für solche der südlichen Hemisphäre – aufgezeichnet. Zunächst mußten sich die beiden Forscher darin üben, Individuen durch ihre weiße Zeichnung an der Unterseite der Schwanzfluke voneinander zu unterscheiden. Dann konnten sie die Wanderungen der Tiere genau verfolgen. Nach ihren Ergebnissen scheint kein unmittelbarer Zusammenhang zwischen Meeresströmungen und der Zugrichtung der Buckelwale zu bestehen. Die Wale können Meeresströmungen zwar nutzen, aber auch gegen sie ziehen, unabhängig von der Wassertiefe. Wie sie sich auf ihren Wanderungen orientieren, konnte die Forschung bisher allerdings nicht klären; in Frage kommen dafür Sonne, Mond und Sterne, möglicherweise auch das Erdmagnetfeld.

Nicht nur die Buckelwale wandern. Auch die meisten anderen Furchenwale begeben sich zur Paarung und Geburt ihrer Jungen in wärmere Gewässer. Blauwale verlassen gegen Ende des Sommers die Antarktis, doch verbringen sie den Winter auf hoher See und nicht in Küstennähe wie Buckelwale. Seiwale schwimmen im Gegensatz zu Blauwalen und Finnwalen nicht bis in die Polarmeere; sie bleiben im Sommer in tiefen, mäßig kalten Meeren und wandern im Winter in subtropische Gewässer.

Im Unterschied zu diesen Furchenwalen unternehmen Glattwale keine großen Wanderungen. Grönlandwale beispielsweise orientieren sich nur an den jahreszeitlichen Verschiebungen der Packeisgrenze, bleiben jedoch sowohl im Sommer als auch im Winter im Nordpolargebiet. Grauwale wiederum ziehen weit umher. Von Mai bis November halten sie sich im Beringmeer und in der Beaufortsee auf, dann schwimmen sie in Richtung Süden entlang der kalifornischen Küste. Dabei legen sie

Mit einem einzigen Schluck kiloweise Krill im Magen! Wenn sich im Sommer das Plankton in den kalten Meeren explosionsartig vermehrt, haben Bartenwale und Fischschwärme mehr als genug zu fressen. Die kleinen Krebse bilden regelrechte schwimmende Teppiche von vielen Millionen Tieren, die die Größe eines Fußballplatzes erreichen. Wiederholt wurden schon Versuche unternommen, Krill auch für die Ernährung des Menschen zu nutzen, bislang jedoch nur mit mäßigem Erfolg. Glücklicherweise, darf man hinzufügen, denn Wale und viele andere Meeresbewohner könnten ohne die winzigen Organismen nicht überleben.

in der Stunde eine Strecke von 5–8 km zurück. Ihre Jungtiere kommen in den Lagunen Südkaliforniens zur Welt.

Auch Riesen haben Feinde

Als einzige Meeresraubtiere können Orkas den Buckelwalen gefährlich werden. Trotzdem kommen die beiden Walarten in der Regel gut miteinander aus; häufig halten sich Orkas in weniger als 1 km Entfernung von Buckelwalen auf, ohne diese auch nur im geringsten zu behelligen.

Wenn die Schwertwale jedoch nicht genügend Nahrung finden, können sie Jagd auf Buckelwale machen: Über mehrere Kilometer hinweg vermögen sie ihre großen Vettern zu orten, dann nähern sie sich ihnen zielstrebig und greifen sie an. Wurden Buckelwale schon einmal von Orkas attackiert, ergreifen sie unverzüglich die Flucht, sobald sie deren Gesänge wahrnehmen. Über 33 % der Wale des Nordatlantik tragen Narben, die von Verletzungen durch Schwertwale herrühren.

Passagiere schwimmender Inseln

Alle Bartenwale, insbesondere aber Buckel- und Grauwale sowie Nord- und Südkaper, tragen kleine Organismen mit sich, die an ihrer Haut oder ihren Barten festsitzen. Die meisten davon gehören zu den Krebstieren. Bei den Buckelwalen sind dies vor allem Seepocken, deren helle Schalen sich mit einem Durchmesser von 6 cm auffallend von der schwarzen Haut abheben. Sie sitzen hauptsächlich in Höhe des Kinns, des Kopfs und der Brustflossen. Seepocken sind keine Parasiten, denn sie schaden ihren Gastgebern nicht – abgesehen vielleicht von leichten Hautreizungen – und ernähren sich weder von deren Gewebe noch von deren Blut. Ebenso wie Entenmuscheln und einige andere Bewohner der Wale fressen sie Plankton, das sie mit ihren Rankenfüßen in den Darm strudeln.

Anders verhält es sich mit Walläusen; diese etwa 15 mm großen Krebse leben als Hautschmarotzer an Walen. Wenn Walläuse in Massen auftreten, können sie ihre Wirte ganz empfindlich schädigen.

Die Nahrungskette im Polarmeer

Unter dem Einfluß der Lichtfülle des polaren Sommers und der Erwärmung des Wassers vermehren sich Kleinlebewesen, das Plankton, explosionsartig. Winzige Algen werden von kleinen Tieren, u. a. von den etwa 5 cm langen Leuchtkrebsen, die den Krill bilden, gefressen. Diese wiederum landen im Magen von größeren Tieren, vor allem von Fischen, aber auch von Bartenwalen. Delphine, Robben und Thunfische, teilweise auch Buckelwale, bilden die nächste Stufe, die Fischfresser; über ihnen steht als letztes Glied der Nahrungskette der Orka.

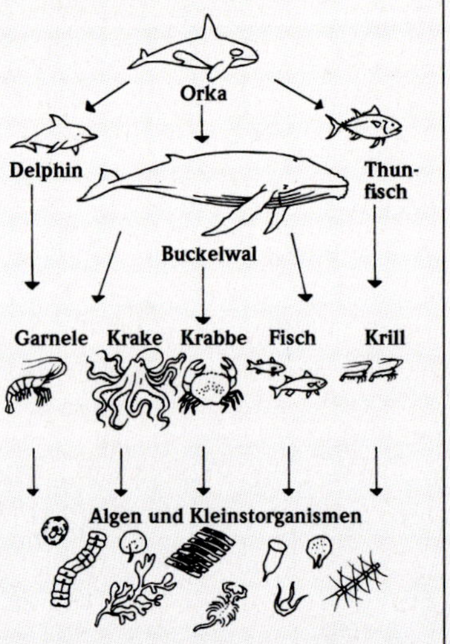

Ungeachtet ihres Aussehens gehören die Seepocken zu den Krebstieren. Sie setzen sich als Larven an großen Gegenständen oder Tieren fest und bilden einen dicken Kalkpanzer. Bis zu 500 kg Seepocken kann ein Buckelwal mit sich herumschleppen. Auf diesem Foto sind außerdem Walläuse zu sehen, die als Parasiten in der Walhaut leben.

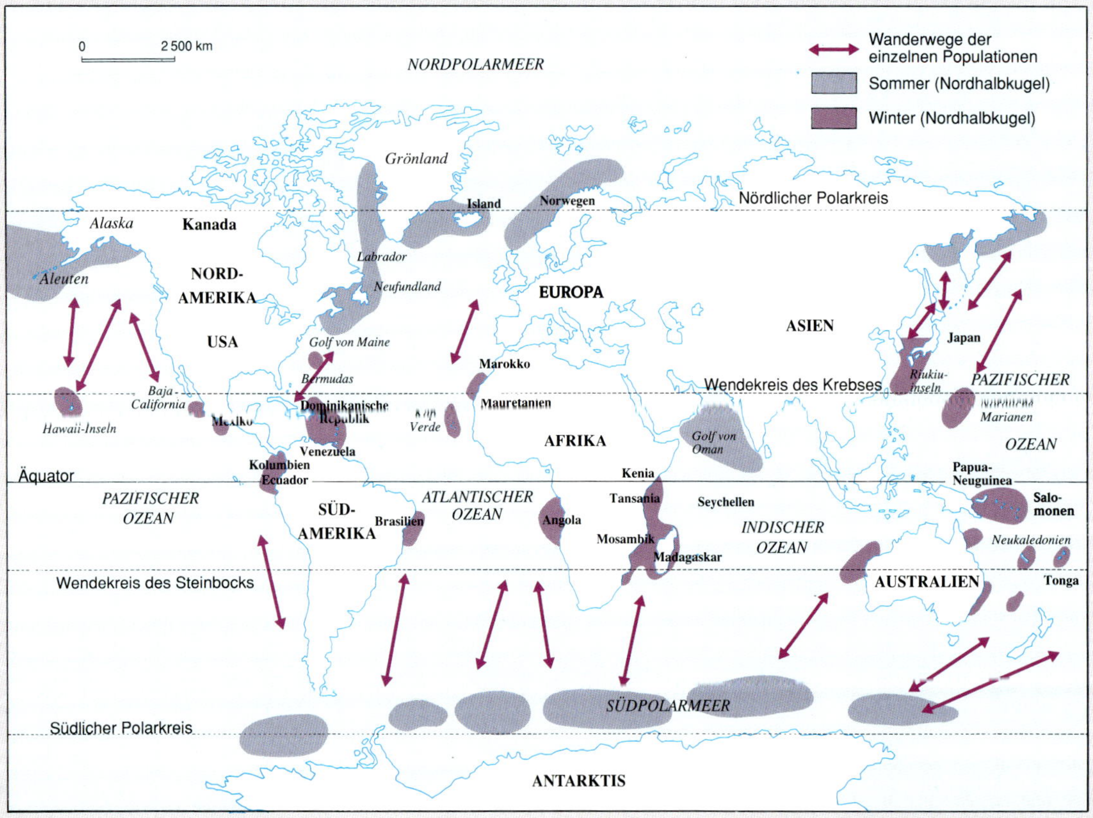

Buckelwale haben kein klar umrissenes Verbreitungsgebiet; alle Populationen mit Ausnahme der Tiere im Arabischen Meer besiedeln im Sommer und im Winter weit auseinanderliegende Gebiete, zwischen denen sie jedes Jahr hin und her wandern.

Schonfrist für die Wale?

In alten Erzählungen werden Wale oft als bösartige Ungeheuer beschrieben, die Schiffe zum Kentern bringen und deren Besatzung bedrohen. Tatsächlich verhält es sich genau umgekehrt: Bartenwale sind völlig friedliche, harmlose Tiere, die keinem Menschen etwas zuleide tun, solange man sie nicht behelligt. Doch Walfänger jagten die Tiere derart rücksichtslos, daß manche Arten kurz vor der Ausrottung standen. Als Wissenschaftler die Meeresriesen zu erforschen begannen und ihre faszinierende Lebensweise bekannt wurde, erwachte das Interesse von Naturfreunden an ihnen.

Von der Jagd mit Harpunen zur Großindustrie

Mit Sicherheit wurden schon vor Jahrtausenden gestrandete Bartenwale gelegentlich von den Bewohnern der betreffenden Küsten verwertet. Die Menschen stellten fest, daß sich das Öl zum Heizen und für Lampen verwenden ließ, sie aßen das Fleisch, schnitzten Gebrauchsgegenstände aus den Knochen und flochten feste Schnüre aus dem getrockneten Darm.

Vor mehr als 5000 Jahren, als die handwerklichen Fähigkeiten der Menschen schon weit fortgeschritten waren und sie längst Werkzeuge herstellen konnten, begannen sie, sich diese Produkte nicht nur durch Zufallsfunde, sondern auch durch Jagd gezielt zu verschaffen. Zunächst töteten sie nur Delphine, da sie die riesigen Bartenwale nicht mit ihren kleinen Booten transportieren konnten; doch im Lauf der Zeit entwickelten sie Methoden, auch die größten Meeressäuger zu erlegen.

Über die Anfänge des Walfangs ist nur wenig bekannt, außer, daß sie sehr weit zurückreichen. In den japanischen Küstengewässern wurden Wale offenbar bereits in der Steinzeit gejagt, und die Phöniker (2. Jt.–1. Jh. v. Chr.) stellten den Tieren im Mittelmeer nach. Auch im Nordatlantik fielen sie Jägern zum Opfer: Verbürgt ist die Jagd auf Buckelwale durch die Wikinger im 9. Jh.

Alle diese Völker benutzten Speere und andere Handwaffen zum Erlegen der Tiere und fügten deren Beständen dadurch keinen wesentlichen Schaden zu; einen wahrhaft vernichtenden Walfang betrieben als erste die Basken, die seit dem 10. Jh. Wale töteten und die Jagd zwangsläufig einstellen mußten, als sie die Tiere im Golf von Biskaya ausgerottet hatten.

Am begehrtesten waren von jeher Glattwale, die eine besonders dicke Speckschicht besitzen, doch nach und nach dehnten die Walfänger ihre Jagd auch auf andere Wale aus. Zunächst konzentrierten sie sich auf die Arten, die ihre Jungen in Küstennähe zur Welt bringen und dadurch besonders leicht zu erbeuten sind. Die Jäger verletzten hierzu die Jungen und verhinderten so eine Flucht der Weibchen, die ihren Nachwuchs auch bei Gefahr nicht im Stich lassen. Erwachsene Männchen wagten die Männer mit ihren Harpunen meist nicht anzugreifen, weil diese auch nach einer Verletzung noch fähig sind, ihre Boote zu zertrümmern.

Zu Beginn des 18. Jh. standen die Glattwale in vielen Gebieten schon kurz vor der Ausrottung, aber dennoch wurde der Walfang weiter verstärkt – zunächst mit Hilfe schnellerer Boote, sogenannter Fangschiffe. Aus ihnen wurden jedoch im Lauf der Zeit regelrechte Fabrikschiffe, auf denen man die Wale gleich zerlegen und weiterverarbeiten konnte. In der Antarktis waren 1911 acht solcher Fabriken in Betrieb, 1931 bereits 41; zwischen 1930 und 1938 verloren allein in antarktischen Gewässern jährlich mehr als 40000 Wale ihr Leben, während 1904 dort nur 195 getötet worden waren.

Bis 1930 standen Briten und Norweger an der Spitze der Walindustrie, noch vor den Niederlanden

Bestandsentwicklung der Bartenwalarten

	Ende des 18. Jh.	heute
Blauwal *(Balaenoptera musculus)*	230 000	unter 3 000
Finnwal *(Balaenoptera physalus)*	550 000	10 000–20 000
Seiwal *(Balaenoptera borealis)*	260 000	55 000
Brydewal *(Balaenoptera edeni)*	90 000	unter 10 000
Zwergwal *(Balaenoptera acutorostrata)*	580 000	etwa 850 000
Buckelwal *(Megaptera novaeangliae)*	250 000	8 000–9 000
Grauwal *(Eschrichtius robustus)*	50 000	20 000
Grönlandwal *(Balaena mysticetus)*	30 000	unter 3 000
Südkaper *(Eubalaena australis)*	100 000	2 000–3 000
Nordkaper *(Eubalaena glacialis)*	?	unter 800

Ein Bild, das hoffentlich bald der Vergangenheit angehört: Der Körper eines Bartenwals wird fein säuberlich zerlegt und für die weitere Produktion vorbereitet. Die Verarbeitung der Meeresriesen erfolgt entweder an Land oder auf Fabrikschiffen. Aus dem Öl entstehen Seife und Margarine, aus dem Fleisch Würste und Tiernahrung, aus der Haut und den Knochen Gelatine. Andere Walprodukte sind beispielsweise Lebertran, Hormonpräparate, Dünger und Kosmetika; noch im 19. Jh. lieferten Wale außerdem das Material für Damenkorsetts: Sie wurden aus den sehr festen, aber elastischen Barten hergestellt.

und den USA, doch nach dem Zweiten Weltkrieg wurden sie von Japan, der UdSSR und schließlich wieder Norwegen abgelöst. Innerhalb von 200 Jahren waren weltweit rund 95% der Buckel- und Blauwalbestände auf diese Weise vernichtet worden.

Höchster Alarm

Ein erstes Gesetz zur Einschränkung des Walfangs wurde schon 1904 in Norwegen erlassen, allerdings aus einem seltsamen Grund: Man nahm an, daß die Heringsschwärme zusammen mit Finnwalen auftauchten. Nachdem die Anzahl der gefangenen Wale in den ersten drei Jahrzehnten des 20. Jh. in der Antarktis erschreckend gestiegen war, einigten sich die meisten Walfangnationen im Jahr 1937 auf eine Reduzierung ihrer Fangzahlen. 1938 wurden die Buckelwale der Antarktis unter Schutz gestellt.

Das drohende Aussterben der Wale, vor allem der Nord- und Südkaper, führte im Jahr 1946 zur Gründung der Internationalen Walfangkommission. Ihre Aufgabe war und ist die Ausarbeitung von Fangquoten sowie die Erforschung der Wale. Dabei stand sie von Anfang an in einem ständigen Interessenkonflikt zwischen Walfängern und Naturschützern. Als die Zahl der Wale immer weiter zurückging, mehrten sich die Stimmen, die einen völligen Schutz der Tiere forderten. Daraufhin traten Länder wie Japan und Norwegen aus der Walfangkommission aus; fortan waren sie nicht mehr an deren Beschlüsse gebunden.

Der völlige Schutz der Buckelwale des Nordatlantik wurde 1956, der der Wale der südlichen Erdhalbkugel und des Nordpazifik 1963 bzw. 1966 beschlossen. Im Jahr 1986 schließlich untersagte ein internationales Abkommen jeglichen Walfang zu Handelszwecken für mehrere Jahre. Trotz dieser Verbote erreichten einige Nationen weiterhin riesige Fangzahlen und töteten zahlreiche bedrohte Wale – offiziell nur zu wissenschaftlichen Zwecken. 1993 erlaubte Norwegen wieder die Jagd auf Zwergwale, da diese nicht unmittelbar bedroht sind. 160 Tiere fielen den Walfängern in diesem Jahr zum Opfer.

Versuche, ein fremdartiges Wesen zu verstehen

Wenn die Wale vor dem Aussterben gerettet werden sollen, genügt es nicht, den Walfang zu beschränken. Genau wie alle anderen Tiere sind sie Teil eines komplexen Systems wechselseitiger Beziehungen zwischen den verschiedensten Tieren, Pflanzen, Klimafaktoren und anderen Gegebenheiten. Um dieses System besser zu verstehen, erforschen Wissenschaftler schon seit mehreren Jahrzehnten das Leben der großen Meeressäuger; einen Schwerpunkt ihrer Arbeit bildet die Untersuchung der Fortpflanzungs-, Wachstums- und Sterberate, des Alters, der Geschlechtsreife und der Lebenserwartung.

Die Bestandsentwicklung der Wale kann man durch Luftpatrouillen und mittels Echolot und Satelliten ermitteln. Verschiedene Staaten arbeiten zu diesem Zweck eng zusammen. Bei anderen Daten, beispielsweise der Lebenserwartung, erhält man nur dann genaue Werte, wenn man Individuen gezielt über viele Jahre hinweg beobachtet. Die Identifizierung einzelner Tiere erfolgt anhand von Flossen- und Körperzeichnungen. Bei manchen Arten wie den Buckelwalen erleichtert der Bewuchs mit Seepocken oder unverkennbare Einkerbungen an den Flossen das Erkennen bestimmter Tiere.

Die Ermittlung des Geschlechts gestaltet sich schwieriger, da sich Männchen und Weibchen äußerlich kaum voneinander unterscheiden lassen. Deshalb haben kanadische Forscher eine neue Methode entwickelt, die sich auf die Untersuchung der Erbanlagen aus den Zellen kleiner Hautstücke stützt. Mit diesem „genetischen Fingerabdruck" kann man auch Verwandtschaftsverhältnisse feststellen. Für solch eine Analyse reichen bereits einige Quadratmillimeter Haut aus; meist erfolgt ihre Entnahme – völlig schmerzlos – mittels eines kleinen Pfeils von einem Schiff aus.

Wale als Touristenattraktion

Zahlreiche Reiseveranstalter bieten neuerdings „Walausflüge" an, die sich zu einer der einträglichsten Attraktionen des Naturtourismus entwickelt haben. Buckelwale erfreuen sich besonderer Beliebtheit, da ihre kraftvollen Sprünge bei jedem Beobachter einen tiefen Eindruck hinterlassen. Inzwischen jedoch haben diese Veranstaltungen derart zugenommen, daß die Tiere vor den Menschenmassen geschützt werden müssen.

Vor Australien dürfen sich ihnen Schiffe nur bis auf eine Entfernung von 100 m nähern, vor Hawaii sogar nur bis auf 200 m. Piloten sind gehalten, über den Walen eine Flughöhe von 300 m nicht zu unterschreiten. Vor allem in Amerika ist das *whale watching* sehr verbreitet. Im Winter etwa bietet sich die Gelegenheit, die eindrucksvollen Werbezeremonien der Buckelwalmännchen vor der mexikanischen Westküste oder an den Küsten mehrerer Inseln der Hawaii-Gruppe zu verfolgen.

1988 verschloß das Packeis unerwartet früh im Jahr einen Fjord in Alaska, wodurch drei Grauwale von der offenen See abgeschnitten wurden und unter der Eisdecke zu ersticken drohten. Die USA und die UdSSR starteten daraufhin eine spektakuläre Rettungsaktion, die zur Befreiung zweier der drei Wale führte. Löcher wurden in das Eis geschlagen, damit die Tiere zum Atmen auftauchen konnten, bis schließlich Eisbrecher einen Zugang zum Meer schufen.

HAIE

Ihre scharfen Zähne versetzen viele Menschen in Angst und Schrecken, und über ihre Blutrünstigkeit kursieren wahre Horrorgeschichten. Doch wer an Berichten über Haie nur seine Sensationsgier befriedigen möchte, versäumt viel: eine perfekte Anpassung an den Lebensraum, hochempfindliche Sensoren, mit deren Hilfe Haie selbst den Herzschlag im Meeresboden vergrabener Fische wahrnehmen, und Jungtiere, die sich bereits im Bauch der Mutter erfolgreich als Jäger betätigen.

Haie zählen zusammen mit den nahe verwandten Rochen und den Seedrachen zur Klasse der Knorpelfische. Im Unterschied zu den Knochenfischen ist ihr Skelett nicht verknöchert, sondern wird aus Knorpelmasse aufgebaut.

Erste Vertreter der vielgestaltigen Gruppe der Haie kennt die Wissenschaft aus dem Devon, dem Erdzeitalter, in welchem sich die Wirbeltiere in viele Formen zu entwickeln begannen. Als ursprünglichste Haigattung gilt *Cladoselache*, deren Vertreter vor rund 400 Mio. Jahren lebten. Diese Urhaie sind den Forschern vor allem durch ihre Zähne und zahnförmigen Placoidschuppen bekannt, die im Gegensatz zu den Skeletten die Jahrmillionen überdauerten. Sie waren bereits sehr gute Schwimmer und tüchtige Jäger, maßen allerdings kaum 2 m. Vor ihren beiden Rückenflossen stand jeweils ein kräftiger Stachel, ähnlich wie bei den heutigen Stachelhaien. Die Zähne der Urhaie zeigen deutliche Abnutzungserscheinungen, woraus man schließen kann, daß sich ihre Zahnreihen im Unterschied zu den heute lebenden Haien nicht ständig erneuerten.

In den folgenden Jahrmillionen entwickelten sich verschiedenste Haiarten, die in Konkurrenz zu den mehr als 6 m langen Panzerfischen traten. Letztere waren im Devon sehr zahlreich in allen Meeren der Erde vertreten. Trotz geringerer Größe konnten sich die Haie wohl aufgrund ihrer Schnelligkeit und Wendigkeit gegen die Panzerfische durchsetzen; diese verschwanden am Anfang des Karbons, als die Haie ihren ersten stammesgeschichtlichen Höhepunkt erlebten.

Nahe Verwandte des Weißhais, des bekanntesten und berüchtigtsten Vertreters der Knorpelfische, traten bereits vor 65 Mio. Jahren auf, zu der Zeit, als die Dinosaurier ausstarben. Einer dieser Ahnen, *Carcharodon megalodon*, der bis zur letzten Eiszeit lebte, muß mit einer Körpergröße von fast 13 m und Zähnen, die eine Länge von 11,5 cm erreichten, der Schrecken der Meere gewesen sein.

Im Lauf der Stammesgeschichte brachten Haie einen außergewöhnlichen Formenreichtum hervor. Die rund 370 heute lebenden Arten gehören acht Ordnungen an, die sich in vieler Hinsicht voneinander unterscheiden.

Lautlos gleitet ein Sandtigerhai aus der Dunkelheit heran. Sein mit mehreren Reihen nadelspitzer Zähne bewehrtes Maul hat sich im Lauf der Evolution zu einem vollkommenen, mit tödlicher Sicherheit zupackenden Fangapparat entwickelt. Trotz ihrer furchteinflößenden Erscheinung droht Menschen von dieser Haiart jedoch kaum Gefahr.

Und der Haifisch, der hat Zähne ...

Bei Haien findet man viele verschiedene Zahnformen und -typen. Die größten und eindrucksvollsten Zähne sitzen im Maul, doch auch die Körperoberfläche der Knorpelfische ist zahnbewehrt: in Form von Millionen winziger Zähnchen, die der Haut eine rauhe Struktur verleihen.

Grundsätzlich lassen sich bei Haien mehrere Zahntypen unterscheiden: Einige dienen vorwiegend zum Schneiden und Zerreißen der Beute, andere zum Packen oder zum Zermalmen. Wie die Zähne einer Haiart aussehen, hängt von ihrer Ernährungsweise ab. Häufig sind die Tiere ausgesprochene Nahrungsspezialisten und an ganz bestimmte Beute gebunden, für deren Ergreifen und Verschlingen sich die Zähne entwickelt haben. Zweierlei Zahntypen im Ober- und Unterkiefer bei ein und derselben Art findet man ebenfalls. Bei manchen Stachelhaiartigen dient der Oberkiefer nur zum Festhalten der Beute, während die scharfen Schneidezähne des Unterkiefers Stücke abschneiden. Auch die Kammzähnerhaie haben im Unterkiefer sägeblattförmige Zähne zum Schneiden, im Oberkiefer hingegen spitze, hakenförmig gebogene Fangzähne.

Große Jäger wie Blau- und Weißhaie packen mit abgeflachten, dreieckigen, scharfrandigen Schneidezähnen zu, wobei sie ihrer Beute große Fleischstücke oder ganze Körperteile abreißen. Solche Zähne können sehr groß werden, die des Weißhais etwa erreichen eine Länge von bis zu 7 cm. Besonders spezialisiert sind die stark abgeflachten Schneidezähne der Dornhaie: Sie stehen nebeneinander in einer Reihe, die wie eine gezackte Messerschneide arbeitet. Bei Haiarten hingegen, die Jagd auf schnell schwimmende Beute machen, wie dem Mako oder dem Sandtigerhai, sehen die Zähne wieder ganz anders aus: lang und nadelspitz, meist in mehreren Reihen hintereinander angeordnet. Manche Tiefseehaiarten schließlich verfügen über Mahlzähne, da sie sich in erster Linie von Muscheln und Krebstieren ernähren, deren harte Schale sie zuerst knacken müssen. Ihre Zähne sind deshalb kurz und abgerundet, und wenn sie abgenutzt sind, müssen die Tiere keineswegs verhungern: Immer wieder wachsen ihnen neue Zähne nach – ein Phänomen, das auf alle Haie zutrifft.

Aber es gibt auch Arten mit stark zurückgebildeten Zähnen. Drei der größten, Walhai, Riesenhai und Riesenmaulhai, ernähren sich vorwiegend von Kleinlebewesen, die sie ähnlich wie Bartenwale aus dem Wasser filtern.

Haie reißen das Maul weit auf

Im Unterschied zu den Säugetieren ist der Oberkiefer bei Haien nicht fest mit dem Schädel verbunden; diese anatomische Besonderheit erhöht die Beweglichkeit des Kiefers und erlaubt es den Tieren, ihr Maul sehr weit zu öffnen. Außerdem können Haie ihre Kiefer vorstrecken und so die Beute besser ergreifen.

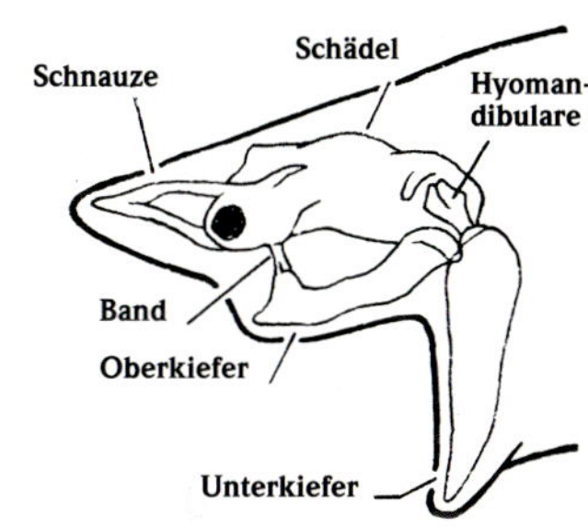

Manchmal scheinen Haie in einen Freßrausch zu geraten. In solchen Augenblicken beißen sie wahllos um sich und können sogar Artgenossen verletzen. Dieses seltsame Verhalten, das hier Graue Riffhaie zeigen, wird möglicherweise durch Streß ausgelöst, der die Aggressivität der Tiere immer mehr steigert und sie schließlich außer Kontrolle geraten läßt.

Kleine bis mittelgroße Fische verschlingen Graue Riffhaie einfach, größere Beutetiere zerreißen sie mit ihren scharfen Schneidezähnen.

Nicht die kleinste Schwingung entgeht ihnen

Haie müssen als Jäger der Meere über ein komplexes System von Sinnesorganen verfügen, um ihre Beute ausfindig zu machen. Einige davon – Gehör, Gesichts- und Geruchssinn – besitzen auch Landlebewesen, über andere wiederum verfügen nur Tiere, die im Wasser vorkommen.

Entgegen einer weitverbreiteten Meinung können die meisten Haie sehr gut sehen. Der Aufbau ihrer Augen ähnelt dem vieler höherer Wirbeltiere, ihre fast kugelige Augenlinse ist jedoch starr, so daß die Tiere ihre Augen nicht auf unterschiedliche Entfernungen einstellen können. Allerdings sehen Haie dank einer reflektierenden Zellschicht hinter der Netzhaut, die die Sehkraft verstärkt, auch bei schwachem Licht ausgezeichnet.

Der Geruchssinn der Haie ist erstaunlich hoch entwickelt; zahlreiche Riechlamellen in den Gruben unterhalb der Schnauzenspitze ermöglichen den Tieren die Wahrnehmung selbst kleinster Mengen von Blut über große Entfernungen. Der Geruchssinn spielt aber nicht nur bei der Nahrungssuche eine große Rolle, sondern auch im Sozialleben: Mit Hilfe von Düften spüren Haie Artgenossen auf.

Hören und Tasten sind eins

Schallwellen werden im Wasser schneller und besser geleitet als in der Luft, und Haie können deshalb noch Schwingungen wahrnehmen, die von einer 2 km entfernten Geräuschquelle stammen. Wellen, die im Frequenzbereich zwischen 25 und 100 Hertz liegen (der unteren Grenze des menschlichen Hörvermögens), scheinen Haie besonders anzulocken, da solche Schwingungen oft von Fischen erzeugt werden, die sich im Todeskampf befinden.

Die Ohren der Haie befinden sich im Hirnschädel; akustische Signale werden über die Gehörgänge, die in Hautporen münden, übermittelt. Doch die Druckwellen, durch die sich der Schall ausbreitet, werden nicht nur von den Ohren empfangen. Diese Aufgabe übernimmt auch das Seitenlinienorgan, das aus Gruben und Kanälen mit Sinneszellen besteht, die an den Körperseiten und am Kopf liegen. Diese in Kissen angeordneten Sinneszellen reagieren sehr empfindlich auf Druckunterschiede im Wasser, seien es nun Schallwellen oder Bewegungen anderer Lebewesen. Mit ihrer Hilfe können Haie den Aufenthaltsort, die Größe und die Geschwindigkeit eines Beutetiers ermitteln. Diese Fähigkeit, Objekte über eine größere Entfernung zu „erspüren“, wird häufig als „Ferntastsinn“ bezeichnet.

Geheimnisvolle Ampullen

Die Lorenzinischen Ampullen befinden sich vorwiegend im Kopfbereich der Haie und bestehen aus Sinneszellen, deren Wände einen hohen elektrischen Widerstand aufweisen. Dank dieser Elektrorezeptoren vermögen Haie elektromagnetische Felder wahrzunehmen, die beispielsweise von versteckt am Meeresboden lebenden Tieren erzeugt werden. Außerdem können sich Haie mit Hilfe dieser Organe im Erdmagnetfeld orientieren.

Auch Vergraben nützt nichts!

Doch selbst wenn alle diese Sinne ausfallen, vermögen Haie noch Beute zu machen. Sie können sehr schwache elektromagnetische Felder wahrnehmen, wie sie von jedem Lebewesen, z. B. durch den Herzschlag, erzeugt werden. Obwohl sie diese Fähigkeit mit vielen Knochenfischen teilen, sind die Elektrorezeptoren der Haie und Rochen, die sogenannten Lorenzinischen Ampullen (siehe Kasten), die empfindlichsten im gesamtem Tierreich.

Haie besitzen darüber hinaus noch andere Sinnesorgane. So sind sie etwa in der Lage, den Salzgehalt des Wassers zu ermitteln und im Gedächtnis zu speichern. Auf diese Weise finden sie ihre Laichgebiete oder auch besonders nahrungsreiche Gewässer wieder. Erst das Zusammenwirken all dieser Sinnesleistungen versetzt die Tiere in die Lage, erfolgreich Beute aufzuspüren, sich überall zurechtzufinden und ihre Partner für die Fortpflanzung zu finden.

Bei Helligkeit ist das Sehvermögen der Haie mit dem höherer Wirbeltiere vergleichbar, doch im Dämmerlicht und in der Nacht sind die großen Jäger im Vorteil. Eine spiegelnde Schicht hinter der Netzhaut wirft das Licht in die Sehzellen zurück und verbessert so das Sehvermögen; sie bewirkt, daß die Augen im Dunkeln leuchten, wenn sie angestrahlt werden – ebenso wie bei Katzen. Da Haie jedoch nur in einer Ebene scharf sehen, weil sich die Linse ihrer Augen nicht auf unterschiedliche Entfernungen einstellen läßt, verfügen sie noch über andere Möglichkeiten der Orientierung. Ein komplexes System hochempfindlicher Sinnesorgane versetzt sie in die Lage, jede Situation augenblicklich zu erfassen.

Auf diesen beiden Abbildungen sieht man den Kopf eines Port-Jackson-Hais. Für diese Haiart ist der Geruchssinn wichtiger als das Sehvermögen, weil sie Tiere jagt, die versteckt am Meeresboden leben. Mit seinen muschelförmigen Nasenöffnungen (oben) spürt der Port-Jackson-Hai selbst Beute auf, die sich im sandigen Untergrund vergraben hat.

Erst sehr selten wurden Wissenschaftler in freier Natur Zeugen einer Haipaarung, weil die Tiere dazu offenbar den Meeresgrund aufsuchen und die Nachtstunden bevorzugen. Da sich Haie nicht mit den Flossen festhalten können, wie beispielsweise Wale, bereitet die Paarung einige Probleme. Auf diesen Bildern sind Graue Riffhaie zu sehen, bei denen das Männchen eine Brustflosse des Weibchens mit den Zähnen ergreift. Dadurch versucht es, den notwendigen Halt zu finden, um seine Begattungsorgane in die Geschlechtswege des Weibchens einführen zu können. Die Flossen weiblicher Haie tragen nicht selten deutliche Spuren solcher „Liebesbisse“ der Männchen.

Fortpflanzung mit Biß

Während bei den Knochenfischen die Befruchtung in der Regel außerhalb des Körpers stattfindet – das Weibchen legt seine Eier ab und das Männchen stößt seinen Samen darüber aus –, paaren sich Haie ähnlich wie Säugetiere.

Hierfür haben sich die paarigen Bauchflossen der Männchen in Begattungsorgane umgewandelt, die als „Klasper" bezeichnet werden. Diese Organe sind aber, anders als der Penis der Säugetiere, nicht unmittelbar mit den Hoden verbunden; deshalb benötigen Haie einen komplizierten Mechanismus zur Beförderung des Spermas. Wassergefüllte Aussackungen schwemmen die Samenflüssigkeit in Kanäle, durch die sie in die Eileiter des Weibchens, in denen die Befruchtung stattfindet, geleitet wird.

Da die Eier im Körper befruchtet werden, beginnt die Keimesentwicklung stets in der mütterlichen Gebärmutter. In welchem Entwicklungsstadium die Haijungen zur Welt kommen, unterscheidet sich jedoch von Ordnung zu Ordnung und sogar von Art zu Art.

Eier und lebende Junge – bei Haien ist beides möglich

Die ursprünglichste Methode der Fortpflanzung, das Ablegen von Eiern, findet man bei den Katzenhaien, den Ammenhaien und den Stierkopfhaien. Ihre Eier erreichen mehrere Zentimeter Größe und sind in einer verhornten, widerstandsfähigen Kapsel eingeschlossen. Mit Dornfortsätzen oder langen Fäden versehen, wird die Eikapsel vom Weibchen an Pflanzen oder am Meeresgrund verankert. Beim Port-Jackson-Hai hat die Eikapsel die Form eines Kegels; spiralige Bänder halten sie in Felsritzen fest.

Katzenhaie legen in der Regel jährlich 20–30 Eier, aus denen nach einigen Monaten die Jungen schlüpfen. Diese ernähren sich zunächst von Kleintieren wie Krabben, Würmern und Fischchen.

Bei den meisten Haiarten jedoch wachsen die Nachkommen im Mutterleib heran. Häufig bleiben die Eier einfach in der Gebärmutter, und die Jungen zehren dort ihren Dottervorrat aus dem Ei auf. „Ovoviviparie" wird diese Art der Fortpflanzung genannt. Sie birgt für die Jungtiere den großen Vorteil, daß sie besser vor Räubern geschützt sind. Bis zu einem knappen Jahr kann ihre Entwicklung dauern.

Daneben gibt es aber noch eine weitere Möglichkeit, wie kleine Haie aufwachsen können. Allerdings würde sie wohl kaum jemand bei Fischen vermuten, da sie normalerweise nur bei höheren Säugetieren vorkommt: Die jungen Haie werden von der Mutter durch eine Plazenta (einen Mutterkuchen) ernährt. Diese Plazenta bildet sich nach einigen Monaten der Embryonalentwicklung aus dem Dottersack des Eis und heftet sich an die Gebärmutterwand an; von nun an übernimmt sie die Versorgung des Embryos mit Sauerstoff und Nährstoffen aus dem mütterlichen Blut. Nach 9–12 Monaten kommen die Jungen voll entwickelt zur Welt. Ihre Zahl variiert von Art zu Art beträchtlich; beim Blauhai kann sie bis zu 100 Jungtiere umfassen.

Raubtiere schon vor der Geburt

Die Jungen einiger ovoviviparer Haie wie z. B. des Makos oder des Sandtigerhais ernähren sich im Mutterleib auf eine eigentümliche Weise, die „Oophagie" (Eierfressen) genannt wird: Die zuerst geschlüpften Tiere machen Jagd auf die anderen Eier und ihre schwächeren Geschwister. Die Gefräßigkeit der Embryos scheint beachtlich zu sein, eines dieser kleinen Monster soll sogar schon einmal einen Wissenschaftler beim Sezieren der Haimutter gebissen haben. Manche Arten bringen nur wenige Junge zur Welt; beim Sandtigerhai überlebt bis zur Geburt oft nur ein einziges Junges, das vorher alle anderen Eier und Geschwister vertilgt hat!

Der Embryo des Kleingefleckten Katzenhais liegt geschützt in einer verhornten Eikapsel. Mit Fäden am Meeresgrund verankert, kann diese nicht weggetrieben werden. Sobald die Nährstoffe aufgebraucht sind, schlüpft das Junge; je nach Umgebungstemperatur dauert seine Entwicklung 5 bis 11 Monate.

Zu den lebendgebärenden Arten gehört der Zitronenhai (rechts). Nachdem die Jungen 10–12 Monate lang über eine Plazenta ernährt worden sind, kommen sie voll entwickelt zur Welt, noch durch eine Nabelschnur mit der Mutter verbunden. In der unteren Bildhälfte sind zwei hungrige Schiffshalter zu erkennen, die auf die Nachgeburt warten.

Folgende Doppelseite: Schiffshalter begleiten oft große Meerestiere, vor allem Wale, Rochen und Haie. Ihre Kopfoberseite ist zu einer Saugfläche umgebildet, mit der sie sich an ihrem „Transportmittel" festheften.

Weißhai

Carcharodon carcharias

Der zur Familie der Makrelenhaie zählende Weißhai ist für viele Menschen *der* Hai schlechthin. Sein Name trifft nicht ganz zu: Nur die Bauchseite ist weiß gefärbt, der Rücken dagegen graubraun. Leider wissen die Wissenschaftler erst sehr wenig über seine Lebensweise und sein Verhalten, weil er sich nicht in Gefangenschaft halten läßt. Auch zur Fortpflanzung gibt es noch viele offene Fragen; da bislang nur wenige trächtige Weibchen gefangen wurden, konnten Forscher erst vor kurzem eindeutig belegen, daß er sich durch Ovoviviparie fortpflanzt. Die Jungen ernähren sich wahrscheinlich im Mutterleib von anderen Eiern und Embryos.

Bei der Geburt beträgt die Länge dieses Hais 100–150 cm; jedes Jahr wachsen die Haijungen um etwa 20 cm. Die Geschlechtsreife tritt bei Männchen im Alter von 9 bis 10 Jahren ein, wenn sie 3–4 m lang sind, bei Weibchen offenbar noch später.

Über die Größe, die der Weißhai erreichen kann, sind sich die Haiforscher nicht einig. Tiere von 6–8 m Länge wurden schon gesichtet, doch aus Teilen von Weißhaien, die Fischer gefunden haben, schließen manche Experten auf Körperlängen von 11 m und mehr. Bei einer Länge von 6 m wiegt ein Weißhai etwa 3 t.

Der Weißhai ist ein Einzelgänger, doch wurden in der Nähe von Walkadavern, Robbenkolonien und großen Schiffen zur fabrikmäßigen Fischverarbeitung wiederholt auch kleine Gruppen beobachtet.

Das Verbreitungsgebiet dieses Hais umfaßt alle gemäßigten und warmen Meere der Erde, auch das Mittelmeer; bisweilen ist er sogar in der Nord- und Ostsee anzutreffen. Gemäßigte Zonen zieht er den Tropen vor. Er kommt vor allem in kü-

	WEISSHAI
Art:	*Carcharodon carcharias*
Familie:	Makrelenhaie
Ordnung:	Makrelenhaiartige
Klasse:	Knorpelfische
Merkmale:	Dreieckige, abgeflachte, lanzenspitzenförmige Zähne mit scharfen, gezackten Rändern. Rücken grau, Bauch weiß; große, sichelförmige Brustflossen
Maße:	Bis zu 8 m lang, nach manchen Schätzungen sogar noch wesentlich länger
Gewicht:	Bis über 3 t
Verbreitung:	Südaustralische, südafrikanische und nordamerikanische Küsten des Pazifik und Atlantik; Ostatlantik (Portugal, Spanien) und Mittelmeer
Lebensraum:	Gemäßigte und tropische Meere über dem Festlandsockel. Meist nahe der Oberfläche, in wärmeren Gewässern auch in größerer Tiefe; gelegentlich in Küstennähe
Nahrung:	Knorpel- und Knochenfische, darunter auch andere Haie; seltener Kraken und Tintenfische. Kleine Meeressäugetiere, Meeresschildkröten, Meeresvögel; gelegentlich Aas und Schiffsabfälle
Sozialstruktur:	Einzelgänger, manchmal in kleinen Gruppen
Geschlechtsreife:	Mit 9–10 Jahren
Fortpflanzung:	Ovovivipar, wahrscheinlich mit Oophagie
Tragzeit:	Unbekannt
Anzahl der Jungen pro Geburt:	Bis zu 9
Körperlänge bei der Geburt:	100–150 cm
Lebensdauer:	Schätzungsweise 27 Jahre
Bedrohung und Schutz:	Bestand unbekannt; bisher nicht bedroht. Sein Fleisch ist ungenießbar und deshalb nicht von wirtschaftlichem Interesse. In manchen Gebieten starke Bejagung durch Sportangler

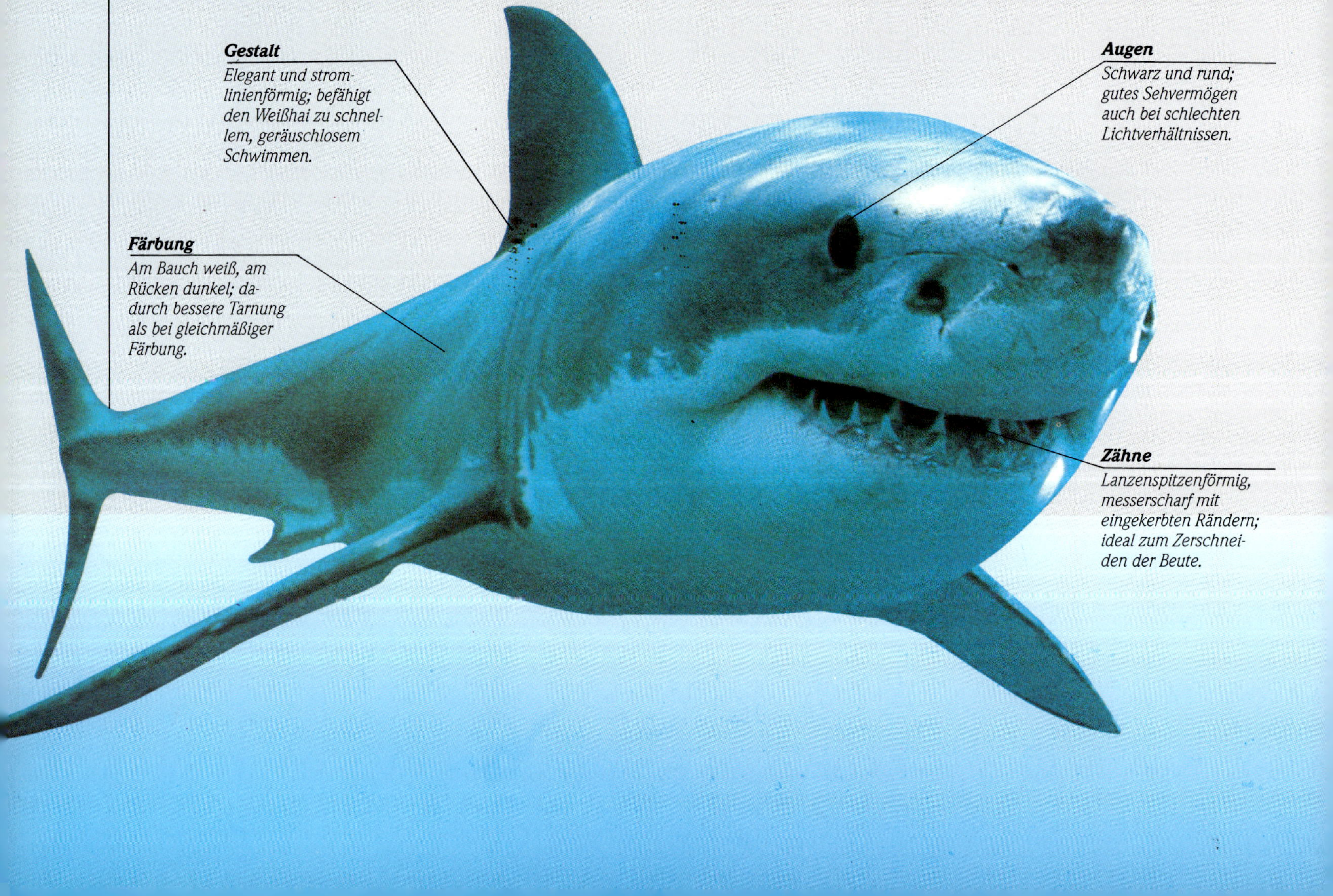

stennahen Gewässern vor, hält sich aber auch direkt an Küsten auf, wenn er Fischschwärmen folgt, und kann dann eine ernsthafte Bedrohung für Badegäste darstellen.

Dank seines stromlinienförmigen Körpers und seiner kräftigen Schwanzflosse ist der Weißhai ein ausgezeichneter Schwimmer. Dabei bewegt er sich mit einer Durchschnittsgeschwindigkeit von 3 km/h, doch vermag er beim Angriff auf ein Beutetier Geschwindigkeiten von bis zu 25 km/h zu erreichen.

Haie besitzen keine Schwimmblase, die ihr Absinken im Wasser verhindert. Um nicht ständig aufwärts schwimmen zu müssen, haben diejenigen Arten, die im freien Wasser leben, eine mächtige, ölreiche Leber; da Fett bekanntlich leichter ist als Wasser, verleiht ihnen dieses Organ Auftrieb.

Je nach Alter machen Weißhaie Jagd auf unterschiedliche Beute. Jungtiere fressen hauptsächlich Fische, während die Erwachsenen Meeressäugetiere wie Robben und Delphine bevorzugen. Auf ihrem abwechslungsreichen Speisezettel stehen aber auch andere Haie, Meeresschildkröten und Meeresvögel sowie sogar Kadaver von Walen.

Seine Angriffs- und Freßweise paßt der Weißhai dabei jeweils den Beutetieren an. Robben etwa können ihm mit ihren Zähnen ernsthafte Verletzungen zufügen, weshalb der Hai sie zunächst außer Gefecht setzen muß. Er nähert sich der Beute von der Seite oder von unten und versetzt ihr einen kräftigen Biß, um danach sofort wieder abzudrehen. Erst nach einiger Zeit, wenn das Opfer schon so viel Blut verloren hat, daß es sich nicht mehr wehren kann, kehrt er zurück.

Als einziger Hai hebt der Weißhai häufig seinen Kopf aus dem Wasser, um nach Nahrung auszuspähen. Diese Eigenart prädestinierte ihn wohl zum Darsteller für Gruselfilme, in denen man ihm die Rolle des „Menschenfressers“ zuwies. Zwar fielen ihm schon viele Menschen zum Opfer, doch handelt es sich bei der Geschichte von der „blutrünstien Bestie mit Killerinstinkt“ um ein Schauermärchen.

Besondere Merkmale

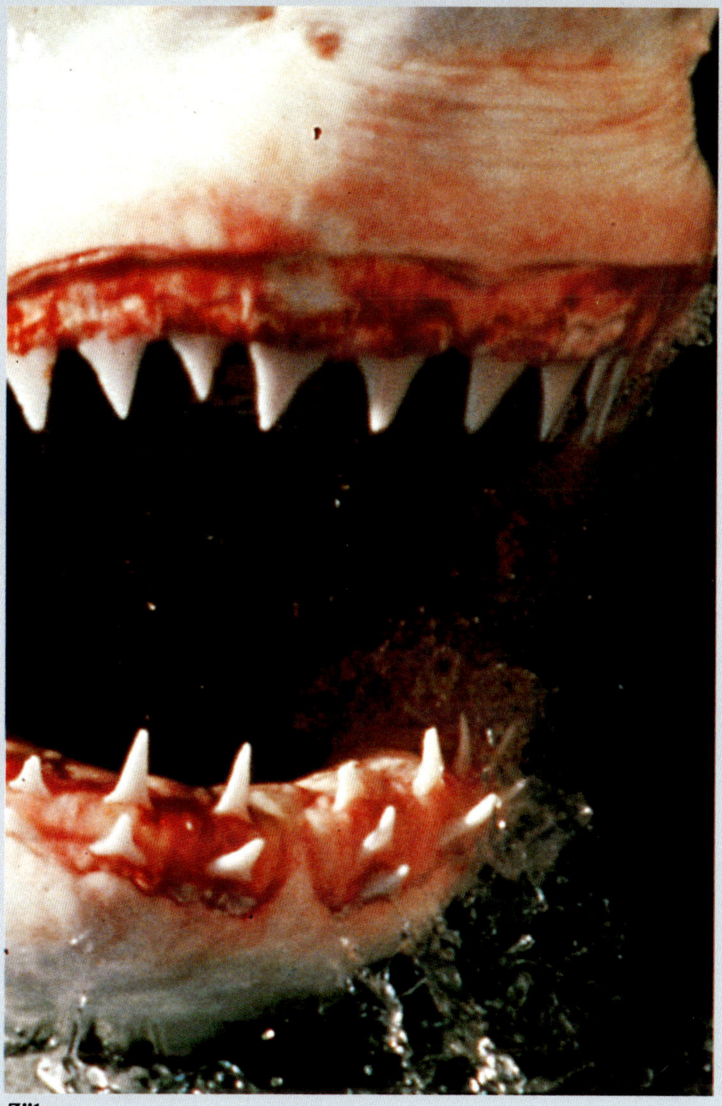

Kiemen

Haie entnehmen den Sauerstoff des Atemwassers mit Hilfe der Kiemen. Diese liegen beiderseits des Kopfes unter den Kiemenspalten. Beim Weißhai sind die Kiemen auf fünf Paaren knorpeliger Kiemenbögen angeordnet. Durch ihre dünnen Äste strömt Blut, das Sauerstoff aufnimmt und Kohlendioxid abgibt. Der für die Atmung erforderliche Wasserfluß entsteht entweder durch Schwimm- oder, bei bodenlebenden Arten, durch Pumpbewegungen.

Haut

Auch die Haut des ganzen Körpers bildet Millionen kleiner Zähnchen, die ihr als Placoidschuppen eine sehr rauhe Struktur verleihen. Diese Schuppen bestehen aus einer Grundplatte, aus der auf einem Stiel ein Dorn aufragt; sie sind sehr hart und wie bei einer Rüstung eng miteinander verbunden. Mit den nach hinten weisenden Dornen erhöhen sie die Gleitfähigkeit im Wasser. Wie alle Zähne enthalten sie ein Blutgefäß und eine Nervenendigung sowie eine Wurzel. Die Hautzähnchen bilden sich ebenfalls immer wieder neu.

Zähne

Im Gegensatz zu Knochenfischen und höheren Wirbeltieren sitzen die Zähne der Haie nicht in den Kieferknochen, sondern entstehen in der Schleimhaut von Ober- und Unterkiefer. Sie werden immer wieder durch neue Zahnreihen ersetzt, nach einem System, das wie eine Rolltreppe funktioniert. In dem Maße, wie die Zähne der ersten Reihe in der Mundhöhle verschwinden, rücken die der folgenden Reihen nach, richten sich auf und nehmen den freigewordenen Platz ein. Im Lauf seines Lebens produziert ein Hai so mehrere tausend Zähne.

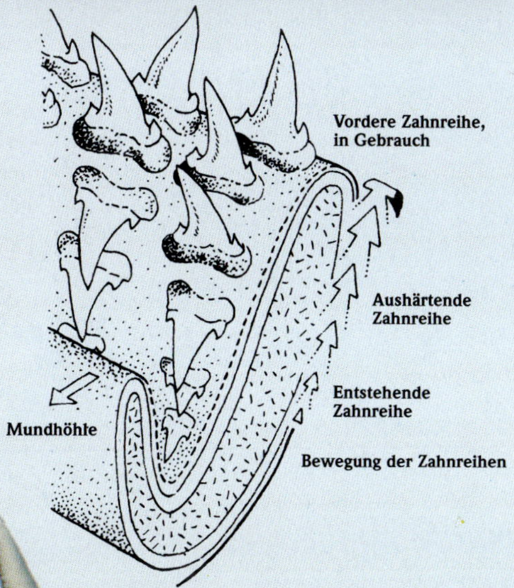

Andere Arten

Die Wissenschaft kennt gegenwärtig rund 370 Haiarten, die sich in acht Ordnungen und 30 Familien einteilen lassen. 56% der Arten gehören zur Ordnung der Grundhaie; die artenreichste Familie ist die der Katzenhaie mit 89 Arten. Fast jedes Jahr werden neue Haiarten beschrieben. Die größte Hai-Entdeckung dieses Jahrhunderts war der Fang eines 4,50 m großen Hais vor Hawaii im Jahr 1973. Es handelte sich um das Exemplar einer bis dahin unbekannten Haiart, die auf den Namen „Riesenmaulhai" getauft wurde und für die eine neue Familie eingeführt werden mußte.

Von den Rochen, die ihnen am nächsten stehen, unterscheiden sich die Haie durch die Lage ihrer Kiemenspalten an den Seiten (bei den Rochen an der Bauchseite). Alle Haie sind Fleischfresser, wobei die Größe ihrer Beutetiere allerdings von wenigen Millimetern bis zu einigen Metern reicht. In der folgenden Übersicht werden die verschiedenen Ordnungen der Haie kurz vorgestellt.

MAKRELENHAIARTIGE

Merkmale: Spitzer Kopf; große, schlanke Zähne. Zwei Rückenflossen. Große bis sehr große Tiere.

Lebensweise: Weit verbreitet, bevorzugen die oberen Wasserschichten. Ovovivipar, oophag.

Familien: Makrelenhaie, Riesenhaie, Drescher- oder Fuchshaie, Sandhaie, Nasen- oder Koboldhaie, Riesenmaulhaie, Krokodilshaie.

Arten: 16, in zehn Gattungen; darunter Weißhai *(Carcharodon carcharias)*, Sandhai *(Carcharias taurus)*, Sandtigerhai *(Eugomphodus taurus)*, Mako *(Isurus oxyrinchus)*, Heringshai *(Lamna nasus)*, Nasen- oder Koboldhai *(Mitsukurina owstoni)*, Gewöhnlicher Fuchshai oder Drescher *(Alopias vulpinus)*, Riesenhai *(Cetorhinus maximus)*, Riesenmaulhai *(Megachasma pelagios)*.

KAMMZAHN- ODER GRAUHAI-ARTIGE

Merkmale: Ursprüngliche Haie mit sechs bis sieben Paar Kiemenspalten. Eine einzige Rückenflosse; Schwanz langgestreckt. Zähne des Unterkiefers mit zahlreichen Spitzen, ähnlich wie Sägeblätter.

Verbreitung: Tiefseebewohner.

Familien: Krausen- oder Kragenhaie, Grauhaie.

Arten: Fünf; darunter Großer Grauhai *(Hexanchus griseus)* und Spitzkopf-Siebenkiemer oder Perlon *(Heptranchias perlo)*.

GRUNDHAIARTIGE

Merkmale: Schlank, zwei Rückenflossen. Kleine bis große Tiere.

Verbreitung: Meist in tropischen und subtropischen Breiten, vor allem im Wasser über dem Festlandsockel.

Familien: Blau- oder Menschenhaie, Katzenhaie, Glatt- oder Marderhaie, Falsche Marderhaie, Hundshaie, Wieselhaie, Hammerhaie, Steuerschwanz-Katzenhaie.

Arten: 200, in 48 Gattungen; darunter Kleingefleckter Katzenhai *(Scyliorhinus caniculus)*, Nördlicher Glatthai *(Mustelus asterias)*, Zwergkatzenhai *(Eridacnis radcliffei)*, Hundshai *(Galeorhinus ga-*

Schwarzspitzen-Riffhai *(Carcharhinus melanopterus)*

Großer Hammerhai *(Sphyrna mokarran)*

Zebrahai
(Stegostoma fasciatum)

leus), Großer Hammerhai *(Sphyrna mokarran)*, Tigerhai *(Galeocerdo cuvieri)*, Blauhai *(Prionace glauca)*, Weißspitzen-Hochseehai *(Carcharhinus longimanus)*, Grauer Riffhai *(Carcharhinus amblyrhynchos)*, Schwarzspitzen-Riffhai *(Carcharhinus melanopterus)*, Zitronenhai *(Negaprion brevirostris)*.

ENGELHAIE

Merkmale: Rochenartig abgeflachter Körper, aber seitliche Kiemenspalten (fünf Paar). Brustflossen flügelartig. Klein bis mittelgroß.
Lebensweise: Vorwiegend in gemäßigten und tropischen Meeren auf sandigem oder steinigem Grund des Festlandsockels, liegen meist flach auf dem Boden. Ovovivipar.
Familie: Meerengel.
Arten: 13, in einer Gattung; darunter Gewöhnlicher Meerengel *(Squatina squatina)*.

HORNHAI- ODER STIERKOPFHAIARTIGE

Merkmale: Plumper Körper, Bauchseite abgeplattet. Rückenflossen mit kräftigem Dorn, eine Afterflosse. Rundlicher Kopf; verschieden geformte Zähne. Kleine Tiere.
Lebensweise: Eierlegend; fressen Muscheln und Krebstiere; im Flachwasser des Pazifik und australischer Küsten.
Familie: Stierkopfhaie.
Arten: Acht, in einer Gattung; darunter Port-Jackson-Hai *(Heterodontus portusjacksoni)*.

AMMEN- UND TEPPICHHAIARTIGE

Merkmale: Nasenöffnungen mit dem Maul durch Gruben verbunden, kleine Augen. Zwei stachellose Rückenflossen, eine Afterflosse. Kleine bis sehr große Tiere.
Verbreitung: Meist Bodenbewohner warmer Meere; Küsten- und Oberflächengewässer des Pazifischen und des Indischen Ozeans.
Familien: Blindhaie, Langschwänzige Ammenhaie, Echte Ammenhaie, Zebra-Ammenhaie, Wobbegongs oder Teppichhaie, Walhaie, Kragen-Ammenhaie.
Arten: 30, in 13 Gattungen; darunter Walhai *(Rhincodon typus)*, Gewöhnlicher Ammenhai *(Ginglymostoma cirratum)*, Zebrahai *(Stegostoma fasciatum)*, Wobbegong oder Teppichhai *(Orectolobus barbatus)*.

STACHELHAIARTIGE

Merkmale: Zwei Rückenflossen, die häufig mit einem Dorn versehen sind; keine Afterflosse. Sehr kleine Arten (Dornhaie) bis mittelgroße Tiere.
Lebensweise: Am Meeresgrund, häufig am Rand des Festlandsockels. Manche Arten tauchen sehr tief. Ovovivipar.
Familien: Stachel- oder Nagelhaie, Dornhaie, Schweinshaie.
Arten: 90; darunter Leucht- oder Halsbandhai *(Isistius brasiliensis)*, Dornhai *(Squalus acanthias)*, Stachelhai *(Echinorhinus brucus)*, Zwerghai *(Euprotomicrus bispinnatus)*, Meersau *(Oxynotus centrina)*, Eishai *(Somniosus microcephalus)*.

SÄGEHAIARTIGE

Merkmale: Abgeflachter, lang ausgezogener Kopf mit sägeartig angeordneten, seitlichen Zähnen und Barteln.
Lebensweise: Am Meeresgrund des Festlandsockels, wo sie mit der „Säge" im Boden wühlen; ovovivipar.
Familie: Sägehaie.
Arten: Fünf, in zwei Gattungen: *Pliotrema* und *Pristiophorus*.

Hai ist nicht gleich Hai

In der formenreichen Gruppe der Haie tummeln sich Vertreter der unterschiedlichsten Größen, die von sardinenklein bis riesig reichen. Der Gigant unter den Haien ist der Walhai mit einer Länge von 12 m, möglicherweise sogar 18 m, und einem Gewicht von 12,5 t; der Riesenhai wird 10 m oder sogar 15 m lang und 5 t schwer. Dennoch erreichen 53 % aller Haiarten noch nicht einmal die 1-m-Marke, 30 % messen zwischen 1 und 2 m, 14 % zwischen 2 und 4 m, und nur knapp 3 % mehr als 4 m. Zu den kleinsten gehören Dornhaie wie die der Gattung *Etmopterus*, der Zwerghai *(Euprotomicrus bispinnatus)* und der Zwergdornhai *(Squaliolus laticaudus)* sowie der Zwergkatzenhai *(Eridacnis radcliffei)*; sie alle werden höchstens 25 cm lang und wiegen nur 10–30 g.

Nicht alle Haie besitzen die bekannte torpedoförmige Gestalt, die sie zu eleganten und ausdauernden Schwimmern macht. Sie ist typisch für die schnellen Jäger des freien Wassers, während bodenbewohnende Arten einen eher abgeflachten Körper haben. Besonders ausgeprägt findet sich diese Abflachung bei den Engelhaien und den Wobbegongs.

Über die gängigen Körperformen hinaus entwickelten zahlreiche Haiarten abenteuerliche anatomische Merkmale. Beispiele hierfür sind die Sägehaie, die eine extrem verlängerte Schnauze mit seitlichen Zahnreihen und Barteln besitzen, die Fuchshaie mit ihrem überlangen Schwanz oder die Stierkopfhaie mit ihren großen Köpfen. Der Schwellhai *(Cephaloscyllium ventriosum)* kann sich aufblähen wie ein Kugelfisch. Der Nasen- oder Koboldhai *(Mitsukurina owstoni)* trägt einen eigenartigen Kopffortsatz über dem Maul, der einer Mütze ähnelt. Die größten Haie, der Walhai und der Riesenhai, sind plump gebaut und haben ein riesiges Maul, das beim Walhai in einer abgeflachten Schnauze endet, während es beim Riesenhai spitz zuläuft.

Kurios muten die nach beiden Seiten verbreiterten Köpfe der Hammerhaie an. Ein Extrem erreicht diese Sonderbildung bei der Art *Eusphyra blochii*, deren Kopf rund halb so breit ist wie der ganze Körper lang. Bis heute konnte noch nicht genau geklärt werden, worin die Funktion des hammerförmig verbreiterten Kopfs besteht.

Pazifischer Meerengel *(Squatina californica)*

Haie in ihrem Lebensraum

Haie leben in allen Ozeanen, manche Arten sogar in ausgesprochen kalten Gewässern, wie der Eishai *(Somniosus microcephalus)* und der Pazifische Eishai *(Somniosus pacificus)*. Bis in die Südpolarmeere konnten Haie nach heutigen Erkenntnissen jedoch nicht vordringen. Demgegenüber kommen besonders viele Vertreter dieser Knorpelfische in den Tropen vor.

Einige wenige Arten leben zeitweilig sogar im Süßwasser. So dringt etwa der in Küstennähe lebende Gewöhnliche Grundhai *(Carcharhinus leucas)* manchmal in die großen Flüsse Amerikas, Afrikas, Asiens und Australiens vor und hält sich einige Wochen in ihnen auf. Allerdings kommt keine Haiart dauerhaft im Süßwasser vor.

Haie sind in den verschiedensten Meereszonen verbreitet, ihr Lebensraum umfaßt Küstengewässer ebenso wie Tiefseegräben. Die meisten Arten halten sich zwischen der Wasseroberfläche und 200 m Tiefe auf – in der Umgebung von Inseln und auf dem Festlandsockel oder Schelf, dem Randbereich der Kontinente im Meer. Die Grundhaiartigen leben überwiegend im Schelfmeer, die Dornhaiartigen dagegen an den Kontinentalabhängen, die in die Tiefsee führen. Manche Arten tauchen in eine Tiefe von mehr als 2500 m, möglicherweise sogar über 3000 m hinab; eine davon ist der Halsbandhai, eine nur 50 cm lange Dornhaiart der Tropen, eine andere der Portugiesische Dornhai.

Von Kopf bis Schwanz auf Beutemachen eingestellt

Haie sind durchweg Fleischfresser, die sich von lebenden Tieren ernähren – von kleinen Krebsen über Weichtiere (z. B. Tintenfische) und Meeressäuger bis hin zu anderen Haien. Knochenfische bilden jedoch die Hauptnahrung der meisten Arten. Manche Haie zeigen sich dabei wenig wählerisch; bei der Untersuchung des Mageninhalts findet man gelegentlich Reste von Meeresvögeln, aber auch Flaschen, Dosen und allerlei andere Gegenstände.

In ihrer Körperfärbung sind Haie den Lichtverhältnissen unter Wasser und den Meereszonen, in denen sie sich bevorzugt aufhalten, hervorragend angepaßt. Bodenbewohner etwa besitzen mit ihrer unregelmäßigen Flecken- und Streifenzeichnung eine ausgezeichnete Tarnung, mit der sie sich vom Meeresgrund kaum abheben. Hochseehaie dagegen, wie der Blauhai und der Weißspitzen-Hochseehai, haben in der Regel einen bläulichen Rücken und einen hellen Bauch; eine solche Färbung verringert die Kontraste zur Umgebung und läßt die Konturen der Tiere im freien Wasser fast verschwinden.

Hinsichtlich ihrer Ernährungsweise unterscheiden sich die verschiedenen Haigruppen ganz beträchtlich. Stierkopfhaie bevorzugen etwa Seeigel, Wieselhaie finden Kraken sehr schmackhaft, und Robben stellen eine Lieblingsspeise der Weißhaie dar.

Eine außergewöhnliche Jagdtechnik haben die Fuchshaie oder Drescher entwickelt: Sie kreisen einen Fischschwarm ein und schlagen auf die Beute mit ihrer kräftigen Schwanzflosse ein, deren oberer Lappen ungewöhnlich lang ausgezogen ist. Dadurch betäuben sie die getroffenen Fische für einen Moment, und diese kurze Zeit genügt den Jägern, die nun wehrlosen Opfer zu ergreifen.

Ähnlich wenden wohl die Sägehaie ihren schwertartig ausgezogenen Kopf an; mit schnellen Bewegungen versetzen sie ihren Beutetieren Schläge, bei denen diese durch die scharfen Zähne verletzt werden, und schnappen dann zu.

Doch es kommt noch besser: Die kleinen Leucht- oder Halsbandhaie besitzen Sauglippen, mit denen sie sich an großen Tieren wie anderen Haien oder Walen anheften. Daraufhin beginnen sie, mit ihren messerscharfen Zähnen in Ruhe ein großes Stück Fleisch aus deren Körper zu schneiden. Ist ihnen dies gelungen, lassen sie wieder ab und suchen sich ein neues Opfer.

Manche Ammenhaie, die am Meeresboden leben, wenden eine Art Sogtechnik an. Um Tiere wie Kraken oder Krebse zu erbeuten, die enge Spalten als Unterschlupf wählen, legen sie ihre dicken Lippen um die Öffnungen und saugen dann kräftig an. Die Opfer werden meist ganz verschlungen.

Diese wenigen Beispiele mögen verdeutlichen, daß keineswegs alle Haie die Meere durchpflügen und mit ihren scharfen Zähnen große Beutetiere in Stücke reißen, wie man gemeinhin von diesen Knorpelfischen anzunehmen pflegt.

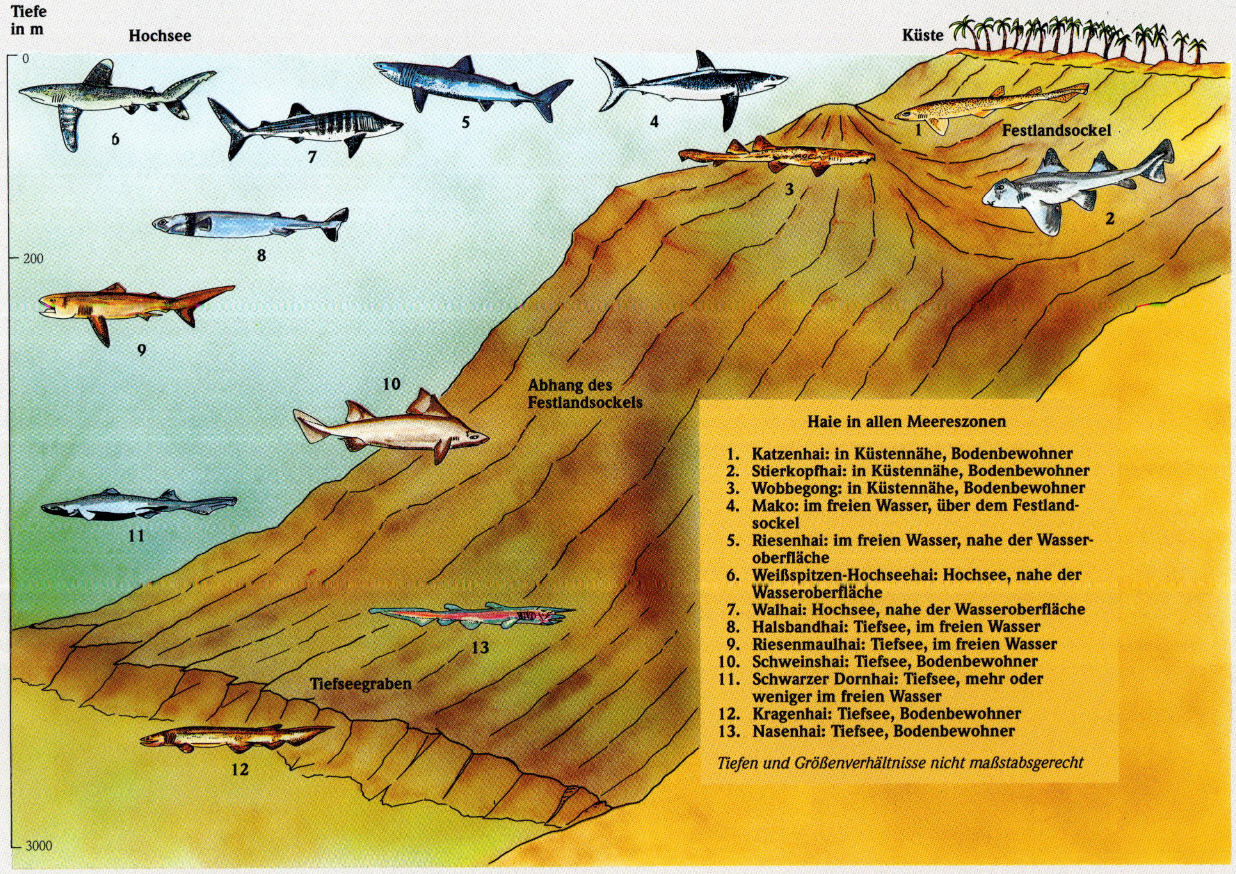

So deutlich sich Haie in Größe, Aussehen und Ernährungsweise unterscheiden, so stark weichen auch ihre bevorzugten Aufenthaltsgebiete voneinander ab. Diejenigen Arten, die in der Nähe der Kontinente über dem Festlandsockel leben, sind oft ortsgebundener als die großen Jäger des freien Wassers fernab der Küsten. Bewohner der Tiefsee wie der Kragenhai können sich, bedingt durch die stets gleichen Lebensbedingungen in großen Wassertiefen, über viele tausend Kilometer hinweg bewegen, unabhängig von den Breitengraden.

Die sanften Riesen unter den Haien

Manche Haie leben nicht von der Jagd, sondern von dem, was ihnen so ins Maul schwimmt. Dabei sind es gerade die größten Arten, die sich von den kleinsten Lebewesen ernähren – Walhaie, Riesenhaie und Riesenmaulhaie.

Interessanterweise gibt es bei den Waltieren dasselbe Phänomen, denn die kleineren Wale leben von Fischen und anderen recht großen Tieren, während die größten Arten, die Bartenwale, nur Kleinlebewesen erbeuten. In diesen beiden so verschiedenen Wirbeltiergruppen hat also eine ähnliche Entwicklung stattgefunden. Daß die Bartenwale und die größten Haie solche Körpermaße erreichen konnten, hängt sicher mit ihrer Ernährungsweise zusammen; ein Tier, das als Jäger lebt, wäre bei dieser Größe viel zu schwerfällig und könnte keine schnellen Beutetiere fangen.

Die planktonfressenden Riesenhaie haben zwar Zähne, doch sind diese winzig klein und zum Beißen ungeeignet. Wie die Bartenwale filtrieren sie deshalb das Meerwasser, aber nicht mit Hilfe von Barten, sondern mit den Kiemen. Dazu schwimmen sie mit weit geöffnetem Maul durch das Wasser und nehmen Plankton auf, das an den feinen Verästelungen ihrer ungewöhnlich großen Kiemen hängenbleibt, mit Schleim umhüllt und heruntergeschluckt wird.

Einer besonders raffinierten Methode bedienen sich die Riesenmaulhaie: Ihre Lippen beherbergen mikroskopisch kleine Organismen, die Licht ausstrahlen und dadurch kleine Krebse anziehen. Das große Maul der Haie ist ihr Ziel – und die Falle schnappt zu.

Unerschrockene Begleiter

Nicht selten kann man Haie in Begleitung kleinerer Fische beobachten; am bekanntesten sind die Schiffshalter, die zu den Barschfischen gehören. Ihre erste Rückenflosse bildet auf der Oberseite des Kopfs eine Saugplatte, die es ihnen ermöglicht, sich an großen Tieren oder Gegenständen anzuheften. Meist sind dies Haie, Wale und Schildkröten, aber auch Schiffe – daher ihr Name.

Schiffshalter genießen in der unmittelbaren Nähe der Haie Schutz vor anderen Raubtieren, lassen sich transportieren und erhaschen wohl auch gelegentlich Reste der Haibeute. Auf der anderen Seite profitieren die großen Meeresjäger von der Gesellschaft der ungleichen Gefährten, da diese Krebse entfernen, die auf der Haut der Haie schmarotzen. Junge Schiffshalter schlüpfen oft in den Maul- und Kiemenraum der Haie und saugen sich dort fest, während sich die erwachsenen Tiere bevorzugt am Bauch ihrer Gastgeber aufhalten.

Gelegentlich gesellt sich ein anderer Begleiter hinzu – der zu den Stachelmakrelen zählende Lotsenfisch *(Naucrates ductor)*, der sich gewöhnlich in unmittelbarer Nähe des Haikopfs aufhält. Sein Name rührt von der irrigen Vorstellung her, daß er Haie zu ihrer Beute führe. Dies trifft jedoch nicht zu; vielmehr läßt sich der Lotsenfisch von der Bugwelle der Haie, die entsteht, wenn diese vorwärtsschwimmen, mittragen.

Zuviel Salz ist ungesund

Das Meerwasser, in dem Haie leben, enthält wesentlich mehr Salz als die Körperflüssigkeit der Tiere. Nach einem chemischen Gesetz gleicht sich jedoch die Salzkonzentration zweier Flüssigkeiten, die durch eine Membran getrennt sind (hier die Haut), nach einiger Zeit durch Diffusion aus. „Osmose" heißt dieser Vorgang in der Fachsprache. Im Fall der Haie würde dies bedeuten, daß dem Körper ständig Wasser entzogen würde oder daß immer mehr Salz in ihn eindränge; könnte dieser Prozeß ungehindert ablaufen, würden die Tiere schließlich austrocknen.

Mit diesem Problem haben fast alle Wasserlebewesen zu kämpfen, im Meer ebenso wie im Süßwasser, wo jedoch genau das Umgekehrte stattfindet. Deshalb benötigen Meeresbewohner – selbst Vögel – Regulationsmechanismen, die den Salzgehalt im Körper unabhängig von der Umgebung konstant halten.

Die Knochenfische gleichen den Wasserverlust aus, indem sie Wasser trinken; ihre Darmwand ist so gebaut, daß sie nur das Wasser aufnimmt, nicht aber die Salze. Bei den Haien hingegen hat sich eine andere Methode entwickelt: Ihr Blut weist in hohen Konzentrationen Stickstoffverbindungen wie Harnstoff auf, wodurch es etwa denselben osmotischen Druck erhält wie das Meerwasser. Mit den Stickstoffverbindungen erzielen die Haie denselben Effekt, als ob sie das Blut mit Salzen anreicherten.

Der Blauhai lebt entweder allein oder in großen Schulen. Er hält sich in mittleren bis geringen Wassertiefen auf und ist weltweit, sowohl auf hoher See als auch in Küstennähe, anzutreffen.

Ein typischer Flachwasserbewohner: der Gewöhnliche Ammenhai. Tagsüber ruht er fast ständig am Boden.

Lautlose Jäger – erbarmungslos verfolgt

Einige polynesische Völker verehren Haie als göttliche Wesen. Noch heute bringen ihnen die Priester mancher Südseeinseln rituelle Opfer, doch müssen dafür nicht mehr wie in der Vergangenheit Menschen ihr Leben lassen.

Auf den Salomonen heißt es, daß die Seele eines Menschen manchmal in den Körper eines Hais wandert. Deshalb verbindet die Inselbewohner mit den großen Meeresjägern eine enge Beziehung. Anderen Mythen zufolge sollen Frauen unter bestimmten Umständen Haie zur Welt bringen oder Haie auch Menschengestalt annehmen, um Unheil zu verbreiten.

In unserer Kultur wurde in Filmen wie *Der Weiße Hai* das Bild einer kaltblütigen Bestie gezeichnet, die sich auf die Menschenjagd spezialisiert hat. Daß dieses Image, das über mehrere Folgen hinweg die Kinokassen klingeln ließ und immer wieder in den Medien ausgeschlachtet wird, von vornherein den Blick auf die wichtige ökologische Funktion verstellt, die Haie in den Weltmeeren wahrnehmen, versteht sich fast von selbst. Genährt wird es von Berichten über tödlich verlaufende Hai-Attacken auf Menschen. In der Tat hat ein Mensch, der von einem Weiß- oder Menschenhai angegriffen wird, wenig Chancen, aus eigener Kraft zu entkommen. Aus diesem Grund ist es ratsam, in Haigebieten nie allein loszuschwimmen.

Dennoch stellt der Mensch für Haie weniger eine Beute als vielmehr einen Feind dar: Während jährlich nur rund zwei Dutzend Menschen durch Haie sterben, fallen mehrere Millionen Haie Sportanglern und Fischern zum Opfer.

Massenmörder?

Alle Haie, die größer als 2 m sind, können für Menschen gefährlich werden. Die Bißkraft eines Menschenhais beträgt 3 t pro cm^2.

Angriffe auf Menschen sind von etwa 30 Haiarten bekannt geworden, von denen man 20 als gefährlich oder sehr gefährlich einstuft. Besondere Vorsicht ist geboten bei Begegnungen mit Tigerhaien, Weißspitzen-Hochseehaien, Schwarzspitzen- und Grauen Riffhaien, Weißhaien, Blauhaien und Makos. Doch selbst in ihren Hauptverbreitungsgebieten greifen diese Haie nur selten an; Menschen passen einfach nicht in ihr normales Beuteschema.

1958 stellte die amerikanische Flotte eine Weltkartei der Angriffe zusammen, den *Shark Attack File*, um herauszufinden, ob sie Parallelen aufweisen. Für den Zeitraum von 1941 bis 1973 sammelten die Amerikaner 1600 Berichte von Hai-Unfällen, wobei aber nur 1100 als eindeutig erwiesen gelten konnten.

Im Durchschnitt registrierte man 26 Todesfälle durch Haie pro Jahr, im Höchstfall 56. Bei ihrer Untersuchung kam die Forschergruppe u. a. zu dem Ergebnis, daß Taucher und Unterseejäger stärker in Gefahr sind als Schwimmer, weil sie sich weiter und tiefer ins offene Meer wagen. Allerdings tragen sie meist weniger schwere Verletzungen davon, die in der Regel nicht zum Tod führen.

In manchen Küstengebieten verzeichnet die Statistik besonders viele Hai-Unfälle: an den Küsten Nordamerikas, an denen des östlichen Südafrikas, in Ozeanien und an der Westküste Australiens. Ein Grund hierfür könnte sein, daß in diesen Regionen intensiver Fischfang betrieben wird. Als Folge davon kippt das ökologische Gleichgewicht, und die Haie finden nicht mehr genug Nahrung. Dennoch ist auch dort das Risiko einer Hai-Attacke sehr gering.

Zig Millionen Menschen halten sich jedes Jahr an Stränden auf, baden und tauchen, ohne daß sie von Haien angegriffen werden; doch jährlich kommt es nur zu rund 100 Unfällen, von denen lediglich ein Viertel tödlich endet – weit weniger als beispielsweise durch Hundebisse!

Trotzdem werden an vielen Stränden weitmaschige Netze gespannt, um Badende und Wassersportler vor Haien zu schützen. Solche Netze sind jedoch keineswegs harmlos, da sich nicht nur viele Haie in ihnen verheddern, sondern

Weltweit werden Haie von Fischern gejagt, weil sich aus ihnen die verschiedensten Produkte herstellen lassen. Besonders begehrt und von hoher wirtschaftlicher Bedeutung ist das Öl, das aus ihrer Leber gewonnen wird.

Ein Erlebnis besonderer Art, und ein recht ungefährliches dazu, bietet die Begegnung mit einem Walhai. Mit seinen 12 m Länge ist er der größte Fisch überhaupt. Als harmloser Planktonfresser tut er dem Taucher nichts zuleide, es sei denn, der aufdringliche Zwerg weicht seinen Bewegungen nicht rechtzeitig aus.

auch Delphine, die darin qualvoll ertrinken.

Bei der Suche nach weiteren Schutz- und Abschreckungsmaßnahmen versucht man seit einiger Zeit, natürliche Mittel zu nutzen. Schon lange ist nämlich bekannt, daß Haie um manche Tiere einen weiten Bogen machen; offensichtlich verbreiten diese einen abstoßenden Geruch. Einer dieser Abwehrstoffe ist das Holothurin, das Seegurken der Art *Actinopyga agassizi* produzieren. Ein weiteres Mittel gegen hungrige Haie fanden Forscher in dem Eiweiß Pardaxin, das die Mosesscholle des Roten Meers *(Pardachirus marmoratus)* absondert. In Südafrika werden „Elektrozäune" unter Wasser eingesetzt, um die Haie von den Stränden fernzuhalten. Vorsicht bleibt jedoch weiterhin der beste Schutz.

Menschen aus der Haiperspektive: tragische Verwechslungen

Wenn ein solcher Angriff stattfindet, haben es sich die Opfer häufig – meist unwissentlich – selbst zuzuschreiben. Einige Unfälle lassen sich dadurch erklären, daß die Angegriffenen für Haie wie Beutetiere (Robben oder Meeresschildkröten) aussahen. An der kalifornischen Küste beispielsweise wurden in den letzten Jahren mehrfach Surfer von Haien attackiert. Wenn die Wassersportler auf ihrem Surfbrett ins Meer hinauspaddeln, ähneln sie von unten Seehunden oder Seelöwen, die an der Meeresoberfläche schwimmen: wahre Leckerbissen für Weißhaie. Die Jäger schnappen dann, wie es ihre Art ist, blitzschnell zu; manchmal erwischen sie dabei nur das Brett, aus dem sie ein großes Stück herausbeißen, und der Surfer kommt mit dem Schrecken davon.

Nicht selten provozieren Taucher auch Hai-Angriffe, indem sie die von den Tieren vorausgeschickten Warnungen nicht beachten. Manche Haiarten, etwa Graue Riffhaie, besetzen nämlich ein Revier, das sie gegen Eindringlinge verteidigen. Dabei unterscheiden sie nicht zwischen Artgenossen und so ungefährlichen „Konkurrenten" wie Tauchern. Doch bevor sie angreifen, drohen sie. Wann es brenzlig wird, zeigen die Fische durch Körpersprache: Sie machen einen

Buckel, heben die Schnauze und senken die Brustflossen. Zieht sich der Eindringling nun nicht unauffällig zurück, ist er selbst für alles Weitere verantwortlich.

Der „Sieg" über die unheimliche Kreatur

Nicht nur zu ehrfürchtiger Verehrung haben Haie die Menschen veranlaßt, sondern auch zu gnadenloser Verfolgung. Viele Menschen scheinen ihren Mut und ihre Geschicklichkeit unter Beweis stellen zu wollen, indem sie die großen Meeresjäger bezwingen. Daß Haie Menschen gefährlich werden können, scheint die Jagd auf sie zu rechtfertigen, doch für die meisten Sportangler spielt Abenteuerlust die wichtigste Rolle.

Vielerorts ist der Haifang zu einem beliebten Freizeitsport eigener Vereine geworden, und die Angler lassen sich zur Erinnerung stolz mit ihrer Beute fotografieren. In manchen Regionen gibt es regelmäßig Wettbewerbe im Hai-Angeln. Häufig geht es darum, den größten Fisch mit einer möglichst schwachen Angelschnur zu fangen. Besonders beliebt ist der Mako, weil er einen äußerst heftigen Todeskampf führt und dabei oft hoch aus dem Wasser springt.

Je schwerer das Tier, desto besser: Dem Gewinner winken Ruhm und Ehre, vielleicht sogar ein Weltrekord. Dann steht sein Name in einem offiziellen Verzeichnis der Rekordhalter, wie sie für jede Haiart geführt wird.

Während Hobbyangler nur Wert auf einzelne, besonders prächtige Exemplare legen, kommt es den Berufsfischern auf die Masse an. Rund 400 000 t Haie werden jedes Jahr von ihnen gefangen und in vielfältiger Weise wirtschaftlich genutzt. Die verfügbaren Zahlen geben allerdings keinen Hinweis darauf, wie stark einzelne Haiarten oder Populationen dadurch vom Aussterben bedroht sind. Wegen ihrer niedrigen Nachwuchszahl, der langen Keimesentwicklung und des langsamen Wachstums muß jedoch angenommen werden, daß eine solche intensive Ausbeutung den Bestand der Tiere dramatisch gefährdet und viele Arten mittlerweile vom Aussterben bedroht sind. Mancherorts hat die Zahl der wirtschaftlich bedeutsamen Haie so stark abgenommen, daß die auf Haifang spezialisierten Fischereibetriebe geschlossen werden mußten.

Wertvolle Produkte aus Haien

Fast alle Körperteile von Haien finden Verwendung: das Fleisch, die Flossen, die Haut, die Zähne, die Leber und das Skelett. In vielen Ländern Asiens, Afrikas, Südamerikas und Europas ist das Fleisch von alters her sehr geschätzt, sei es frisch, tiefgefroren, gesalzen oder getrocknet. Allerdings findet man es im Handel oft unter Namen, die seine Herkunft im dunkeln lassen. Das englische Nationalgericht *Fish and Chips* beispielsweise wird oft aus Haifilets zubereitet, und in Deutschland steht mit den Schillerlocken das Fleisch von Dornhaien auf der Speisekarte, meist ohne daß die Esser es vermuten.

Besonders berühmt ist die Haifischflossensuppe aus China und Japan. Dazu müssen die Flossen in einem zeitraubenden Prozeß vorbereitet und viele Stunden lang gekocht werden. Schließlich bilden sie eine weiche, durchsichtige, gelatineartige Masse mit wenig Eigengeschmack, die in einer kräftigen Brühe als Delikatesse serviert wird.

Die Haut der Haie besitzt durch ihre Zähnchen eine sehr rauhe Oberfläche, die wie Sandpapier verwendet werden kann. Als „Chagrinleder" benutzt man die Haihaut vor allem zum Feilen und Schleifen bei handwerklichen Arbeiten, aber auch zur Körperpflege. Wenn man sie gerbt und die Placoidschuppen entfernt, läßt sie sich als sehr widerstandsfähiges Leder zu Schuhen, Taschen und Koffern weiterverarbeiten.

Aus dem Öl der Haileber, das viel Vitamin A enthält, gewann man vor allem in den 40er Jahren den berühmten Lebertran. Diese einträgliche Industrie brachte den Haifischereien großen Reichtum. Heutzutage spielt das Squalen, das sich ebenfalls in der Haileber findet, eine wesentlich größere Rolle. Es handelt sich dabei um einen ungesättigten Kohlenwasserstoff, der von der Pharmaindustrie für Arzneimittel und Kosmetika sehr begehrt ist. Manche Haiarten, insbesondere Tiefsee-Stachelhaie, speichern in ihrer Leber mehr als 60 % dieser wertvollen Substanz.

Weiterhin dient das Öl der Haileber zur Herstellung von Seifen, als Schmiermittel im Maschinenbau, als Fett zur Zubereitung von Nahrungsmitteln und als Brennstoff. Bis zu 25 % des Gesamtgewichts eines Hais kann die Leber ausmachen; aus 100 kg Leber lassen sich 40–80 l Öl gewinnen.

Aus den Wirbeln der Haie entstehen in Handarbeit Ketten und Spazierstöcke. Aus dem knorpeligen Skelett kann eine Art Gelatine gewonnen und die Hornhaut erfolgreich auf menschliche Augen übertragen werden. Haiblut enthält gerinnungshemmende Stoffe, die in der Medizin Verwendung finden. Die übrigen Weichteile des Haikörpers liefern Düngemittel, Fischmehl und Köder für Krebsreusen.

Nervenkitzel für „Abenteurer"

Wer einem großen Weißhai nicht im freien Wasser begegnen will, kann auf eine relativ sichere Alternative ausweichen: Er läßt sich in einen Käfig sperren und betrachtet die Tiere durch dessen Stäbe. Von Schiffen aus werden diese Käfige ins Wasser gelassen, um jedem, der eine Tauchausrüstung und eine Unterwasserkamera mitbringt, „sensationelle" Haifotos zu ermöglichen.

Doch wer es nötig hat, sich selbst und anderen seinen Mut zu beweisen, kann sogar noch weitergehen. In Australien etwa füttern erfahrene Taucher vor den Fotoapparaten der Touristen Haie ohne jeden Schutz. Allerdings haben Haie bei einer solchen Gelegenheit auch schon manchmal den Köder mit dem Menschen, der ihn in der Hand hielt, verwechselt.

Auge in Auge mit dem „Menschenfresser"! In den letzten Jahren hat sich an den südaustralischen Küsten eine neue, einträgliche Touristenattraktion entwickelt: Sensationslüsterne Urlauber haben die Möglichkeit, Weißhaie und deren Verwandte in ihrer natürlichen Umgebung zu erleben und zu fotografieren. Im Schutz der Gitter eines Sicherheitskäfigs können sie die Tiere, die mit einem Köder angelockt wurden, aus der Nähe beobachten und für die heimische Diavorführung festhalten.

KRAKEN

Verwandlung ist ihre große Stärke. Ihren weichen, beweglichen Körper zwängen sie in jeden Spalt, und ihre Hautfarbe passen sie in Sekundenschnelle der Umgebung an. Sogar Warzen lassen Kraken auf der Haut sprießen, um die Tarnung perfekt zu machen. Doch sobald sie mit ihren scharfen Augen eine Krabbe erspähen, werden sie zu kraftvollen Jägern, vor deren Gift und Kiefern kein Panzer schützt.

Der Stamm der Weichtiere wird hauptsächlich von drei großen Tierklassen gebildet: Schnecken, Muscheln und Kopffüßern; zu den letzteren zählen die Kraken. Die meisten Weichtiere besitzen ein Kalkgehäuse, Schalen oder andere Skelettreste, die die Jahrmillionen in Ablagerungsgesteinen überdauerten und mit deren Hilfe die Stammesgeschichte zahlreicher Weichtiere zurückverfolgt werden kann.

Kleine Weichtiere sind bereits aus der Zeit vor 550 Mio. Jahren, dem Kambrium, bekannt. In einer späteren Phase dieses Erdzeitalters kamen schon Kopffüßer vor, z. B. Tiere der Gattung *Plectronoceras*, deren rund 2 cm lange Schale die Form eines breiten Kuhhorns besaß. Ihre Nachkommen waren damals wahrscheinlich die ersten größeren Tiere, die frei im Meer schwammen. Erst als die Knochenfische gegen Ende des Erdmittelalters in ihre Blütezeit eintraten, starben die meisten Kopffüßer aus.

Zu ihnen gehörten insbesondere die weithin bekannten Ammoniten, die in der Zeit vor 350–60 Mio. Jahren auch in unserer Region, die damals vom Meer bedeckt war, massenhaft vorkamen. Ihre schneckenförmig aufgerollten Schalen erreichten bis zu 2 m Durchmesser.

Als die Ammoniten ausstarben, weil ihnen die Wirbeltiere in vieler Hinsicht überlegen waren, begannen sich die heutigen Kopffüßer immer stärker auszubreiten. Sie besaßen allerdings wesentlich kleinere und dünnere Schalen, so daß nur wenige Fossilien erhalten blieben. Dafür waren sie gegenüber den ursprünglichen Kopffüßern hochentwickelt: Manche von ihnen eroberten Lebensräume, die von Fischen nur wenig besiedelt waren, andere entwickelten ihr Nervensystem weiter, so daß sie zu ganz erstaunlichen Leistungen befähigt wurden.

Zu den letzteren gehören die Kraken. Da sie fast keine Kalkschale besitzen, weiß man über ihre Entstehungszeit sehr wenig; nur Gesteinsschichten, die auch die Weichteile der Tiere konservierten, geben frühe Hinweise auf diese Lebewesen. Eines dieser Gesteine ist der Solnhofener Schiefer, der uns aus dem Jura (vor 190–30 Mio. Jahren) einen solchen Kraken erhielt. In seiner Körperform ähnelt er bereits deutlich dem Gewöhnlichen Kraken, der auf den folgenden Seiten vorgestellt wird.

Wenn er sich in einen Spalt oder eine Höhle verkrochen hat, paßt der Krake alle sichtbaren Körperteile perfekt der Farbe seiner Umgebung an, so daß er scheinbar mit den Felsen und dem Bewuchs des Meeresgrunds verschmilzt. Seine hochentwickelten Augen registrieren alles, was um ihn herum geschieht. Kraken verbringen die meiste Zeit ihres Lebens in einem Unterschlupf.

Auf der Flucht kann der am Boden behäbig wirkende Krake erstaunlich schnell schwimmen, und zwar durch Rückstoßbewegungen mit dem Hinterende voran! Doch wo ist bei einem Kraken vorne und wo hinten? Seine Vorderseite befindet sich im Bereich der Mundöffnung, die zwischen der Basis der Arme liegt. Den eigentlichen, sackförmigen Körper am anderen Ende bildet der sogenannte Mantel, der sämtliche inneren Organe umschließt.

Vorwärtskommen im Rückwärtsgang

Der Gewöhnliche Krake hält sich am Meeresgrund auf, offenes Wasser meidet er. Er lebt als Einzelgänger, der ein festes Revier besetzt und dieses gegen Eindringlinge verteidigt. Hat ein Tier eine ihm zusagende Höhle gefunden, kommt es nicht selten zur Auseinandersetzung mit einem Artgenossen, der ebenfalls Anspruch auf den Schlupfwinkel erhebt. Die beiden Kraken ringen dann mit ihren Armen und zögern auch nicht, mit ihren scharfen Kiefern zuzubeißen, bis einer der Rivalen die Flucht ergreift und sich in einem anderen Revier niederläßt. Möglichst weit vom nächsten Nachbarn entfernt, bezieht er eine Schutzhöhle.

Normalerweise nehmen Kraken Ortswechsel nur auf der Suche nach Nahrung oder einem geeigneten Unterschlupf vor. Dann „laufen" sie am Meeresgrund auf den Spitzen ihrer acht Arme oder kriechen langsam über den Boden. Sie können aber durch Rückstoßantrieb auch schnell vorankommen.

Wie eine Rakete im Wasser

Diese sehr ungewöhnliche Fortbewegungsweise hat in der Evolution der Kopffüßer eine bedeutende Rolle gespielt. Sie machte die Tiere zu Schnellschwimmern, die ihren Freßfeinden auf diese Weise leicht entkamen.

Das Rückstoßprinzip funktioniert folgendermaßen: Durch die Pallialöffnung, einen Spalt an der Körperunterseite, zieht das Tier Wasser in die dehnbare Mantelhöhle ein. Nun schließt es die Öffnung durch Muskelkraft wieder und preßt das Wasser durch das nach vorn weisende Trichterrohr wie durch eine Düse hinaus. Durch die Kraft, mit der das Wasser ausgestoßen wird, entsteht eine Gegenkraft, die das Tier rückwärts beschleunigt.

Je rascher die Muskelkontraktionen erfolgen, desto schneller schwimmt der Krake. Dank des äußerst beweglichen Trichters kann er blitzartig die Richtung ändern; zum „Bremsen" muß er einfach nur die Arme ausbreiten.

Dem Verfolger wird schwarz vor den Augen

Einem hartnäckigen Angreifer kann der Krake mit dem Inhalt seines Tintenbeutels die Sicht nehmen und ihn dadurch verwirren. In diesem Beutel speichert er ein tintenartiges Sekret, das er bei Gefahr in kleinen Strahlen ausspritzt; es entsteht eine sich rasch ausbreitende schwarze Wolke, die bis zu 10 Minuten sichtbar bleibt. Die meisten Kopffüßer besitzen diesen Beutel, der beim Tintenfisch besonders groß ist. Sein Inhalt wird zu Sepia verarbeitet, die in vielen Bereichen Verwendung findet. 75 % ihrer Trockenmasse bildet der schwarze Farbstoff Melanin, der auch unsere Haut- und Haarfarbe prägt.

Durch Drehen seines Trichters kann der Gewöhnliche Krake blitzartig seine Schwimmrichtung ändern.

Für jede Gelegenheit die passende Aufmachung

Um unbemerkt zu bleiben oder Aufmerksamkeit zu erregen, um einen Feind abzuschrecken oder einen Geschlechtspartner anzuziehen, ändert der Krake immer wieder seine Körperhaltung, seine Hautstruktur und seine Färbung. Auf diese Weise paßt er sich jeder Situation vollkommen an.

Chamäleon der Meere

Die Fähigkeit dieses Weichtiers, sein Äußeres der Umgebung anzugleichen, ist geradezu unglaublich. Seine Farbpalette reicht von Weiß über Gelb, Blau und Grün bis hin zu Tiefrot und Schwarz mit zahllosen Tönungen und Abstufungen. Die Farben können die verschiedensten Muster bilden oder aber den ganzen Körper in einen einzigen Ton tauchen.

Diese Farbenpracht wird von den Chromatophoren erzeugt, hochspezialisierten Farbstoffzellen der Unterhaut. Ein erwachsener Krake besitzt 2–3 Mio. solcher Zellen, auf jedem Quadratmillimeter 100 bis 200 Stück. Sie sind von einem strahlenförmigen Kranz aus Muskelfasern umgeben, der ihre Größe bestimmt. Ziehen sich die Fasern zusammen, wird die kleine, kugelige Zelle zu einem großen, flächigen Gebilde gedehnt; entspannen sich die Muskeln, nimmt sie wieder ihre ursprüngliche Form an.

Die erzielte Färbung hängt von der Art des Farbstoffs, von der Konzentration der Pigmentkörner in der Zelle und ganz entscheidend von ihrem Dehnungszustand ab. Beim Kraken sind die Chromatophoren in vier oder fünf Schichten übereinander angeordnet. Sie können gelben, orangenen, roten, braunen oder schwarzen Farbstoff enthalten. In der obersten Schicht liegen die dunkelsten Farben, in den darunterliegenden immer hellere. Chromatophoren der oberen Schichten können ihre Größe stark verändern, während die Form der untersten Zellen meist gleich bleibt. Sie erscheinen nur dann,wenn alle darüberliegenden Farbstoffzellen abgekugelt sind. Ihre Farbe, Weiß, entsteht durch Streuung des Lichts.

Daneben enthält die Haut kleine reflektierende Plättchen, die das Licht brechen und dadurch metallisch schimmernde, grünliche und bläuliche Farben erzeugen, genauso wie beispielsweise Pfauenfedern.

Doch die Verfügbarkeit dieser Organe allein reicht noch nicht aus – sie bedürfen auch einer Steuerung. Diese erfolgt sowohl über das Nervensystem als auch durch Hormone. Da selbst blinde Kraken ihre Körperfärbung zumindest teilweise der Umgebung anpassen können, müssen die Kopffüßer über das Sehvermögen hinaus noch andere, bislang unbekannte Möglichkeiten zum Erkennen von Farben besitzen.

Gute Imitatoren, schlechte Schauspieler

Die Wirkung der von den Chromatophoren erzeugten Hautmuster wird nicht nur durch ihre Färbung, sondern auch durch die Oberflächenstruktur der Haut und die Körperhaltung der Tiere erzielt. Der weiche Körper ist sehr geschmeidig, und da die zahlreichen Muskelfasern in unterschiedliche Richtungen verlaufen, können die Kraken die verschiedensten Formen annehmen. Weiterhin vermögen die Tiere ihre Umgebung zu imitieren, indem sie ihre Haut mit zahlreichen Stacheln und Warzen übersäen und die Arme in die Höhe strecken und verrenken; so machen sie sich tatsächlich für Feinde und Beutetiere „unsichtbar".

Mit Farben und Körperstellungen ahmen Kraken nicht nur den Untergrund nach, sondern drücken auch ihre Stimmungen aus. Für den Meeresforscher Jacques-Yves Cousteau zählen Kraken zu denjenigen Tieren, die ihre Gefühle am wenigsten verbergen können. Wenn sie aggressiv gestimmt sind, laufen sie sofort tiefrot an; werden sie angegriffen oder überrascht, verlieren sie schlagartig ihre Farben und sehen leichenblaß aus.

Besonders faszinierend ist die Fähigkeit der Kraken, Farbmuster wellenartig über ihren Körper laufen zu lassen. Auch Feinde scheint dies zu beeindrucken, denn solche Farbspiele setzen die Kopffüßer erfolgreich zur Verteidigung ein. Daneben bewirkt die Musterung mit Flecken, Streifen und Stacheln, daß der Umriß ihres Körpers nicht mehr eindeutig zu erkennen ist und viele Verfolger verwirrt aufgeben.

Gleichgültig, wie der Untergrund gefärbt und geformt ist: Der Krake schafft es innerhalb von Sekundenbruchteilen, genauso auszusehen.

Selbst das kleinste Loch kann als Schutzhöhle für den Kraken geeignet sein, denn mit seinem weichen, beweglichen Körper zwängt er sich in jede Ritze.

Die findigen Kraken häufen sogar Steine vor ihrem Unterschlupf an, um sich noch besser zu tarnen. Dann müssen sie nur noch die Farben ihrer Umgebung imitieren und regungslos ausharren, bis sich ein ahnungsloses Opfer nähert.

Ein Weichtier, das Panzer knacken kann

Auf die Nahrungssuche begibt sich der Krake meist in der Dämmerung. Diese Gewohnheit behält er sogar im Aquarium bei, wo er zu jeder Tages- und Nachtzeit gefahrlos fressen kann.

Beutefang mit Gift und Tücke

Der Gewöhnliche Krake ernährt sich von lebenden Tieren, in erster Linie von Krebsen, Krabben, Muscheln, verschmäht aber auch andere Kopffüßer nicht. Fische fängt er seltener. Wie er bei der Jagd vorgeht und seine gepanzerte Beute verspeist, wurde von dem englischen Wissenschaftler Martin John Wells sehr genau beschrieben.

Zunächst sitzt er regungslos in seinem Loch und beobachtet die Umgebung. Sobald eine Beute in Sicht kommt, hebt er den Kopf, schiebt sich aus seiner Höhle heraus und nähert sich ihr sehr langsam unter Ausnutzung all seiner Tarnmöglichkeiten. Blitzartig stürzt er sich dann auf das Opfer und umschlingt es mit seinen Armen. Das zappelnde Tier hält er mit Hilfe seiner Velarhaut, die die Fangarme an ihrer Basis miteinander verbindet, wie unter einem Schirm gefangen und kehrt zu seinem Versteck zurück. Wenn ihm unterwegs noch weitere Beutetiere über den Weg laufen, nimmt er diese der Einfachheit halber gleich mit. Er hält sie mit den Saugnäpfen fest und sammelt sie wie in einer Tasche.

Muscheln oder Krebstiere, die sich in Felsspalten verstecken, erbeutet er, indem er sich seines Tastsinns bedient: Er gleitet über den Boden und untersucht alle Ritzen und Steine mit seinen Armen.

Im Zentrum seiner acht Fangarme befindet sich die Mundöffnung, in der eine kräftige Muskulatur zwei mächtige Kiefer bewegt, die wie ein Papageischnabel aussehen und deshalb auch so genannt werden. Mit ihm können die gepanzerten Beutetiere zermalmt werden. Bevor der Schnabel in Aktion tritt, wird die Beute aber mit einem Gift aus den Speicheldrüsen gelähmt. Diese Drüsen spritzen ihr Sekret einfach in die Velarhauttasche, wo es das Opfer mit dem Atemwasser selbst in seine Kiemen einstrudelt.

Zum Knacken der harten Schalen hat der Krake mehrere Möglichkeiten. Bei Krebstieren benutzt er meist seinen Schnabel, mit dem er zwischen Kopfbruststück und Hinterleib ein Loch beißt. Bei Schnecken und Muscheln jedoch bohrt er ein oder mehrere Löcher in deren Schale, um leichter an das Fleisch heranzukommen. Dabei leistet ihm seine Radula (Raspelzunge) – ein zungenförmiges Organ, das mit zahlreichen winzigen Zähnchen besetzt ist – gute Dienste. Eine solche Radula besitzen auch Schnecken, die in seine entferntere Verwandtschaft gehören; sie raspeln mit ihr vorwiegend Pflanzen ab. Um an Muschelfleisch heranzukommen, bedient sich der Gewöhnliche Krake noch einer anderen Technik: Er heftet seine Saugnäpfe an beide Muschelhälften und zieht dann kräftig an. Dabei entwickelt er eine enorme Stärke – seine Zugkraft kann bis zum 20fachen seines eigenen Gewichts betragen.

Verdauungspause

Nun geht er daran, den Inhalt des Panzers oder der Schalen aufzunehmen, und dazu spritzt der Krake zunächst Verdauungsflüssigkeit in die Beute hinein. Sie löst das Fleisch schon außerhalb des Krakenkörpers zumindest teilweise auf, so daß es nur noch eingeschlürft werden muß. Der harten Reste, Panzerteile der Krebstiere, Muschelschalen und Schneckenhäuser, entledigt sich der Kopffüßer, indem er sie einfach aus der Höhle wirft. Anhand dieser oft nur wenig beschädigten Nahrungsreste, die sich vor der Höhle auftürmen, kann man das Versteck eines Kraken leicht ermitteln.

Ungefähr 60 Minuten benötigen Gewöhnliche Kraken, um eine Krabbe zu verspeisen. Die Verwertung des Nahrungsbreis nimmt bei einer Umgebungstemperatur von 18–19 °C etwa 12 Stunden in Anspruch. Die Verdauung muß jedoch nicht unbedingt abgeschlossen sein, bevor ein neues Beutetier verschlungen wird.

Beine und Arme zugleich, dienen die mit Hunderten von Saugnäpfen versehenen Gliedmaßen des Kraken sowohl der Fortbewegung als auch dem Ergreifen der Beute. Hier hat sich der Kopffüßer eine Krabbe gefaßt, die er zunächst mit Gift betäubt. Dann beißt er ein Loch in ihren Panzer und löst ihre Weichteile mit Verdauungssäften auf.

Mit der Velarhaut, die die Fangarme an der Basis miteinander verbindet, kann der Krake eine Tasche bilden, in der er die Beute zu seiner Höhle transportiert.

Nachdem er die Krabbe ausgesaugt hat, wirft er die Hülle vor seine Höhle; dort sammeln sich nach einiger Zeit leere Krebspanzer und Muschelschalen an.

Waisen von Geburt an

Da Kraken ausgesprochene Einzelgänger sind und nur eine geringe Lebenserwartung besitzen, hängt es weitgehend vom Zufall ab, ob sich die Tiere fortpflanzen können. Deshalb müssen männliche Kraken auf ihren Streifzügen immer die Augen nach einer möglichen Partnerin offenhalten. Treffen sie auf Geschlechtsgenossen, reagieren sie sehr aggressiv; die Begegnung mit Weibchen verläuft demgegenüber in der Regel friedlich, es sei denn, diese stehen kurz vor der Eiablage oder haben bereits abgelaicht.

Liebe auf Distanz

Oft beginnt das Liebesspiel damit, daß das Weibchen vor dem Partner ausgiebig seine Saugnäpfe säubert, woraufhin das Männchen ihm seine Arme entgegenstreckt. Dabei nehmen beide Tiere besondere Farbmuster an. Nun betastet das Männchen seine Partnerin vorsichtig mit dem dritten rechten Arm, dem sogenannten Hektokotylus (siehe Kasten), der als Begattungsorgan fungiert. Schließlich führt er die Spitze dieses Arms in die Mantelhöhle des Weibchens ein.

Die Begattung kann sich über mehrere Stunden hinziehen und sich mehrfach wiederholen. Dabei überträgt das Männchen keine freien Spermien, sondern Samenpakete (Spermatophoren) mit einer Länge von etwa 1,5 cm und einem Durchmesser von 1,5 mm; sie besitzen eine feste Hülle und einen fadenförmigen Fortsatz. Sobald sich der Begattungsarm in der weiblichen Mantelhöhle befindet, gleitet in der Spermatophorenrinne, die ihn durchzieht, langsam ein Samenpaket entlang, das im weiblichen Körper platzt. Die Samenzellen gelangen dann in die Speicherdrüsen des Eileiters, wo sie bis zur vollen Entwicklung der Eier bleiben. Erst beim Ablaichen findet die Befruchtung statt. Ist das Weibchen laichbereit, reinigt es sorgfältig die Decke seiner Höhle, an der es seine Eier, die an etwa 10 cm langen, weißen Schnüren aufgereiht sind, hängen wird. Jede Laichschnur enthält 2000–3000 Eier; insgesamt legt ein Weibchen innerhalb von 15–30 Tagen etwa 150 000 Eier ab.

Sterben für den Nachwuchs

Die Weibchen pflegen ihr Gelege sehr sorgfältig, um die Eier vor einer Verpilzung zu schützen; das Säubern der Laichschnüre und das ständige Zufächeln sauerstoffreichen Wassers nimmt sie derart in Anspruch, daß sie kaum noch fressen. Gewöhnlich verlieren sie in dieser Zeit ein Drittel ihres Körpergewichts und sterben kurz nach dem Schlüpfen der Jungen. Dank der aufopfernden Fürsorge des Weibchens entwickeln sich aus etwa 90 % der Eier kleine Kraken.

Jungkraken verbringen ihre ersten 5–12 Wochen im freien Wasser und ernähren sich von Krabbenlarven. Dann lassen sie sich auf dem Meeresgrund nieder und gehen zur Lebensweise der Erwachsenen über.

Ein ganz besonderer Arm

Mit dem dritten Arm der rechten Körperseite, dem Begattungsarm, hat es bei männlichen Kraken eine besondere Bewandtnis. Er unterscheidet sich deutlich von den übrigen Armen und trägt deshalb einen eigenen Namen: Hektokotylus. Das Begattungsorgan wird von der Spermatophorenrinne durchzogen, und sein spatelförmiges Ende besitzt keine Saugnäpfe. Dieses Ende schiebt das Männchen bei der Paarung in die Mantelhöhle des Weibchens, um seine Samenpakete durch die Rinne zu übertragen.

Bei einigen Kopffüßerarten kann sich der Arm sogar ablösen und selbständig das Weibchen begatten, beim Papierboot (siehe Seite 83) ist das gesamte Männchen fast völlig Geschlechts- und Begattungstier. Sein Körper erreicht höchstens 1,5 cm Länge, der Hektokotylus jedoch 3 cm; das Weibchen übertrifft die Größe des Männchens um mehr als das Zehnfache.

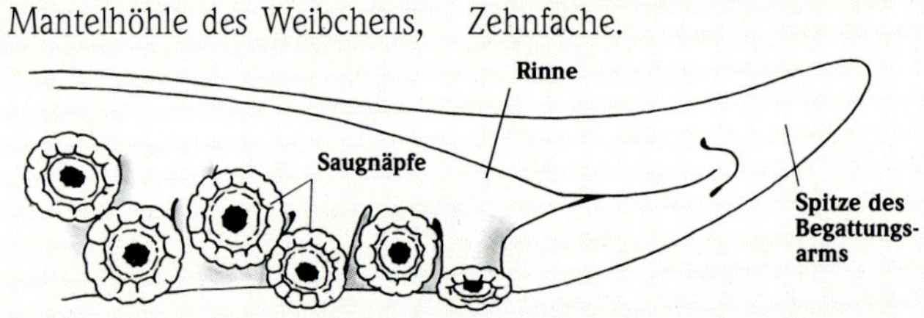

Nur wenn sie sich auf Freiersfüßen bewegen, suchen männliche Kraken die Nähe der Weibchen, doch selbst bei der Paarung wahren die Partner Distanz. Zunächst bandelt das Männchen (links im Bild) mit dem Begattungsarm, dem sogenannten Hektokotylus, bei der Auserwählten an; geht das Krakenweibchen auf seine Absichten ein, schiebt er die Spitze dieses Organs in ihre Mantelhöhle und entleert darin ein Samenpaket.

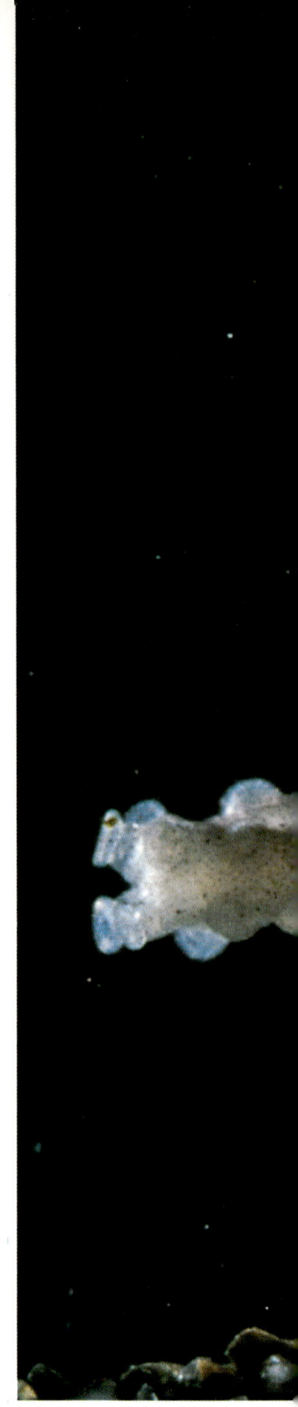

Nur wenige der über 100 000 Jungen eines Weibchens überleben die ersten Wochen, die sie im freien Wasser verbringen. Wenn sie etwa 1 cm groß sind, beginnen sie ihr Leben auf dem Meeresgrund.

Beim Schlüpfen sind die kleinen Kraken ganze 3 mm groß. Sie besitzen nur rund 70 Chromatophoren, die deutlich auf dem durchsichtigen Körper zu erkennen sind.

▶ Am Meeresgrund bewegt sich der Krake auf seinen acht Armen fort.

Gewöhnlicher Krake

Octopus vulgaris

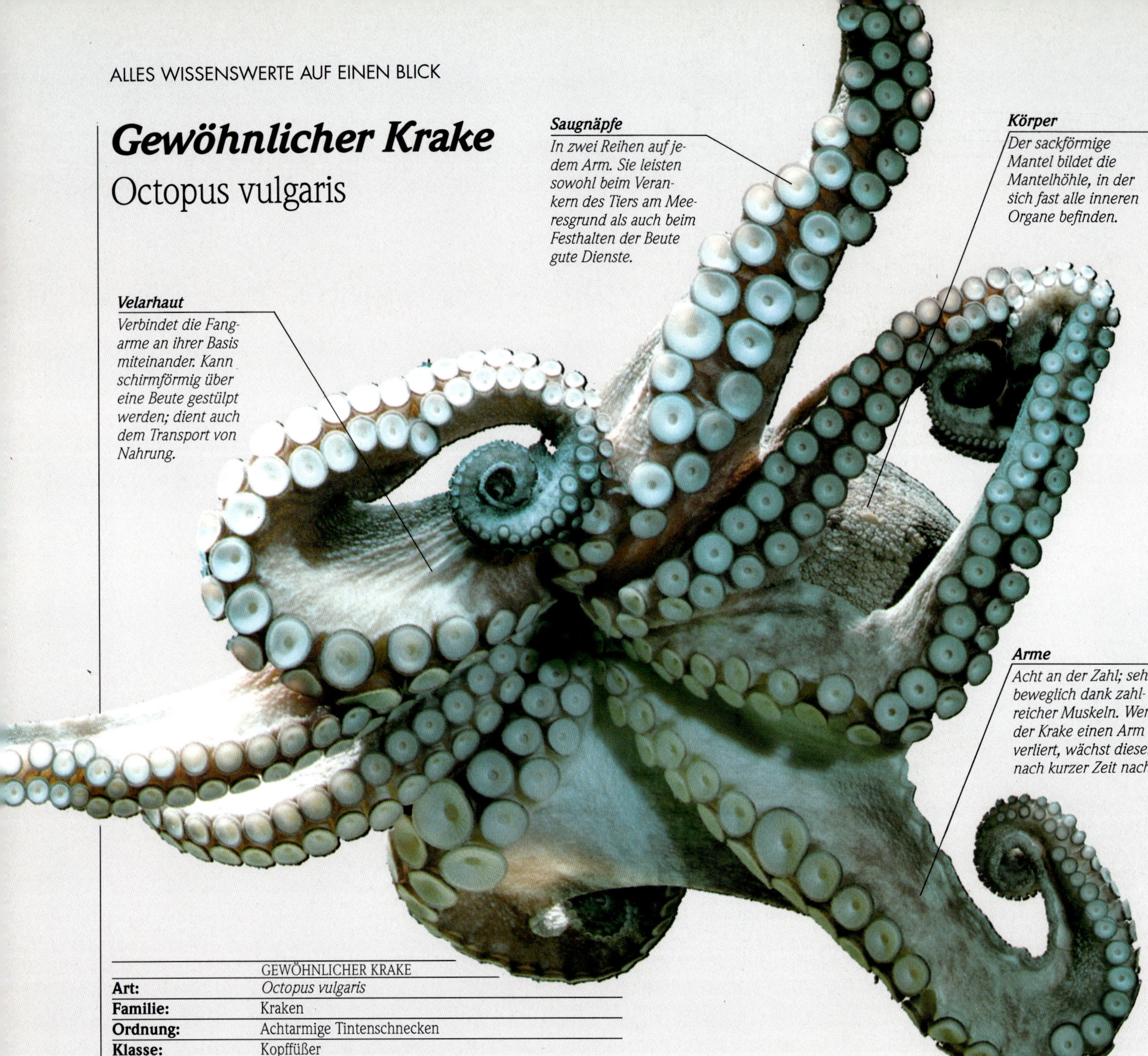

	GEWÖHNLICHER KRAKE
Art:	*Octopus vulgaris*
Familie:	Kraken
Ordnung:	Achtarmige Tintenschnecken
Klasse:	Kopffüßer
Stamm:	Weichtiere
Merkmale:	Acht Arme mit je zwei Saugnapfreihen; keine Flossen. Farbe veränderlich
Maße:	Gesamtlänge bis zu 3 m, meist aber 1,2–1,3 m
Gewicht:	Bis zu 25 kg; in der Regel 3 kg
Verbreitung:	Weltweit
Lebensraum:	Küstenbereiche, Schelf; meist am Boden
Nahrung:	Krebse, Krabben, Muscheln
Sozialstruktur:	Einzelgänger
Fortpflanzung:	In den gemäßigten Zonen zu bestimmten Jahreszeiten, in den Tropen das ganze Jahr
Brutzeit:	24–125 Tage, je nach Wassertemperatur
Anzahl der Eier pro Gelege:	Rund 150 000
Körperlänge beim Schlüpfen:	3 mm
Lebensdauer:	12–24 Monate
Bedrohung und Schutz:	Nicht gefährdet

Auffälligstes Körpermerkmal des Kraken sind seine acht mit Saugnäpfen versehenen Arme, die Fortbewegungs- und Greiforgane zugleich sind; der Verlust eines Arms stellt kein bleibendes Handikap dar, da er nach kurzer Zeit nachwächst. Obwohl die Arme mehr Volumen einnehmen, befinden sich die zahlreichen inneren Organe in dem rundlichen Körper, der vom Mantel gebildet wird und das Verdauungssystem, die Atmungs- und Geschlechtsorgane sowie das Herz umschließt. Am Kopf fallen besonders die Augen auf, die auf Hökkern sitzen; die Mundöffnung mit dem Papageischnabel und der Raspelzunge liegt verborgen zwischen der Basis der Arme.

An der Unterseite des Mantels befindet sich ein breiter Schlitz, die Pallialöffnung, aus der der Trichter herausragt. Wenn sich das Tier durch Rückstoßantrieb fortbewegt, wird aus der Mantelhöhle durch den Trichter mit hohem Druck Wasser ausgestoßen.

Wie bei allen Kopffüßern nehmen die Kiemen den Sauerstoff aus dem Meerwasser in den Blutkreislauf auf, wo er vom Hämozyanin, einem kupferhaltigen Blutfarbstoff, dessen Funktion der des menschlichen Hämoglobins entspricht, gebunden wird. Das Herz besteht aus einer Herzkammer, in der sich die mit Sauerstoff angereicherte Blutflüssigkeit ansammelt. Um einen hohen Blutdruck zu sichern, wird das Herz von zwei Kiemenherzen unterstützt.

Das Nervenzentrum und die meisten Sinnesorgane befinden sich im Kopfbereich. Am wichtigsten für die Orientierung und Nahrungssuche des Kraken ist der ausgezeichnete Gesichtssinn, doch Hautsinnesorgane zur Wahrnehmung von chemischen Substanzen und Tastreizen leisten ihm, etwa bei der Fortpflanzung, ebenfalls wertvolle Dienste.

Das Gehirn liegt gut geschützt in einer knorpeligen Kapsel. Für ein wirbelloses Tier ist es erstaunlich hoch entwickelt, was die bemerkenswerte Lernfähigkeit des Kraken erklärt. Sein Gehirn hat die Wissenschaftler zu den verschiedensten Versuchen angeregt, in denen die geistigen Fähigkeiten dieses Kopffüßers unter Beweis gestellt werden konnten. Kraken können Formen erkennen und mit bestimmten Erfahrungen und Handlungen verbinden. Dank ihrer Lernfähigkeit bereitet es ihnen z. B. keine Schwierigkeit, Langusten und Hummer aus Fangkörben herauszuholen oder ein mit einem Korken verschlossenes Glasgefäß zu öffnen, um an ihre Lieblingsspeise – Krabben – zu gelangen.

Obwohl er zu den höchstentwickelten Weichtieren zählt, erreicht der Krake kein hohes Alter: Seine Lebensdauer beträgt etwa 2 Jahre. Das Weibchen legt nur einmal im Leben Eier, aus denen nach 24–125 Tagen winzige Jungtiere schlüpfen, die sehr schnell heranwachsen. Dieses rasche Wachstum wird durch ihr leistungsfähiges Verdauungssystem ermöglicht. Im Mittelmeer kann ein Krake sein Gewicht innerhalb von 100 Tagen von 250 auf 1000 g erhöhen, was einer Zunahme von 7,5 g pro Tag entspricht.

Besondere Merkmale

Augen

Sie liegen erhöht an beiden Kopfseiten. Im Gegensatz zu den Augen fast aller anderen Wirbellosen weisen sie im wesentlichen denselben hochentwickelten Bau auf wie die des Menschen: Sie bestehen aus einer Hornhaut, einer Regenbogenhaut, einer Linse und einer Netzhaut. Die querliegende Pupille paßt sich den Lichtverhältnissen schnell an. Der Krake kann sowohl auf kurze wie auf längere Distanz sehr gut sehen und Farben unterscheiden. Diese bemerkenswerte Ähnlichkeit mit den Augen höherer Wirbeltiere stellt einen der interessantesten Fälle von Konvergenz zwischen zwei völlig unterschiedlichen Tierstämmen dar.

Schnabel

Der sogenannte Papageischnabel sitzt in der Mundöffnung. Er besteht aus einem Ober- und einem Unterkiefer, die aus hornartigem Stoff aufgebaut sind. Dank ihrer Festigkeit und der Kraft ihrer Muskeln befähigen sie das Tier, Krabbenpanzer zu knacken.

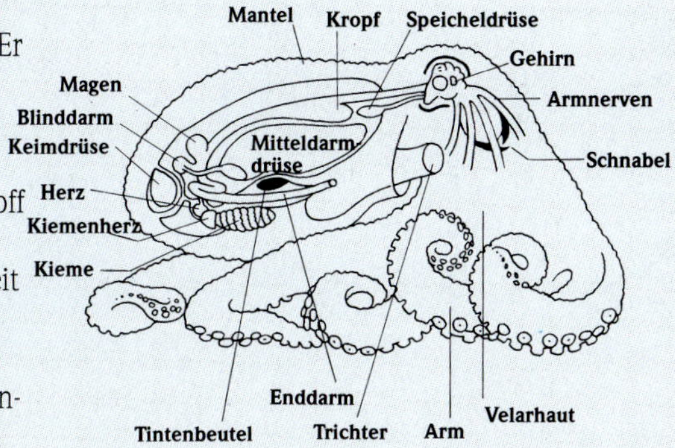

Saugnäpfe

Sie sitzen in zwei Reihen auf jedem Arm und bestehen aus einem festen Muskelring sowie einem Muskelstrang, der mit der Basis des Rings verbunden ist. Beim Festsaugen wird der Muskelring auf einen Gegenstand gedrückt und dann der Muskelstrang angezogen; dadurch entsteht ein Unterdruck, der Saugnapf und Unterlage so fest miteinander verbindet, daß eher der Arm abreißt, als daß sich die Saugnäpfe lösen.

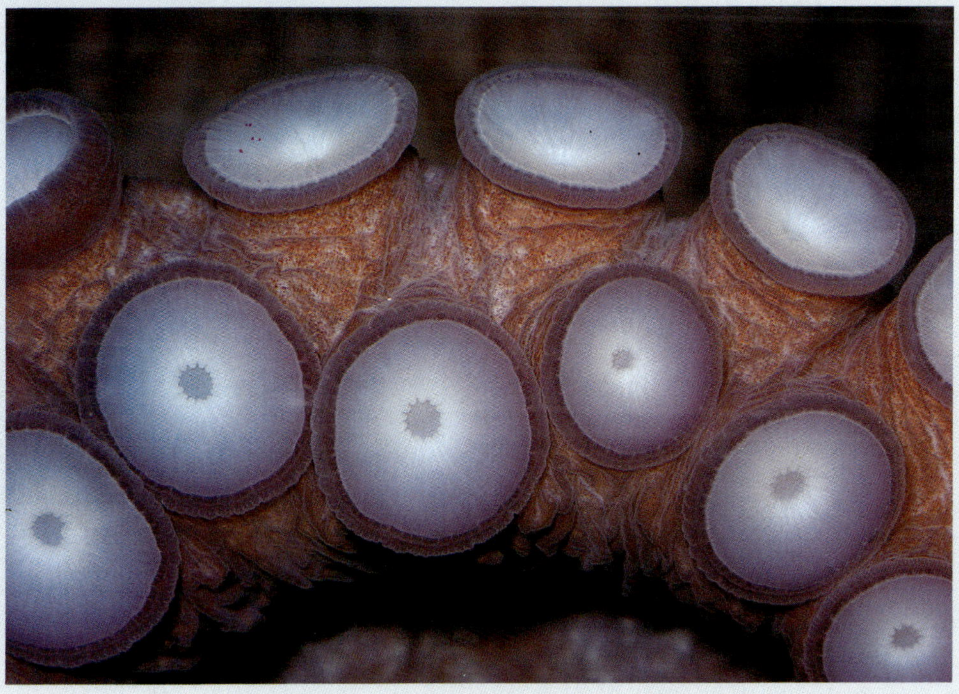

Andere Arten

Die Klasse der Kopffüßer besteht aus zwei Unterklassen, die sich allerdings in der Anzahl der ihnen angehörenden Arten deutlich voneinander unterscheiden. Auf der einen Seite stehen die Perlboote mit einer einzigen Gattung (siehe Kasten), auf der anderen die Tintenschnecken mit vier Ordnungen, rund 150 Gattungen und mehr als 700 Arten.

Allen Tintenschnecken ist gemeinsam, daß sie eine nur wenig ausgebildete Schale besitzen. Wenn noch ein Schalenrest vorhanden ist, umhüllt dieser nicht den Körper, sondern liegt im Mantelgewebe. Dadurch sind die Tiere sehr geschmeidig: Ein 5–6 m langer Riesenkrake etwa kann durch eine 20 cm weite Öffnung schlüpfen. Den Mangel einer schützenden Schale vermögen sie durch Verwandlungskünste, Tarnfähigkeiten, schnelles Schwimmen und den Ausstoß von Tinte auf der Flucht wettzumachen.

Alle Arten sind getrenntgeschlechtlich und legen Eier, aus denen keine Larven, sondern winzige Tintenschnecken schlüpfen. Das Gehirn der Tiere liegt in einer Knorpelkapsel, ihre Augen sind hoch entwickelt. Im Unterschied zu den Perlbooten (Vierkiemer) besitzen Tintenschnecken zwei Kiemen und Arme mit zahlreichen Saugnäpfen. Nach der Anzahl dieser Arme lassen sie sich in verschiedene Ordnungen einteilen: in zwei mit zehnarmigen (Tintenfische und Kalmare) und zwei mit achtarmigen Vertretern (Achtarmige Tintenschnecken und Tiefseevampire). Aus den ersten drei Ordnungen werden stellvertretend einige Arten vorgestellt.

Lebende Fossilien

Eine ganz eigene Gruppe der Kopffüßer bilden die Perlboote (Nautiloidea) mit sechs Arten. Ihre Arme besitzen keine Saugnäpfe, und ihre Augen sind sehr einfach gebaut. Kennzeichnend für diese Tiere ist vor allem eine spiralig gewundene Schale mit braun-weißer Zebrastreifung, die 10–27 cm Durchmesser erreicht. Sie enthält zahlreiche Kammern, die die Tiere nach Bedarf mit Gas und Wasser füllen, so daß sie mit Hilfe dieser Schale langsam schweben, aufsteigen oder abtauchen können.

Perlboote bilden als einzige Kopffüßer eine feste Schale zum Schutz vor Feinden, eine Besonderheit, die sie mit den bereits vor langer Zeit ausgestorbenen Ammoniten gemein haben. Diese Tatsache läßt die Perlboote wie Relikte vergangener Erdzeitalter erscheinen. Tatsächlich lebten schon vor rund 500 Mio. Jahren Perlboote, die den heutigen ähnelten. Die Tiere kommen in Tiefen von 50–700 m des tropischen Indischen und Pazifischen Ozeans vor und ernähren sich von Würmern, Krebschen und Weichtieren.

Tintenfische

POSTHÖRNCHEN
Spirula spirula
Merkmale: Eingerollte, gekammerte Schale im hinteren Drittel des Körpers, die aber im Mantelgewebe eingebettet liegt und deshalb von außen nicht sichtbar ist. Kurze Arme, kleine Flossen am Hinterende.
Maße: Gesamtlänge 4–6 cm.
Lebensraum: Gemäßigte Meere.
Lebensweise: Schwebt mit Hilfe von Gas in den Schalenkammern. Kann sich ganz in die Mantelhöhle zurückziehen. Lebt in großen Schwärmen.

GEWÖHNLICHER TINTENFISCH
Sepia officinalis
Merkmale: Abgeflachter Körper, seitlicher Flossensaum rund um den Mantel. Meist zebraartig gestreift oder marmoriert, lebhaftes Farbenspiel. Acht Kopfarme, zwei dünne, wesentlich längere Fangarme. Gasgefüllter Schulp (Schalenrest) erleichtert das Schwimmen.
Maße: Gesamtlänge ohne Fangarme bis 65 cm; Fangarme bis 60 cm lang.
Lebensraum: Atlantische Küsten, Mittelmeer und Nordsee.
Lebensweise: Meist nahe dem Meeresboden, tagsüber gut getarnt im Sand eingegraben. Fängt nachts Beutetiere, z. B. Krebse, durch Ausschleudern der Fangarme.

Kalmare

GEWÖHNLICHER KALMAR
Loligo vulgaris
Merkmale: Langer, stromlinienförmiger, oberseits karminroter Körper; auf jeder Seite eine segelförmige Flosse. Schale zu einem verhornten Schwert zurückgebildet. Acht kurze Arme, zwei lange Fangarme.
Maße: Gesamtlänge 20–50 cm.
Lebensraum: Nördlicher Atlantik und Mittelmeer, in Küstennähe.
Lebensweise: Schwimmt im freien Wasser durch wellenförmige Flossenbewegungen vorwärts und rückwärts oder schießt durch Rückstoß schnell dahin. Sehr gesellig.

PFEILKALMAR
Ommatostrephes sagittatus
Merkmale: Schlank, rautenförmige Flosse an der hinteren Körperhälfte.

Krake *(Octopus cyanea)*

Tintenfisch *(Sepia latimana)*

Fangarme ganz mit Saugnäpfen besetzt. Bei den Jungtieren Arme zu einer Art Rüssel verwachsen.
Maße: Gesamtlänge bis 1,5 m.
Lebensraum: Atlantik und Mittelmeer, Hochsee.
Lebensweise: Verfolgt in Schwärmen Fische, vor allem Makrelen; kann bei der Flucht durch Rückstoß aus dem Wasser schießen.

ANGLERKALMAR
Chiroteuthis veranyi
Merkmale: Große Augen, rundliche Flosse am Hinterende; durchsichtig. Fangarme fadenförmig, mit Klebdrüsen.
Maße: Gesamtlänge ohne Fangarme 30 cm; Fangarme bis 1 m lang.
Lebensraum: Obere Wasserschichten des Atlantik und des Mittelmeers.
Lebensweise: Schwebt im Wasser und ernährt sich von Plankton, das an den Fangarmen hängenbleibt.

Achtarmige Tintenschnecken

RIESENKRAKE
Octopus dofleini
Merkmale: Die mit Abstand größte Krakenart.
Maße: Gesamtlänge bis fast 10 m.
Gewicht: Bis rund 100 kg.
Lebensraum: Meeresboden der Küstengebiete des nördlichen Pazifik.
Nahrung: Krebstiere und Muscheln.

MOSCHUSKRAKE
Eledone moschata
Merkmale: Arme schlanker als bei der Gattung *Octopus*, mit nur einer Reihe von Saugnäpfen. Riecht nach Moschus.
Maße: Gesamtlänge bis 40 cm.
Lebensraum: Schlamm- und Sandböden des Mittelmeers.
Nahrung: Vor allem Aas.

PAPIERBOOT
Argonauta argo
Merkmale: Weibchen mit spiraliger, hauchdünner Schale, die von zwei Armen gebildet und festgehalten wird. Die Eier entwickeln sich bis zum Schlüpfen der Jungen in der Schale. Männchen zwergenhaft, ohne Schale, mit unverhältnismäßig großem Begattungsarm.
Maße: Schale des Weibchens bis 20 cm lang, Körperlänge des Männchens nur 1–1,5 cm.
Lebensraum: Vorwiegend die oberen Wasserschichten des Mittelmeers und anderer wärmerer Meere.
Lebensweise: Langsam frei schwimmend.

BLINDER WUNDERSCHIRM
Cirrothauma murrayi
Merkmale: Besitzt keine Augen (einziger bekannter blinder Kopffüßer). Arme mit Zirren (fadenförmigen Papillen) besetzt, fast vollständig durch die Velarhaut zu einem Schirm verbunden. Auf jeder Seite eine paddelförmige Flosse. Durchscheinender Körper, blaß.
Maße: Gesamtlänge 13 cm.
Lebensraum: Nordatlantik, in Tiefen von 2000 – 3000 m.
Lebensweise: Frei schwimmend, Fortbewegung wahrscheinlich wie die Quallen durch Schirmkontraktionen.
Nahrung: Kleinkrebse.

Perlboot *(Nautilus macromphalus)*

Papierboot *(Argonauta argo)*, Weibchen

Kraken in ihrem Lebensraum

Gewöhnliche Kraken sind als Bewohner des Meeresgrunds auf recht flaches Wasser angewiesen, wo das Nahrungsangebot reichhaltig ist. Sie leben deshalb bevorzugt in Küstengewässern, und zwar in Tiefen bis maximal 150 m. Die Populationsdichte nimmt mit zunehmender Tiefe ab.

Am liebsten besiedeln sie Korallenriffe oder Felsen, weil sie hier zahlreiche Felsritzen und Höhlen vorfinden, die gute Schlupfwinkel abgeben. Doch vielerorts umfaßt der Lebensraum der Kraken Sand- und Schlammböden oder auch Seegraswiesen, die sie dank ihrer Verwandlungskünste und Tarnfähigkeiten erfolgreich erobern konnten.

In manchen Gebieten unternehmen die Tiere zur Laichzeit offenbar Wanderungen, besonders dort, wo die Fortpflanzung auf eine bestimmte Jahreszeit beschränkt ist. So legen die Kraken des westlichen Mittelmeers ihre Eier im Sommer im warmen Wasser der Küsten ab. Ein ähnliches Verhalten beobachteten Wissenschaftler in Japan; auch dort wandern die Weibchen zur Küste, um abzulaichen.

Wärme läßt Kraken wachsen

Je wärmer das Wasser ist, desto schneller entwickeln sich die Eier und wachsen die Tiere heran; während die Kraken in der kühlen Nordsee höchstens 70 cm lang werden, erreichen sie im warmen Mittelmeer Größen von bis zu 3 m.

Da Kraken ihre Temperatur nicht selbst regulieren können, richtet sich ihre Körperwärme immer nach der Temperatur ihrer Umgebung. Nun laufen Stoffwechselprozesse um so langsamer ab, je tiefer die Temperatur liegt, was zur Folge hat, daß sich Kraken in kaltem Wasser viel schwerfälliger bewegen und behäbiger reagieren als in wärmerem. Sinkt das Thermometer unter 10 °C, können die notwendigen Körperfunktionen nicht mehr aufrechterhalten werden. Doch auch zu warmes Wasser schadet Kraken: Übersteigt die Meerestemperatur 30 °C, besteht für sie akute Überhitzungsgefahr. Die günstigsten Bedingungen liegen bei 16–17 °C.

Ein kurzes Leben voller Gefahren

Über 100 000 Eier müssen Krakenweibchen legen, damit wenigstens einige ihrer Nachkommen das Erwachsenenalter erreichen. Die gefährlichste Zeit im Leben der Kraken sind die Wochen, die sie unmittelbar nach der Geburt im freien Wasser verbringen. In dieser Phase ihres Daseins zählen sie zum Plankton, den schwebenden Kleinlebewesen, die vielen Fischen, Bartenwalen und zahlreichen anderen Tieren als Nahrung dienen. Nach einer neueren Untersuchung überleben nur etwa 10 % der Kraken diese kritische Zeit. Wenn sie sich dann am Meeresgrund festsetzen, lauern neue Gefahren auf sie – vor allem hungrige Krebstiere –, doch nun können sich die kleinen Kraken bereits ihrer Haut erwehren; vor allem ihre Tinte bietet auf der Flucht einen gewissen Schutz vor Verfolgern.

Ebenso wie die anderen Kopffüßer bilden Kraken ein bedeutendes Glied in der Nahrungskette der Meere, auch als ausgewachsene Tiere. Während Gewöhnliche Kraken jedoch als gut getarnte Bodenbewohner relativ selten Freßfeinden zum Opfer fallen, haben es ihre Verwandten im freien Wasser schwerer.

Kalmare etwa finden sich zur Fortpflanzung in riesigen Hochzeitsschwärmen zusammen, die bei einigen Arten der Gattung *Loligo* mehrere Millionen Individuen umfassen können. Da die Tiere in dieser Zeit nichts anderes als die Fortpflanzung im Sinn haben und nicht auf Feinde achten, stehen sie nun bei zahlreichen Meeresjägern als Hauptgericht auf dem Speisezettel – bei Blauhaien, Seehunden, See-Elefanten, Lachsen, Seeschwalben und Pinguinen, um nur einige

Diese Fische scheinen sich zu fragen, was sie hier vor sich haben: einen algenbewachsenen Stein oder ein Tier? Da er seinen Feinden meist verborgen bleibt, ist der Krake weniger gefährdet als die Kopffüßer des freien Wassers. Nur als Jungtier verbringt er eine Zeit im offenen Meer – die kritischste Phase in seinem Leben.

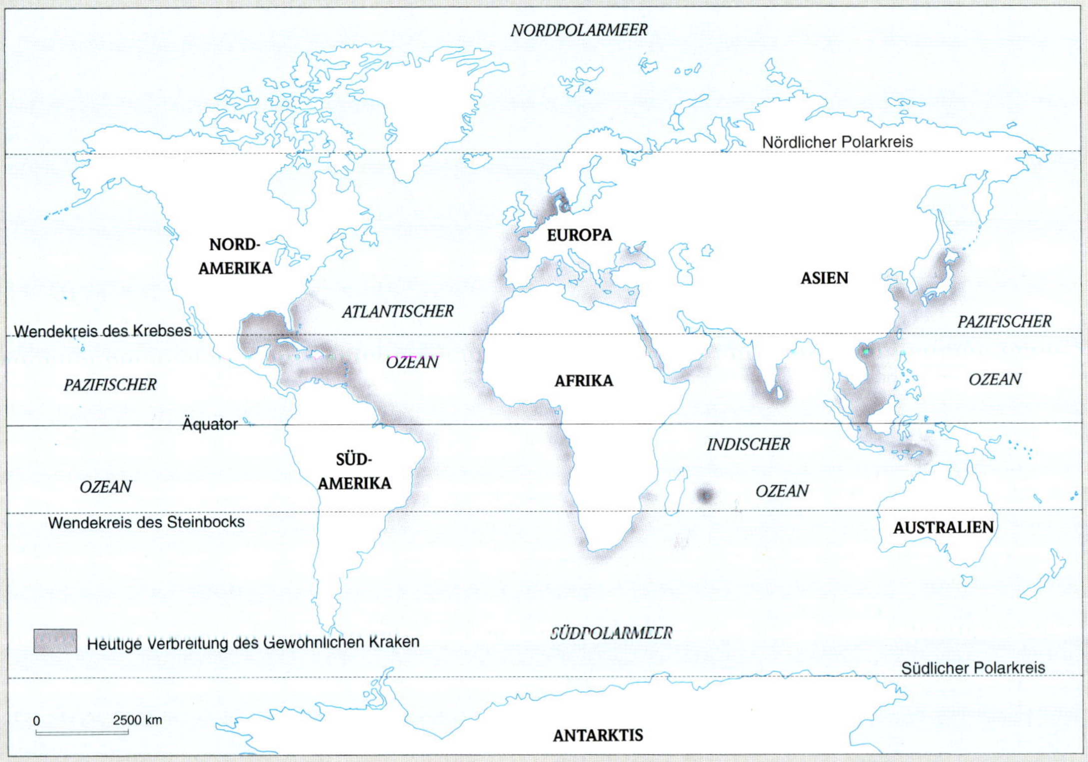

Der Gewöhnliche Krake lebt vorzugsweise im Küstenbereich und über dem Festlandsockel der gemäßigten und tropischen Meere; polare und subpolare Gebiete meidet er völlig. Sein Lebens- und Fortpflanzungszyklus, seine Entwicklung und seine gesamten Stoffwechselprozesse sind stets den örtlichen Verhältnissen angepaßt und hängen vor allem von der Wassertemperatur ab. So ist seine Fortpflanzung in tropischen Gewässern jahreszeitlich nicht gebunden, während sie in den gemäßigten Breiten nur in bestimmten Monaten erfolgt. Auch seine Größe richtet sich nach der Umgebungstemperatur, da er in warmem Wasser wesentlich schneller wächst als in kälterem.

zu nennen. Anschließend schlagen die Aasfresser zu, denn nach der Eiablage sterben die Kalmare allesamt und bedecken in dicken Schichten den Meeresboden.

Ausgewachsene Kraken dagegen fallen in erster Linie räuberischen Fischen zum Opfer: Meeraale und Muränen sind ihre Hauptfeinde. Doch auch Haie und Delphine verschmähen einen Kraken nicht, und schließlich kommt es gelegentlich vor, daß sie von anderen Kopffüßern gefressen werden. Immer indes gelingt es einer ausreichenden Anzahl von Tieren, sich fortzupflanzen und die Erhaltung der Art zu sichern; wenn die nächste Generation das Licht der Welt erblickt, ist zumindest das Leben der Weibchen beendet.

Empfindliche Störungen

Dieses biologische Gleichgewicht, das sich in vielen Jahrmillionen eingespielt hat, wird vom Menschen durcheinandergebracht. Viele Fischer und Austernzüchter sehen die findigen Kraken oft als Plage an und bekämpfen sie, weil sie Krebstieren wie Hummern und Langusten nachstellen, die auf dem Markt einen hohen Preis erzielen. In anderen Regionen dagegen profitieren Kraken von den Eingriffen des Menschen, indem dieser ihre Freßfeinde wegfängt. Wenn beispielsweise die Meeraale durch Überfischung dezimiert werden, können sich die Kraken eines bestimmten Gebiets stärker vermehren.

Leuchtende Verwandtschaft

Während der Gewöhnliche Krake nur in den Küstenzonen und flachen Meeren vorkommt, leben zahlreiche Arten von Kopffüßern in der lichtlosen Tiefsee. Insbesondere Kalmare, die im offenen Wasser verbreitet sind, zeigen in den tiefen Meereszonen einen beachtlichen Formenreichtum.

Da findet man Arten mit rückgebildeten, stummelförmigen Armen oder solche, deren Arme bis zu achtmal so lang werden wie der übrige Körper.

Viele dieser Tiefseekopffüßer besitzen kompliziert gebaute Leuchtorgane, die auch von anderen Bewohnern dieses Lebensraums bekannt sind. Manche Arten können diese Organe, die ihr kaltes Licht durch Linsen und Reflektoren bündeln, sogar mit „Lidern" zeitweise abschirmen.

Einer dieser Kopffüßer heißt „Wunderlampe" *(Lycoteuthis diadema)*, weil seine 22 Leuchtorgane in verschiedenen Farben und Lichtstärken funkeln.

Ein sehr seltsamer Vertreter der achtarmigen Kopffüßer ist der Tiefseevampir *(Vampyroteuthis infernalis)*, der seine riesige Velarhaut wie einen Schirm vor sich herträgt. Dieses dunkle Tier mit purpurroten Augen wurde schon in 4000 m Meerestiefe gefunden.

Sagenumwobene Meeresgestalten

Wie der Delphin nahm auch der Krake in der griechischen und römischen Kultur einen besonderen Platz ein. Darstellungen von Kraken auf Amphoren, Geldstücken, Keramikgegenständen und Mosaiken zeugen davon, daß ihre ungewöhnliche Erscheinung bereits in der Antike Künstler und Kunsthandwerker zu inspirieren vermochte.

Schon damals war bekannt, daß Kraken abgerissene Körperteile, insbesondere Arme, wieder nachbilden, oft in Form zahlreicher Verzweigungen. Diese Fähigkeit regte die Phantasie der Dichter an, und wahrscheinlich entwickelte sich daraus die Sage von der Hydra, dem neunköpfigen Seeungeheuer, dessen abgeschlagene Köpfe doppelt nachwuchsen. Den Helden Herakles kostete es viel Mühe und List, das furchtbare Wesen zu besiegen.

Weniger legendenumrankt nehmen sich die Ausführungen Aristoteles' aus, der die Kraken in seiner *Tierkunde* ausführlich beschrieb und über ihr Verhalten bereits gut informiert war. So erwähnte er, daß bei den Männchen ein Arm zur Begattung dient und die Weibchen nach der Eiablage stark an Gewicht verlieren und schließlich sterben.

Demgegenüber wußten römische Naturkundler wie Plinius der Ältere und Oppian abenteuerliche Dinge zu berichten, etwa, daß die Kopffüßer ihre eigenen Arme fressen würden. Allerdings wird die Anatomie dieser Weichtiere in ihren Texten schon sehr genau und richtig wiedergegeben.

Schrecken der Meere

Von Victor Hugo bis Jules Verne haben Schriftsteller Kraken als Ungeheuer dargestellt, die ganze Schiffe mitsamt der Besatzung in den Tod reißen. In ihren Romanen werden die Kopffüßer zu unheimlichen, wilden Meeresungetümen, gegen deren acht Arme kaum etwas auszurichten ist. In Wirklichkeit sind Kraken jedoch, wie wir gesehen haben, scheue, eher furchtsame und träge Tiere. Eine Gefahr für Menschen geht von ihnen in der Regel nicht aus, da sie nur angreifen, wenn sie sich bedroht fühlen. Allerdings leben vor Australien und Indonesien 10–20 cm große Kraken der Gattung *Hapalochlaena*, die ein Gift erzeugen, das für Menschen tödlich ist; auch der Riesenkrake *(Octopus dofleini)*, der vor der Nordwestküste Nordamerikas lebt und bis zu 100 kg wiegen kann, ist gefürchtet, da sein Biß und sein Gift allein aufgrund seiner Größe für Taucher gefährlich werden können.

Und dennoch kommen die Schauergeschichten nicht von ungefähr: Schon häufig wurden Teile von Kopffüßern gefunden, die darauf hinwiesen, daß die Tiere eine Länge von mehr als 30 m gehabt hatten. Manche Forscher schätzen sogar, daß sie über 60 m Länge erreichen. Ihre Augen mit einem Durchmesser von bis zu 40 cm sind die größten im ganzen Tierreich.

Diese Kopffüßer, Riesenkalmare der Gattung *Architeuthis*, leben in der Tiefsee, wo sie noch kein Mensch zu Gesicht bekommen hat. Meist werden ihre Überreste in Pottwalmägen gefunden; offenbar waren sie den Meeressäugern im Kampf auf Leben und Tod unterlegen. Von den heftigen Auseinandersetzungen zeugen Saugnapfabdrücke auf der Haut der Wale, die manchmal einen Durchmesser von 20 cm aufweisen.

Ende im Kochtopf

Kopffüßer werden gelegentlich als Fischköder benutzt (Köderkalmare), doch häufiger selbst von Menschen verzehrt. In großen Mengen werden jedes Jahr vor nordamerikanischen Küsten Kalmare gefischt, die dort riesige Schwärme bilden (siehe Seite 84 f.), und in alle Welt exportiert. Aber auch der Gewöhnliche Krake gehört zu den wirtschaftlich bedeutsamen Kopffüßern. In zahlreichen Ländern ist er die in Küstennähe am häufigsten gefischte Art; man fängt ihn mit Netzen, Reusen oder Angeln. Nach Statistiken der FAO (Food and Agriculture Organization) bewegte sich der Anteil der Kraken an den jährlichen Kopffüßerfängen von 1970 bis 1980 zwischen 9,9 und 23,6 %. Fischer in mehr als 20 Ländern verdienten ihren Lebensunterhalt mit ihm; zu den Gebieten mit dem größten Verbrauch gehörten Spanien und Japan. Obwohl die Fischerei den Bestand der Kraken bisher nicht zu gefährden scheint, sollten die Fänge nicht unbedacht erhöht werden. Wenn die Nachfrage nach dem Gewöhnlichen Kraken weiter steigt, könnte dies zu einer Abfischung in großem Stil führen, deren Auswirkungen noch nicht abzusehen sind.

Klein, aber oho! Mit seinen acht Armen erinnert dieser kleine Krake an eine Vogelspinne; wie sie besitzt er ein hochwirksames Gift. Die hier abgebildete Art mit der auffallend blau-gelben Ringelung gehört zur Gattung Hapalochlaena *und lebt im Great Barrier Reef vor Australien. Ihre Nahrung besteht vor allem aus Krabben und verschiedenen Weichtieren. Obwohl sie eine der wenigen Kopffüßerarten ist, vor der sich Menschen in acht nehmen sollten, wird auch sie wie alle Kraken nur dann gefährlich, wenn sie sich bedroht fühlt. In solchen Situationen leuchtet ihre bunte Zeichnung besonders intensiv.*

AALE

Lange Zeit gaben diese Fische den Naturforschern Rätsel auf, da ihre Fortpflanzung völlig im dunkeln lag. Erst am Anfang unseres Jahrhunderts stellte sich heraus, daß Europäische Aale in der Sargassosee südlich der Bermudainseln aus den Eiern schlüpfen und als durchsichtige Larven vom Golfstrom 5000–7000 km weit nach Europa getragen werden. Dort beginnen sie ein neues Leben in Flüssen, wo sie nachts auf Jagd gehen.

Die ältesten Fossilien aalartiger Fische stammen aus dem ausgehenden Erdmittelalter und sind etwa 100 Mio. Jahre alt. Paläontologen entdeckten sie im Libanon und in Südfrankreich, in den Ablagerungen des alten Tethysmeers, das sich damals vom heutigen Mittelmeerraum bis nach Südostasien erstreckte. In diesem riesigen Meer entstand vermutlich die Art, von der sämtliche heute lebenden Aalarten abstammen.

Als sich die hohen Gebirge Südasiens, Europas und Nordwestafrikas auffalteten, schrumpfte das Tethysmeer, das ehedem den Atlantischen und den Pazifischen Ozean verbunden hatte, auf die Fläche des heutigen Mittelmeers. Dadurch wurden die Aale des indischen und pazifischen Raums von denen des atlantischen isoliert. Obwohl sich im Lauf der Zeit unterschiedliche Arten entwickelten, zeigen sie alle noch heute einen Wechsel zwischen Süß- und Salzwasser und eine damit verbundene körperliche Umwandlung.

In der Antike nahm man an, daß sich Aale aus Regenwürmern entwickelten, die im Schlamm durch Urzeugung entstünden. Diese Ansicht war naheliegend, da nie Aale mit Eiern oder Samenzellen gefangen wurden und ihre Gestalt eher an Würmer oder Schlangen als an Fische erinnerte. Über die Fortpflanzung der Aale gab es noch andere, teils abenteuerliche Mutmaßungen, beispielsweise, daß sie sich ohne Männchen vermehrten, bis das Rätsel am Anfang unseres Jahrhunderts gelöst wurde.

Wahrscheinlich hatten die Aale des Atlantischen Ozeans – der Europäische Flußaal und der Amerikanische Aal – einen gemeinsamen Vorfahren, als die beiden Kontinente noch nahe beieinanderlagen. Dieser lebte im Süßwasser der Kontinente, legte seine Eier jedoch in der Sargassosee, einem Teil des Atlantik, ab. Als die Kontinente immer stärker auseinanderdrifteten, spaltete sich diese ursprüngliche Aalart wohl in zwei Populationen, von denen eine nach Amerika und eine nach Europa wanderte. Die fortschreitende Ausbreitung des Ozeans zwang vor allem den Europäischen Aal, immer größere Strecken zwischen seinem Geburtsort und Europa zu überwinden. 3 Jahre benötigt die Larve inzwischen für diese unvorstellbar große, gefährliche Strecke.

Nach ihrer langen Wanderung durch den Atlantik zeigen die jungen Aale bereits eine starke Ähnlichkeit mit ihren erwachsenen Artgenossen. Allerdings sind sie noch kaum größer als 6–7 cm. „Glasaale" heißen diese zarten, empfindlichen Jungtiere, die nun in Flußmündungen vordringen und dabei oft riesige Schwärme bilden. Tagsüber sind sie wenig aktiv und halten sich zwischen Wasserpflanzen auf, wo sie nicht gegen die Strömung ankämpfen müssen. In der Nacht nehmen sie die anstrengende Reise flußaufwärts wieder auf.

Zerbrechliche Larven auf großer Reise

Aale gehören zu den wenigen Fischen, die im Salzwasser zur Welt kommen, den größten Teil ihres Lebens jedoch im Süßwasser verbringen. Den umgekehrten Fall – Eiablage in Fließgewässern und Leben im Meer – gibt es häufiger, beispielsweise bei Lachsen, Stören und Neunaugen.

Das Leben der Europäischen Flußaale beginnt viele tausend Kilometer von Europa entfernt in der Sargassosee im westlichen Nordatlantik. Lange Zeit erschien es unvorstellbar, daß die Fische solch riesige Entfernungen zurücklegen könnten, weshalb viele Wissenschaftler des 19. Jh. annahmen, daß sich Aale durch Jungfernzeugung (Parthenogenese), also ohne Männchen, vermehrten. Noch heute ist ihre Fortpflanzung nicht vollständig geklärt, denn die Ablage und die Entwicklung der Eier konnten bislang nicht in der Natur beobachtet werden.

Trotzdem darf man davon ausgehen, daß die Weibchen wie bei den meisten Knochenfischen ihre 1–1,5 Mio. Eier vor der Befruchtung ins freie Wasser abgeben und die Männchen daraufhin ihren Samen ausstoßen. Wahrscheinlich schweben die Eier dann im warmen und nährstoffarmen Wasser der Sargassosee in einer Tiefe von etwa 500 m. Für ihre Reifung scheint eine Temperatur von mindestens 17 °C erforderlich zu sein. Öltropfen in ihrem Gewebe, dank denen sie das gleiche spezifische Gewicht wie Wasser erhalten, verhindern, daß die Eier auf den Grund (über 6000 m tief) absinken.

Im Strom treiben

Im Frühjahr schlüpfen die jungen Aale aus den Eiern, doch ihre Gestalt läßt noch nicht erkennen, welcher Fischart sie angehören. Wenn Jungtiere in ihrer äußeren Erscheinung so stark von den Erwachsenen abweichen, werden sie von Zoologen „Larven" genannt.

Einige Monate lang wachsen die jungen Aale schnell heran und entwickeln sich zu den sogenannten „Weidenblattlarven" (siehe Kasten rechte Seite). In dieser Phase ihrer Entwicklung lassen sie sich ganz von der Strömung tragen, genauer: vom Golfstrom, der den Nordatlantik durchzieht und die Larven von der Sargassosee nach Europa befördert. Tagsüber lassen sie sich in einer Tiefe von 200 – 300 m treiben, nachts steigen sie bis auf 25 m auf.

Warten auf die Flut

Wenn sie sich ihrem Ziel auf etwa 100 km genähert haben, stellen die Weidenblattlarven, die nun rund 8 cm lang sind, das Fressen ein und beginnen, sich in Glasaale umzuwandeln. Ihr Körper wird dabei schlangenförmig und färbt sich nach und nach dunkel. Da sich bei der Metamorphose auch das gesamte Verdauungssystem umgestaltet, können die Tiere in dieser Zeit keine Nahrung aufnehmen und verlieren an Gewicht und Körpergröße. Wenn die Umwandlung abgeschlossen ist, wiegen sie bei einer Länge von 6–7 cm etwa 0,3 g.

Nach drei langen Larvenjahren steht den jungen Aalen an den europäischen Küsten ein völlig neuer Lebensabschnitt bevor. Während sich manche Tiere noch einige Zeit in den Seegraswiesen der Küstengewässer aufhalten, werden die meisten magisch vom Süßwasser angezogen und nutzen den Gezeitenwechsel, um sich mit der Flut in Flußmündungen tragen zu lassen.

Bei den durchsichtigen Aallarven, die Weidenblattlarven genannt werden, kann man nicht nur jedes einzelne Muskelsegment erkennen, sondern auch alle inneren Organe. Hinter dem Auge sind die Kiemen sichtbar, vor dem Auge die Riechlamellen. Mit ihren spitzen Zähnen erbeuten die Tiere Kleinlebewesen.

Die Jungtiere stehen bereits am Anfang ihres 4. Lebensjahrs, wenn sich ihre Umwandlung von Larven in Glasaale vollzieht. Unmittelbar nach der Metamorphose sind sie völlig transparent, doch bald schon beginnen Pigmente ihre Haut dunkel zu färben: am Rücken braun und am Bauch gelblichweiß.

Vom Weidenblatt zum Aal

Zart und zerbrechlich wirken die Aallarven, in deren Körper man deutlich die Chorda, aus der später die Wirbelsäule entsteht, erkennen und die Muskelsegmente unterscheiden kann. Da diese an Blattadern erinnern, gaben die Wissenschaftler den Tieren den Namen „Weidenblattlarven". Lange wurden sie als eine eigene Fischart angesehen.

Sie wiegen am Ende ihres Larvenstadiums 0,4 g; im Verlauf der nun einsetzenden Metamorphose büßen sie nicht nur etwa 25% ihres Gewichts ein, sondern verlieren auch ihre spitzen Larvenzähne, die durch bleibende Zähne ersetzt werden. Ihre Körperform, die zuvor der schwebenden Lebensweise im Meer angepaßt war, wird nun zunehmend schmaler. Am Ende dieses Umwandlungsprozesses steht der „Glasaal", der ebensc wie die Larve zunächst durchsichtig ist; erst nach und nach färbt sich die Haut.

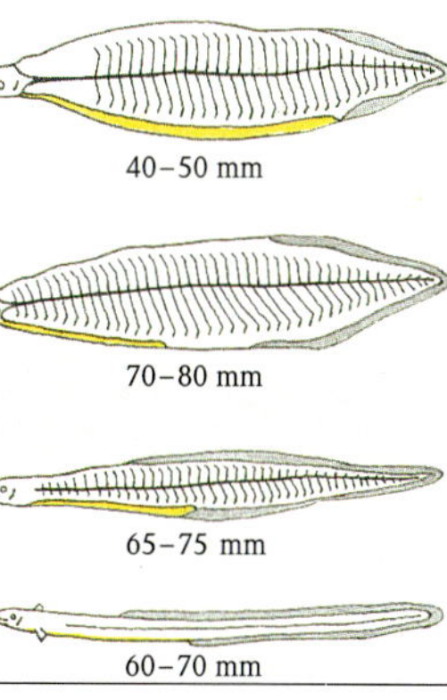

Nimmersatte Jäger

Als Weidenblattlarven erbeuten Aale mit ihren nadelförmigen Zähnen Kleinlebewesen, die im Wasser schwimmen und leicht verdaulich sind. Nach der Metamorphose in Glasaale haben sich sowohl ihr Gebiß als auch ihr Verdauungssystem auf neue Nahrung umgestellt. Aus den zierlichen Larven sind gefräßige Jäger geworden.

Wenn die Aale flußaufwärts ziehen, nehmen sie besonders viel Nahrung auf. Täglich können sie bis zu 25 % ihres Körpergewichts an Beutetieren verschlingen. Vor allem in den Monaten April bis Juli sind die Jungaale in Mittel- und Nordeuropa unersättlich, da sie nicht nur wachsen, sondern auch Fettreserven für die kalte Jahreszeit anlegen müssen. Sobald das Thermometer nämlich unter 10 °C sinkt, beginnt ihre Winterruhe, und sie stellen die Nahrungsaufnahme ein.

Im Mittelmeerraum liegen die Verhältnisse anders: Dort ist der heiße Sommer die ungünstige Jahreszeit für Aale. Wenn die Wassertemperatur auf über 30 °C ansteigt, werden die Tiere träge, legen eine Ruhepause ein und fasten.

Ihre Nahrung besteht aus allen Arten von Salz- und Süßwassertieren, insbesondere solchen, die am Grund leben, wo sich Aale die meiste Zeit aufhalten. Welche Beutetiere sie bevorzugen, hängt von ihrer Körpergröße und der Jahreszeit ab. Jungaale, die noch keine 20 cm lang sind, fressen gern Insektenlarven, Fischlaich, Regenwürmer, Schlammröhrenwürmer, Egel und kleine Krebse, die sie am Grund bzw. am Ufer der Flüsse ausfindig machen. Mit zunehmender Körperlänge erbeuten die nimmersatten Räuber immer größere Tiere; ausgewachsenen Aalen fallen sogar gelegentlich größere Fische wie Plötzen und Flußbarsche zum Opfer. Da die schlangenförmigen Aale jedoch nicht zu den schnellsten Jägern zählen, erwischen sie im freien Wasser nur selten Fische. Zu einer leichten Beute werden diese allerdings, wenn sie mit der Eiablage beschäftigt sind und deshalb herannahende Feinde nicht rechtzeitig bemerken.

Zum Aufspüren ihrer Beute bedienen Aale sich vor allem ihres Geruchssinns und weniger der Augen, was darauf zurückzuführen ist, daß sie hauptsächlich nachts jagen. Tagsüber graben sie sich meist im Schlamm oder Sand ein, so daß nur noch der Kopf herausragt. Nach Einbruch der Dunkelheit jedoch schwimmen sie am Grund der Gewässer umher und schnappen nach allem, was ihnen begegnet: Würmern, Schnecken, Libellenlarven, Käfern, Krabben, kleinen Krebsen, Fröschen und schlafenden Fischen wie Gründlingen, Kaulbarschen oder Stichlingen. Größere Aale heißen wegen ihres erstaunlichen Appetits bei den Fischern deshalb „Freßaale“.

„Was gibt es heute?“

Der Forscher Friedrich Wilhelm Tesch untersuchte, wie junge Aale ihre Ernährungsweise den Bedingungen in ihrem Lebensraum anpassen. Dabei stellte er fest, daß diese Fische im Hinblick auf ihre Beute sehr flexibel sind. Um Helgoland beispielsweise fressen die Glasaale fast nur kleine Krabben und Borstenwürmer, vor der Küste Norwegens hingegen Fische und kleine Krebse. Während in Seen und Teichen Schnecken, Insektenlarven und Würmer ganz oben auf ihrem Speisezettel stehen, sind es in Fließgewässern fast nur Insektenlarven.

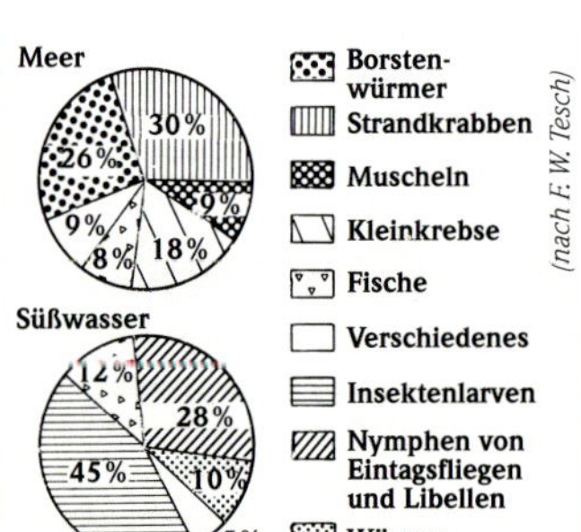

In der Nacht entfalten Aale die höchste Aktivität, da sie jetzt Flüsse und Bäche nach Nahrung absuchen, die sie mit ihrem sehr feinen Geruchssinn aufspüren. Was ihre Beutetiere anbelangt, sind sie nicht sehr wählerisch. Manchmal fallen ihnen sogar kleine Artgenossen zum Opfer.

Glasaale fressen die verschiedensten wirbellosen Tiere. Auf den beiden Bildern dieser Doppelseite sind es Schlammröhrenwürmer, die in großer Zahl am Grund von Teichen und Flüssen leben und deshalb zu den wichtigsten Beutetieren der jungen Aale zählen.

Hinauf zu den Quellen

Junge Aale leben in Wasserläufen und bewegen sich flußaufwärts, während sie heranwachsen. Immer häufiger versperren jedoch Hindernisse ihren Weg, vor allem Wehre und Staumauern, die im Zuge wasserbaulicher Maßnahmen angelegt wurden. Hier ist der Aalaufstieg in einem kleinen Fluß an der Küste des westfranzösischen Poitou dargestellt. Etwa 3 Monate benötigen die Tiere dort, um 40 km zurückzulegen. Zunächst besiedeln sie den Fluß in geringer Dichte (hellblau), später in sehr hoher (dunkelblau).

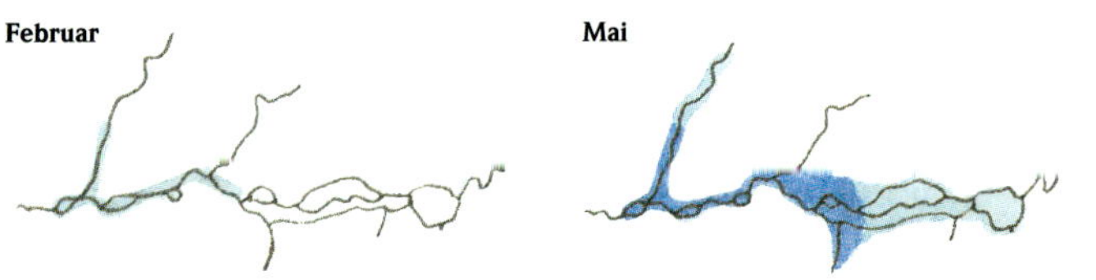

Schwimmen gegen den Strom: der Aalaufstieg

Nachdem die jungen Aale die europäischen Küsten erreicht haben, beginnt ihre mühevolle Wanderung stromaufwärts. Nach bisherigen Forschungsergebnissen werden sie beim Wechsel vom Meer in Binnengewässer weniger vom abnehmenden Salzgehalt geleitet als vielmehr von ihrem Geruchssinn; der „Geruch“ des Süßwassers zieht sie auf seltsame Weise an.

Nicht nur Glasaale machen sich auf den beschwerlichen Weg, sondern auch einige ältere Tiere, die sich vorübergehend in den Küstengewässern einquartiert hatten. Dieser sogenannte „Aalaufstieg“ erreicht seinen Höhepunkt im Frühling und Frühsommer, wenn Massen von Glasaalen in jeden größeren Fluß eindringen. Sie heißen nun in der Sprache der Fischer „Steigaale“. In der Regel schwimmen sie in Ufernähe, weil die Strömung dort schwächer als in der Flußmitte ist.

Nicht selten bilden die Steigaale dabei ein schmales Band von mehreren Kilometern Länge, das einige Millionen Individuen umfassen kann. Bekannt ist dieses Phänomen aus Frankreich, Großbritannien, Irland und von großen Flüssen, die in die Nordsee münden; heute findet man es allerdings sehr selten.

Spezialisten im Überwinden von Hindernissen

Aale bewegen sich auf ihrer Wanderung nicht durch Flossenschläge fort, wie die meisten Fische, sondern schlängeln sich mit ihrem muskulösen Körper voran. In der Regel meiden sie dabei das freie Wasser und gleiten auf dem Boden entlang.

Diese Fortbewegungsweise befähigt sie zur Überwindung von Stromschnellen oder Wasserfällen, ja sogar von Uferabschnitten und Wiesen: Wiederholt wurden schon Aale an Land beobachtet, weil ihr Heimatgewässer auszutrocknen drohte und sie gezwungen waren, sich eine neue Bleibe zu suchen.

Mit welcher Ausdauer und Zähigkeit die Tiere ihren Weg verfolgen, erkennt man beispielsweise daran, daß selbst der Rheinfall bei Schaffhausen kein unüberwindbares Hindernis für sie darstellt. Zwar müssen die meisten Aale vor den herabstürzenden Wassermassen kapitulieren, doch einige schaffen es dennoch. Selbst senkrechte Wände wie z. B. Schleusentore vermögen die Tiere zu überwinden, sofern sie sich an Unebenheiten abstützen können.

Im Verlauf der Wanderung legen die Steigaale nicht nur an Größe zu, sondern verändern auch ihr Aussehen. Nach etwa 80 km Aufstieg sind sie in der Regel 12 cm lang und schon vollständig pigmentiert: Der Oberkörper ist braun, der Unterkörper gelblichweiß. In manchen Gebieten erreichen die Tiere ihr Ziel bereits innerhalb eines Jahres, häufig nimmt die Wanderung jedoch mehrere Jahre in Anspruch. Die Tiere haben dann in der Regel eine Länge von 30 cm und heißen nun wegen ihrer gelblichbraunen Farbe „Gelbaale“.

Wenn die jungen Aale auf ihrer Wanderung flußaufwärts Ruhepausen einlegen, ziehen sie sich gern in Wasserpflanzengestrüpp zurück; es gewährt nicht nur eine gute Deckung, sondern verhindert auch, daß die Tiere von der Strömung zurückgetragen werden.

Größere Aale vergraben sich tagsüber im Schlamm oder Sand des Untergrunds, um sich vor Raubfischen zu schützen. Nur der Kopf ragt noch heraus.

Dicht wachsende Pflanzen sind auch für ältere Tiere ein gutes Versteck.

Die weite Rückkehr zum Geburtsort

Wenn die Gelbaale ihre Wanderung beendet haben, besetzen sie häufig mehrere Kilometer lange Flußabschnitte, die sie für sich allein beanspruchen. Fängt man die Tiere ein und setzt sie an einer anderen Stelle des Gewässers wieder aus, finden sie bald in ihr Wohngebiet zurück; wie sich die Aale hierbei orientieren, ist bislang jedoch nicht bekannt.

Jetzt fressen sie soviel wie möglich und wachsen auf ihre endgültige Größe heran: Männchen bis auf 40 cm, Weibchen auf 50 bis 80 cm. In manchen Gebieten benötigen sie dafür 5 Jahre, in anderen bis zu 18 Jahre. Schließlich durchlaufen die Tiere zum zweiten Mal eine Metamorphose (siehe Kasten). Außerdem lagern sie beträchtliche Fettpolster in ihrem Gewebe ein. Diese Energiereserven benötigen sie für die zweite große Wanderung ihres Lebens, die sie nach ihrem mehrjährigen Aufenthalt im Süßwasser zurück zu ihrem Ursprungsort führt. Im Lauf dieser Reise in die Sargassosee stellen die „Blankaale“, wie sie nun genannt werden, langsam die Nahrungsaufnahme ein. Es ist Herbst, wenn sie sich auf den langen Weg machen.

In 5 Monaten durch den Atlantik

Wie die Glas- und die Steigaale wandern auch die Blankaale vorwiegend in der Nacht. Da sie nun flußabwärts mit der Strömung schwimmen, legen sie jeden Tag im Mittel 25 km zurück. Auf hoher See wiederum können sie Meeresströmungen nutzen, die sie 40–50 km täglich voranbringen. Mit ihrer Hilfe erreichen sie zur Laichzeit im März die Tausende Kilometer entfernte Sargassosee.

Dort finden das Ablaichen und die Besamung statt. Wie eingangs erwähnt, können die Wissenschaftler gegenwärtig über diesen Vorgang nur Mutmaßungen anstellen, genauso wie über das weitere Schicksal der erwachsenen Aale nach der Befruchtung der Eier. Da die Tiere jedoch während der Reise rund 20 % ihres Gewichts verlieren und darüber hinaus noch unzählige Ei- und Samenzellen bilden müssen, sind sie nach der Fortpflanzung wahrscheinlich so erschöpft, daß sie sterben.

Die zweite Metamorphose der Aale

In den letzten Monaten vor ihrer Rückkehr ins Meer geht in den Aalen erneut eine grundlegende Veränderung vor. Sie entwickeln sich von Gelb- zu „Blank-“ oder „Silberaalen“; ihr Rücken wird zunehmend dunkler, und ihr Bauch und die Seiten verfärben sich silbrigweiß. Der ganze Körper glänzt nun metallisch.

Gleichzeitig spitzt sich der Kopf, der bislang eher breit geformt war, nach vorne zu, und der Durchmesser der Augen verdoppelt sich. Der Grund für diese Vergrößerung ist, daß Aale in der Tiefsee, durch die sie ihr Weg führt, lichtstarke Augen benötigen. Als weitere Anpassung an das Schwimmen in der Tiefe verlängern sich die Brustflossen.

Im Körpergewebe verändert sich der Gehalt an Salz, Wasser und Fett; darüber hinaus bildet sich der Verdauungstrakt zurück, und erst jetzt beginnen sich die Geschlechtsorgane zu entwickeln.

Aale vermeiden es, im freien Wasser zu schwimmen, sondern schlängeln sich meist über den Grund. Ihre Fortbewegungsweise erinnert eher an die von Reptilien als an die von Fischen.

Auf ihren Wanderungen sind Aale oft gezwungen, ihr Element zu verlassen, um Hindernisse zu überwinden; im Bild ein Blankaal, erkennbar an der fast schwarzen Körperoberseite, dem spitzen Kopf und den großen Augen.

Charakteristisches Merkmal der Gelbaale ist ihr „Froschmaul"; da die Haupttätigkeit der Tiere in diesem Stadium in der Nahrungsaufnahme besteht, werden sie von Fischern auch „Freßaale" genannt.

▶ *Im Gegensatz zu den großen Gelb- und Blankaalen sind die Glasaale sehr gesellig und bilden oft riesige Schwärme. Wenn sie tagsüber Schlupfwinkel aufsuchen, müssen sie sich auf engstem Raum zusammendrängen.*

Europäischer Flußaal

Anguilla anguilla

	EUROPÄISCHER FLUSSAAL
Art:	*Anguilla anguilla*
Familie:	Echte Aale
Ordnung:	Aalartige
Klasse:	Knochenfische
Maße:	Männchen in der Regel 35–45 cm; Weibchen 50–80 cm, gelegentlich bis 155 cm
Gewicht:	Männchen 80–150 g; Weibchen 250–1500 g, selten bis 6 kg
Verbreitung:	Schlüpfen in der Sargassosee. Larven treiben mit dem Golfstrom nach Europa und Nordafrika, leben dort im Süßwasser; Blankaale kehren zum Geburtsort zurück
Lebensraum:	Larven im Meer, junge und heranwachsende Aale in Flußläufen, Süß- und Brackwassersümpfen sowie klaren, kalten Bächen
Nahrung:	Krebstiere, Würmer, Insekten, Schnecken, Fische, seltener Frösche, ertrunkene Säugetiere oder Vögel; gelegentlich Kannibalismus
Sozialstruktur:	Jungtiere in großen Ansammlungen, später Einzelgänger
Geschlechtsreife:	Männchen mit 9–18 Jahren, Weibchen mit 11–22 Jahren
Fortpflanzung:	März und April
Anzahl der Eier:	1–1,5 Mio.
Brutzeit:	Wahrscheinlich 1–2 Monate
Lebensdauer:	Männchen 9–18 Jahre, Weibchen 11–22 Jahre im Freiland; in Gefangenschaft bis 85 Jahre
Bestand:	Unbekannt

In Europa kommt nur eine Aalart vor, der Europäische Flußaal, auch wenn sich die Tiere in ihren einzelnen Entwicklungsstadien sehr voneinander unterscheiden. Diese Erscheinung veranlaßte die Wissenschaftler in den vergangenen Jahrhunderten dazu, sie als getrennte Arten anzusehen.

Aale besitzen ein verknöchertes Skelett, das eine Wirbelsäule mit durchschnittlich 115 Wirbeln enthält. Sie bildet sich bei den Glasaalen aus der Chorda, einem Knorpelstab, der den Körper der Weidenblattlarven stützt. Die Zahl der Wirbel ist im Vergleich mit der anderer Knochenfische sehr hoch, denn Aale benötigen eine biegsame Wirbelsäule, da sie bei ihrer schlängelnden Fortbewegungsweise den ganzen Körper einsetzen. Aus diesem Grund können sie auch nicht besonders schnell schwimmen.

Während bei anderen Fischen Rücken-, After- und Schwanzflossen getrennt sind, haben Aale nur einen einzigen Flossensaum, der von der vorderen Rückenhälfte über den Schwanz bis in die Mitte des Bauchs reicht. Die Brustflossen ändern im Lauf der Entwicklung ihre Form: Zunächst sind sie paddelförmig, später laufen sie spitz zu.

Im Gegensatz zu den meisten Fischen können sich Aale längere Zeit außerhalb des Wassers aufhalten; da ihre Kiemenhöhlen nur jeweils eine enge, spaltförmige Öffnung unterhalb der Brustflossen besitzen, sind die Kiemen gut gegen Austrocknung geschützt. Außerdem dringen in den schmalen Spalt keine Fremdkörper ein, die die empfindlichen Atemorgane verletzen würden.

Durch ihren dunkleren Rücken sind Aale zwischen Wasserpflanzen und auf dem schlammigen Grund der Gewässer gut getarnt. Sie leben als Einzelgänger, die kaum Kontakt untereinander pflegen. Nur im Glas- bzw. Steigaalstadium bilden sie – notgedrungen – große Gemeinschaften, doch anders als bei echten Schwarmfischen wie etwa Sardinen findet keine Kommunikation zwischen den Jungaalen statt. Auch als Gelbaale bewohnen manchmal mehrere Tiere einen Unterschlupf, allerdings nur dann, wenn es nicht genügend Versteckmöglichkeiten gibt. Können jedoch alle Tiere eine eigene Höhle oder Röhre besetzen, beanspruchen sie Reviere, die sie gegen Artgenossen verteidigen. Selbst bei hohen Populationsdichten von 2–3 Tieren pro m² bekämpfen sie sich gegenseitig. Daß ausgewachsene Aale Einzelgänger sind, erkennt man u. a. am Kannibalismus, der in freier Natur allerdings weit seltener auftreten dürfte als in Zuchtbecken, wo sich viele Individuen auf engstem Raum zusammendrängen.

Weibliche Aale werden wesentlich größer als ihre männlichen Artgenossen. Da beide Geschlechter etwa gleich schnell wachsen, benötigen die Weibchen mehr Zeit zum Erreichen ihrer endgültigen Größe und werden deshalb im Mittel 3 Jahre älter. Tiere, deren Körperlänge über 50 cm beträgt, sind stets Weibchen. Gelegentlich werden riesige weibliche Aale gefangen, die nicht rechtzeitig abgewandert sind oder denen, vor allem bei isoliert liegenden Gewässern, die Rückkehr ins Meer verwehrt blieb.

Das Alter im Freiland gefangener Aale läßt sich nur schwer ermitteln. In der Regel lesen Wissenschaftler das Alter von Fischen an den Zu-

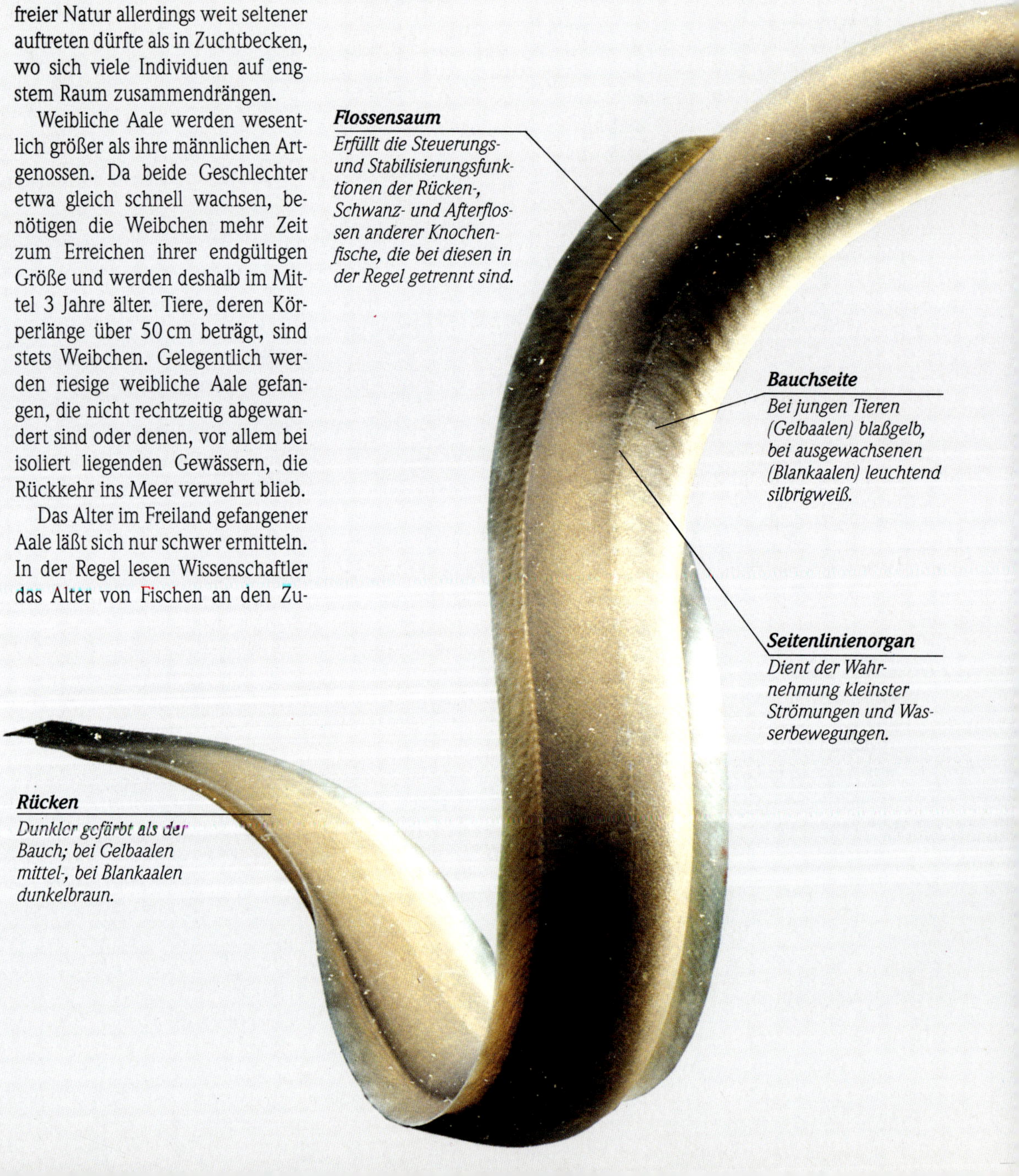

wachsstreifen ihrer Schuppen ab, da Aale jedoch nur sehr kleine Schuppen besitzen, scheidet diese Methode hier aus. Genauere Angaben erhält man durch die Untersuchung der Statolithen – im Innenohr liegende Gehörsteinchen, die dem Gleichgewichtssinn dienen. Jeder Aal besitzt drei dieser Steinchen, eines davon schon bei der Geburt. Wenn sie in einer bestimmten Art geschliffen und präpariert werden, kann man Jahresringe erkennen. Oft allerdings lassen diese Marken nur bedingt Rückschlüsse auf das Alter der Tiere zu, da ihre Deutlichkeit von mehreren Faktoren wie Nahrungsangebot, Populationsdichte und Wassertemperatur abhängt, die einen entscheidenden Einfluß auf das Wachstum der Tiere ausüben.

Maul
Groß und breit; verändert im Lauf der Entwicklung seine Form.

Kiemen
Liegen in der Kiemenhöhle, die nur eine kleine, spaltförmige Öffnung unter den Brustflossen besitzt.

Kopf
Klein und spitz, erleichtert dem Aal das Graben und die schlängelnde Fortbewegungsweise im Schlamm.

Besondere Merkmale

Auge
Im Gegensatz zu den meisten Fischen besitzt der Aal eine hochentwickelte Iris, die direkt auf Lichteinfall reagiert und den Durchmesser der Pupille entsprechend einstellt. Die Stäbchen, empfindliche Sinneszellen, stehen in der Netzhaut sehr dicht und befähigen den Aal zu einem ausgezeichneten Dämmerungssehen.

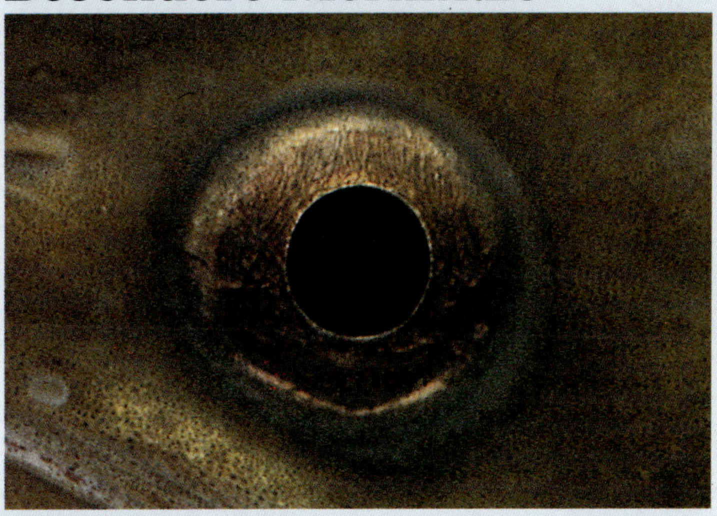

Brustflossen
Sie sitzen verhältnismäßig hoch an den Körperseiten, um den Aal beim Gleiten auf dem Grund der Gewässer nicht zu behindern. Ihre Aufgabe besteht vorwiegend in der Steuerung und Stabilisierung des Körpers. Während der Wachstumsphase sind sie klein und abgerundet; sobald das Tier zum Meer zurückkehrt, werden sie länglich und spitz, da diese Form für das Schwimmen im freien Wasser wesentlich geeigneter ist.

Geruchssinn
Das Riechvermögen des Aals übertrifft das fast aller anderen Fische. Auf jeder Seite besitzt er eine vordere und eine hintere Nasenöffnung, die weit auseinanderliegen – eine befindet sich am Vorderrand des Oberkiefers, die andere vor dem Auge. Zwischen diesen beiden Öffnungen liegt die Nasengrube und in ihr das Sinnesorgan, eine längliche Riechfaltenrosette. Sie ist mit bis zu 100 Falten ausgestattet (eine Forelle besitzt nur 15), die auf ihrer Oberfläche zahlreiche Sinneszellen enthalten. Sie sind außerdem mit Wimpern besetzt, die das Wasser ständig bewegen und so einen intensiven Wasserstrom durch die Nasenkammer erzeugen. Forscher stellten fest, daß ein Aal manche Duftstoffe noch in einer Verdünnung von rund 1:3 Trillionen wahrnehmen kann, was 1 cm³ Geruchssubstanz in der 58fachen Wassermenge des Bodensees entspricht.

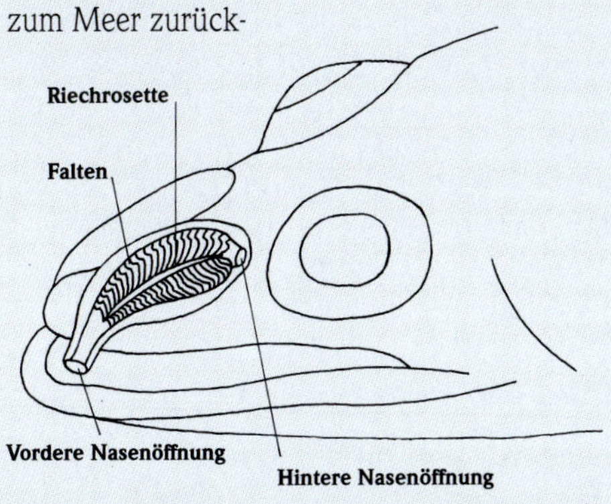

Schuppen
Anders als bei den meisten Knochenfischen liegen die Schuppen des Aals nicht an der Körperoberfläche dachziegelähnlich übereinander, sondern sind tief in die Haut eingebettet. Die höchstens 2 mm langen, elliptischen Aalschuppen sind parkettförmig abwechselnd senkrecht zueinander angeordnet. Sie werden erst gebildet, wenn das Tier eine Körperlänge von 16–18 cm erreicht hat. Da man die Schuppen normalerweise nicht sieht, erscheint die Haut des Aals glatt. Sie ist sehr dick und von einer schützenden Schleimschicht überzogen, weil sie die Aufgabe der Schuppen teilweise mitübernehmen muß.

Andere Arten

Zu den Aalartigen gehören 26 Familien, von denen die Echten Aale, die Muränen und die Meeraale besonders bekannt sind. Darüber hinaus zählen zu ihnen aber auch solche ungewöhnlichen Fische wie die geselligen Röhrenaale, die oft zu Tausenden nebeneinander Röhren im Sandboden bewohnen, aus denen lediglich ihre Vorderkörper herausschauen. Bei Gefahr ziehen sich die Tiere blitzschnell zurück.

In der Familie der Pelikanaale gibt es Vertreter mit einem riesigen Kopf, der fast nur aus dem unförmigen Maul besteht, mit dem sie Krebse fangen. Ebenso wie die Pelikanaale leben auch die Vertreter der Familie der Schnepfenaale in der Tiefsee; ihr Kopf läuft lang und spitz in einer Art Schnabel aus.

Die Familie der Echten Aale, zu der der Europäische Flußaal gehört, enthält nur eine Gattung, *Anguilla*, mit 16 Arten. Sie alle laichen im Meer und verbringen den größten Teil ihres Lebens im Süßwasser; bei manchen Arten kennt man allerdings die Lage des Fortpflanzungsgebiets nicht genau. Dem Europäischen Flußaal am nächsten steht der Amerikanische Aal, der sich ebenfalls in der Sargassosee fortpflanzt. Seine Larven benötigen jedoch nur 1 Jahr, bis sie sich zu Glasaalen umgewandelt haben. Bei den tropischen Aalen entfällt in der Regel eine lange Wanderung, da sie nahe der Küsten aus den Eiern schlüpfen.

Die einzelnen Arten unterscheiden sich in ihrer Verbreitung, in der Größe ihres Flossensaums, ihrer Wirbelzahl, ihrer Länge und ihrer Körperfärbung.

AMERIKANISCHER AAL
Anguilla rostrata
Im Mittel 107 Wirbel.
In Flüssen im Osten Nordamerikas und des nördlichen Südamerikas sowie in Südgrönland und der Karibik. Fortpflanzung in der Sargassosee.

JAPANISCHER AAL
Anguilla japonica
Im Mittel 116 Wirbel.
Japan und China. Fortpflanzung im Nordpazifik. Von großer wirtschaftlicher Bedeutung.

NEBELAAL
Anguilla nebulosa
Ostküste Afrikas, Madagaskar, Indien, Birma, Sri Lanka; Fortpflanzung der afrikanischen Tiere östlich von Madagaskar. Marmorierte Haut. Wird auch Zwieselaal genannt.

ZWEIFARBIGER AAL
Anguilla bicolor
Indien, Birma, Indonesien, Neuguinea, Nordwestaustralien, Inseln des Indischen Ozeans, Madagaskar, ostafrikanische Küste. Fortpflanzung der Populationen des Indischen Ozeans bei Westjava, der des Pazifik in der Celebessee. Einfarbig dunkler Rücken, kurzer Flossensaum.

MARMORIERTER AAL
Anguilla marmorata
Weitestes Verbreitungsgebiet von allen Aalen: Südostküste Afrikas, Inseln im Indischen Ozean, Sumatra, Taiwan, Südjapan, Philippinen, Südseeinseln. Fortpflanzungsgebiet westlich von Neuguinea. Marmorierte Haut, langer Flossensaum.

MOSAMBIK-AAL
Anguilla mossambica
Südostküste Afrikas bis zum Kap, Madagaskar; südlichste Aalart. Fortpflanzungsgebiet östlich von Madagaskar.

CELEBES-AAL
Anguilla celebesensis
Philippinen, Indonesien, Neuguinea. Fortpflanzung in der Celebessee.

BORNEO-AAL
Anguilla borneensis
Teile der Insel Borneo. Fortpflanzung in der Celebessee.

NEUGUINEA-AAL
Anguilla interioris
Neuguinea. Fortpflanzung östlich von Neuguinea.

Anguilla obscura
Südseeinseln, Molukken. Fortpflanzung östlich von Neuguinea.

REINHARDTS AAL
Anguilla reinhardti
Ostküste Australiens. Fortpflanzung bei den Fidschiinseln.

RIESENMAULAAL
Anguilla megastoma
Südseeinseln. Fortpflanzung östlich von Neuguinea.

RIESENAAL
Anguilla dieffenbachi
Neuseeland. Größte Aalart; Weibchen können bis 1,8 m lang und 18 kg schwer werden.

AUSTRALISCHER AAL
Anguilla australis
Südostaustralien, Tasmanien, Neuseeland, Neukaledonien. Fortpflanzung nahe den Fidschiinseln.

Anguilla ancestralis
Nordostsulawesi. Fortpflanzung in der Celebessee. Urtümliche Art, die den Ahnen der Aale vermutlich sehr ähnlich ist.

Australischer Aal *(Anguilla australis)*

Muränen und Meeraale

Gut getarnt lauern die Muränen in Felsritzen, um blitzschnell vorzuschnellen und ihr Opfer zu ergreifen. Beim Zubeißen spritzen sie Gift in die Beutetiere. Auch die Meeraale verfügen über scharfe Zähne, allerdings besitzen sie kein Gift. Im Gegensatz zu den Echten Aalen sind die Schuppen der Meeraale und Muränen völlig rückgebildet, den Muränen fehlen außerdem noch die Brustflossen.

Muränen leben vorwiegend in den Tropen, sind jedoch auch im Mittelmeer mit vier Arten vertreten. Die Mittelmeermuräne *(Muraena helena)* ist ein begehrter Speisefisch. Manche Mitglieder der Familie, wie die Blattnasenmuränen, haben an den vorderen Nasenöffnungen blattartige Anhängsel. Einige Arten sind Zwitter, bei denen jedes Tier nacheinander ein männliches und ein weibliches Stadium durchläuft.

Meeraale kommen in den warmen und gemäßigten Breiten der Erde vor. Fast alle Meere und Ozeane besiedelt der bis zu 3 m lange Meeraal *(Conger conger)*. Ein einziges Weibchen dieser Art kann bis zu 8 Mio. Eier ablegen. Die Jungtiere durchlaufen wie die Echten Aale die Entwicklungsphase von Weidenblattlarven.

Riffmuräne *(Gymnothorax morday)*

Blattnasenmuräne *(Rhinomuraena amboiensis)*

Aale in ihrem Lebensraum

Europäische Flußaale zählen nicht nur zu den häufigsten Fischen unseres Kontinents, sondern auch zu den am weitesten verbreiteten. Dank ihrer Fähigkeit, sich auf Temperaturschwankungen und unterschiedliche Salzkonzentrationen einzustellen, kommen sie in den verschiedensten Lebensräumen vor. Sie leben in Lagunen, Brackwassersümpfen und allen Abschnitten der Fließgewässer.

Bevorzugt besiedeln sie flache, stehende Gewässer wie Teiche, Seen und Sümpfe, in deren schlammigem Grund sie sich gut eingraben können. Doch auch in klaren Bächen sind sie manchmal in großer Zahl verbreitet, mitunter sogar zusammen mit Forellen. Obwohl Aale wärmere Gewässer bevorzugen, nehmen sie gegebenenfalls auch mit kalten Bächen vorlieb.

In manchen Fließgewässern breiten sich Aale immer mehr aus, während Forellen und verwandte Fischarten zurückgedrängt werden und verschwinden. Eine Zeitlang machten verärgerte Angler die Aale für den Rückzug der Forellen verantwortlich, doch bald erwies sich, daß diese Entwicklung auf die zunehmende Wasserverschmutzung zurückzuführen war. Forellen sind auf saubere, sauerstoffreiche Bäche angewiesen und reagieren auf Verunreinigungen sehr empfindlich. Sterben sie in den betreffenden Gewässern aus, wird neuer Lebensraum für Aale geschaffen, die mit der Wasserverschmutzung wesentlich besser fertig werden.

Die Bestandsdichte der Aale weist deutliche regionale Schwankungen auf. In Fließgewässern erreicht sie in der Regel doppelt so hohe Werte wie in Seen und Teichen. Doch auch Fluß ist nicht gleich Fluß; in einem Wasserlauf nahe der Elbmündung beispielsweise ergab eine Bestandsaufnahme rund 30 Aale pro ha, im Mündungsbereich kleiner Flüsse an der französischen Westküste zählte man dagegen 100 Aale pro ha.

Große und kleine Feinde

Aale stellen für viele Wasserbewohner gefährliche Feinde dar; allerdings fallen auch sie häufig anderen Tieren zum Opfer. In ihren ersten Lebensjahren sind die Verluste besonders groß, denn als Weidenblattlarven können sie nicht vor Jägern flüchten. Wieviel Prozent der Larven, die aus den 1–1,5 Mio. Eiern eines Flußaalweibchens schlüpfen, die europäischen Küsten erreichen, ist allerdings nicht bekannt.

Nun lauern in Flüssen und Bächen neue Gefahren, vor allem in Form von Raubfischen wie Welsen, Hechten und Zandern. Sind die Jungtiere zu Gelbaalen herangewachsen, wird ihnen auch noch von anderen Fischfressern, wie z. B. Fischottern, Reihern und Kormoranen, nachgestellt. Dort, wo Aale sehr häufig sind, kann die Nahrung ihrer Feinde sogar zu mehr als 50 % aus den schlangenförmigen Fischen bestehen.

Über diese Freßfeinde hinaus können lästige Schmarotzer und Krankheiten den Tieren gefährlich werden. Dazu gehören die bis 2 cm langen Aalkratzer, Würmer mit einem hakenbesetzten Rüssel, die sich in der Darmwand festsetzen. Häufig ist über die Hälfte einer Aalpopulation von dieser Wurmart befallen. Fadenwürmer der Art *Philometra abdominalis*, die in der Leibeshöhle der Aale leben, galten früher als Jungaale.

Erst vor rund 10 Jahren wurde eine Fadenwurmart der Gattung *Anguillicola* aus Asien eingeschleppt, die die Schwimmblase der Aale so stark schwächt, daß sie während der Rückkehr zu ihrem Laichgebiet verenden. Der Einzeller *Ichthyophthirius multifiliis* vermag innerhalb weniger Tage eine ganze Population zu schädigen.

Aber auch Krankheiten wie die durch ein Bakterium hervorgerufene Salzwasseraalseuche enden meist tödlich. In der Ostsee verursachte diese Aalseuche in den Jahren 1930–1932 ein katastrophales Fischsterben. Durch Viren entsteht die Blumenkohlkrankheit, bei der den Tieren vor allem am Maul unförmige Geschwülste wachsen. Diese Fischkrankheit, die durch die Gewässerverschmutzung begünstigt wird, breitet sich seit 1950 nicht nur unter den Aalen, sondern auch unter anderen Fischarten aus.

Trotz der heimlichen Lebensweise der Aale gelingt es gelegentlich Kormoranen, diese Fische zu erbeuten.

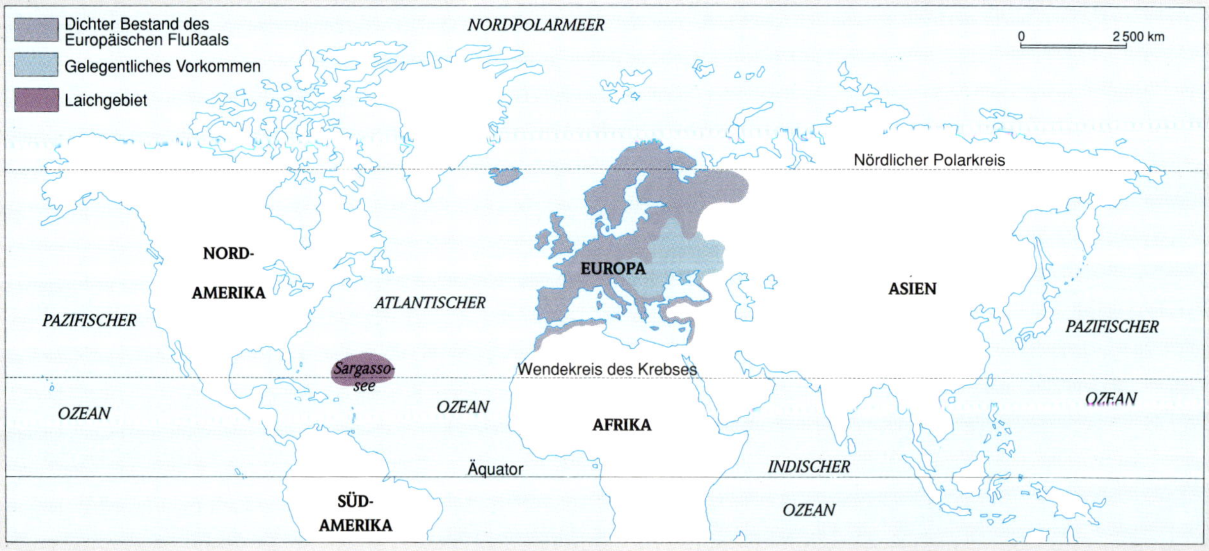

Europäische Flußaale sind in ganz Europa und im Mittelmeerraum verbreitet – von Island und Lappland bis nach Nordafrika und Israel. Zweimal gehen die Tiere auf große Wanderschaft: einmal am Beginn ihres Lebens, nachdem sie in der Sargassosee geschlüpft sind, und das zweite Mal, um zu ihrem Geburtsort zurückzukehren und für Nachkommen zu sorgen.

Ende der Wanderung: unüberwindliche Hindernisse von Menschenhand

Seit Jahrhunderten gelten Aale wegen ihres schmackhaften Fleischs als Leckerbissen. Deshalb hat die Aalfischerei eine lange Tradition, vor allem in Norddeutschland, wo der Aal nach wie vor der „Brotfisch“ der Binnenfischerei ist. Überall jedoch, wo der Aalfang unter wirtschaftlichen Gesichtspunkten betrieben wird, achtet man darauf, daß die Gewässer nicht überfischt werden. So stellt weniger die Fischerei eine ernsthafte Gefahr für die Tiere dar als vielmehr die Regulierung der Flüsse, die die Anlage von Schleusen und Staumauern vorsieht, welche wiederum für die Aale vielerorts unüberwindliche Hindernisse bleiben.

Geräuchert, geröstet, gebacken: Aale als Delikatesse

Aale sind begehrte Speisefische, für deren Zubereitung es viele hundert Rezepte gibt. Wie die „zweckmäßige Zurichtung“ auszusehen hat, darüber gehen die Meinungen wie in allen Geschmacksfragen auseinander; geräuchert wird das fettreiche Aalfleisch sicher am häufigsten verzehrt.

Vor den Verzehr allerdings haben die Götter den Fang gesetzt. Einen Aal mit der Hand zu greifen ist nicht einfach; ganz treffend wird denn auch jemand als „aalglatt“ bezeichnet, wenn er sich aus jeder Situation erfolgreich herauszuwinden vermag. Deshalb mußten die Fischer beim Fang von Aalen besonders findungsreich sein.

Einfallsreiche Fangmethoden

Günter Grass schildert in seinem Roman *Die Blechtrommel* in einer Szene, wie der Aalfang in einer Flußmündung an der Ostseeküste betrieben wurde. Man versenkte den Kopf eines frisch getöteten Pferdes als Köder im Wasser und wartete, bis sich die Fische einfanden. Sehr wirtschaftlich war diese Methode sicherlich nicht; Berufsfischer arbeiten auf andere, rationellere Weise.

Kleinere Aale fängt man während ihres Aufstiegs häufig mit sogenannten „Hamen“, großen, länglichen Netzsäcken, die in die Strömung gestellt werden. Die Tiere sammeln sich im stark verengten hinteren Teil, den sie aus eigener Kraft nicht mehr verlassen können. Nach demselben Prinzip funktionieren Aalkörbe und Reusen, die es in verschiedenen Größen und Formen gibt. Aalreusen bestehen in der Regel aus mehreren hintereinanderliegenden Körben, die sich nach hinten bis auf einen kleinen Durchschlupf verjüngen, wodurch den Tieren der Rückweg ins freie Wasser versperrt wird.

Größere Aale fangen die Fischer oft mit sogenannten Aalschnüren, die aus einer langen Leine bestehen, an der zahlreiche Schnüre mit Ködern befestigt sind. Freizeitangler arbeiten jedoch meist mit einfachen Angeln; als Köder dient ein Wurmknäuel, in das sich die Aale verbeißen.

Früher erlegten Aalfischer ihre Beute oft mit sogenannten Aalspeeren, die die Tiere gleichzeitig einklemmten und aufspießten. Heute ist diese Methode, bei der die Tiere meist schwere Verletzungen erleiden, in Deutschland nur noch eingeschränkt erlaubt. In manchen Ländern Europas wird sie aber noch häufig angewendet.

Kein Tier für Zuchtfabriken

Während sich Forellen und andere Speisefische leicht züchten lassen, indem Rogen (Eier) und Milchner (Samenflüssigkeit) gut durchmischt werden, scheidet diese Möglichkeit beim Aal aus. Bislang ist es noch nicht gelungen, reife Keimzellen von Aalen zu gewinnen. Demgegenüber haben in Japan die Haltung und Mast des Japanischen Aals in speziellen Teichen eine lange Tradition. Die Tiere kommen als Glasaale in Zuchtbecken und wachsen bei guter Fütterung schnell heran. Seit 1879 wird diese Zucht betrieben, und seit etwa 1950 übersteigt die Menge der gezüchteten Tiere auf dem japanischen Markt die der in natürlichen Gewässern gefangenen beträchtlich. Von den rund 66 000 t Aalen, die weltweit jedes Jahr aus Zuchtanlagen verkauft werden, produziert Japan 40 000 t.

Dieser Aal wurde mit einer Aalklemme aus dem Schlamm eines Flusses gezogen. In Deutschland ist der Gebrauch dieses Fanggeräts, mit dem das Tier meist schwer verletzt wird, inzwischen weitgehend verboten. Die meisten Aale werden heute mit Netzen und verschiedenen Reusenkonstruktionen gefischt.

Glasaale können die Fischer nur mit äußerst feinen Netzen fangen, deren Maschenweite nicht einmal 1 mm beträgt. Die Ausbeute ist besonders groß, wenn sich die jungen Aale nachts von der Flut weit ins Land tragen lassen.

Wesentlich schwieriger läßt sich der Europäische Flußaal halten, wenngleich die Tiere bereits seit mehreren Jahrhunderten in den Lagunen von Comacchio (Italien) als Glasaale gefangen und herangefüttert werden, um sie schließlich verkaufen zu können. In Mitteleuropa war der Aalzucht bislang wenig Erfolg beschieden; von den in Europa konsumierten 22 000 t Aal stammen nur 8000 t aus der Zucht.

Kein Platz für Aale in regulierten Flüssen und Bächen

Obwohl Aale Wasserfälle bei ihrem Aufstieg mit unglaublicher Zähigkeit meistern, scheitern sie immer häufiger vor Staumauern und Wehren. Allein im Main treffen sie auf 38 solcher Sperren. Aale können diese Hindernisse meist auch nicht über Land „umwandern", weil zahlreiche Flüsse mit glatten Betonmauern begradigt sind, die den Fischen das Hochklettern verwehren. Da die Tiere jedoch große wirtschaftliche Bedeutung für die Fischerei besitzen, versucht der Mensch, ihnen den Aufstieg zu erleichtern. Dazu werden beispielsweise an Staumauern „Leitern" aus Reisigbüscheln aufgehängt, an denen sich die Glasaale leicht hinaufschlängeln können.

Inzwischen hat die Verbauung der Flüsse schon vielerorts zum Verschwinden der Aale geführt, vor allem in den für die Tiere unerreichbaren Oberläufen der Flüsse. Weil natürliche Maßnahmen zur Wiederansiedlung meist zu kostspielig sind, wird künstlich nachgeholfen. Dazu setzt man Glasaale, die an anderer Stelle gefangen wurden, wieder in die Gewässer ein, die früher zu ihrem ursprünglichen Verbreitungsgebiet zählten.

Doch selbst wenn sie ihr Ziel erreicht haben, sind die Aale noch nicht vor den Tücken der Zivilisation sicher; auf ihrer Rückkehr ins Meer lauern neue Gefahren auf sie. Vor allem in den Turbinen von Wasserkraftwerken verlieren zahlreiche Aale ihr Leben. Bei einer Untersuchung an dem Stauwehr eines Wasserkraftwerks stellten Wissenschaftler fest, daß 20 % der abwandernden Blankaale durch die Turbinen verletzt oder getötet wurden.

Glasaalfang: Keine Verletzungen bitte!

Solange die Europäischen Flußaale als Larven im Golfstrom treiben, sind sie vor den Netzen der Fischer sicher, doch sobald sie sich in Glasaale verwandelt haben, erwacht das wirtschaftliche Interesse der Menschen an ihnen. In vielen Gebieten werden massenhaft Glasaale im Mündungsbereich der Flüsse gefangen. Sehr feine Netze mit nicht einmal 1 mm Maschenweite sind notwendig, um die zarten, dünnen Tiere nicht zu verletzen. Eine andere Methode besteht darin, daß hinter Aalleitern geschlossene Auffangbecken montiert werden, in denen sich die Tiere nach und nach sammeln. Die größten Glasaalfänge verzeichnet jährlich Frankreich, aber auch in England und Deutschland, in den Niederlanden und in Marokko landen Millionen der jungen Fische in Transportkisten. Viele der an der französischen Atlantikküste gefangenen Glasaale (300–400 t pro Jahr) gelangen nach Spanien, wo sie als Speisefisch sehr geschätzt sind und teuer bezahlt werden.

Die meisten gefangenen Jungaale werden jedoch als „Setzaale" in Gewässern ausgesetzt, in denen sie zu Gelbaalen heranwachsen. Bereits 1908 richtete man in Südengland eine regelrechte Glasaal-Fangstation ein, von der jedes Jahr Millionen Aale nach Deutschland exportiert wurden.

Bald nur noch künstlich ausgesetzt?

Es gibt viele Anzeichen dafür, daß Aale in europäischen Gewässern seltener werden: 1980 fing man in Frankreich 2000 t Glasaale (2700 t in ganz Europa), 1989 waren es nur noch 350 t. In vielen Wasserläufen, die früher für ihre Aalvorkommen bekannt waren, leben heute überhaupt keine Aale mehr. Fast verschwunden sind sie bereits aus den Bächen Südwestfrankreichs. Um ihre Bestände für die Zukunft zu sichern, wären dringend Maßnahmen auf internationaler Ebene erforderlich.

Ein harter Brocken für die Wissenschaftler

Obwohl seit rund 90 Jahren bekannt ist, daß sich der Europäische Flußaal in der Sargassosee fortpflanzt, konnten Forscher noch nie die Eiablage und das Schlüpfen der Larven beobachten.

Um diese und weitere Wissenslücken zu füllen, koordiniert seit 10 Jahren eine Gruppe von Fachleuten alle Studien, die versuchen, mehr Licht in das nächtliche Leben dieser Fische zu bringen. Insbesondere sollen in einem internationalen Projekt die Wanderungen der Blankaale durch den Atlantik zur Sargassosee verfolgt werden. Schon heute ist sicher, daß bei dieser Expedition neue, interessante Tatsachen über das rätselhafte Leben der Aale zutage gefördert werden.

Aufgestaute Mühlbäche, die den Antrieb des Mühlrads besorgten, boten sich früher besonders für den Aalfang an. In langen Netzen, die von Ufer zu Ufer gespannt wurden, verfingen sich die flußabwärts wandernden Blankaale. Obwohl heute kaum noch Wassermühlen in Betrieb sind, ist das Fischen mit solchen Netzen in vielen Gebieten nach wie vor üblich. Doch in den meisten mitteleuropäischen Fließgewässern leben ohnehin keine Aale mehr, da Staustufen und Wehre Hindernisse darstellen, die die Tiere trotz ihrer erstaunlichen Kletterfähigkeit nicht überwinden können.

KORALLEN

Jahrmillionen bevor der Mensch Einfluß auf die Gestalt der Erdoberfläche zu nehmen begann, hatten zarte Blumentiere bereits die gewaltigsten Bauwerke geschaffen, die es auf unserem Planeten gibt: Korallenriffe. Diese faszinierenden Tier- und Pflanzenoasen inmitten unendlicher Wasserwüsten – neben den tropischen Regenwäldern die artenreichsten Ökosysteme der Erde – sind das Ergebnis einer vollkommenen Lebensgemeinschaft von Korallenpolypen und Algen.

Vor rund 700 Mio. Jahren, im Präkambrium, tauchten erstmals vielzellige Tiere in den Meeren auf. Aus ihnen entwickelten sich bald die ersten Hohltiere, deren einfachste Vertreter nur aus zwei Zellschichten bestehen, in denen einige spezialisierte Zellen liegen. Zu diesem ursprünglichen Tierstamm gehören auch die Korallen, die jedoch einen komplizierteren Bau aufweisen. Sie traten erstmals im Kambrium, vor rund 550 Mio. Jahren, auf.

Schon damals gab es in den urzeitlichen Meeren, die wärmer waren als unsere heutigen Ozeane, riesige Riffe. Diese wurden allerdings nicht von Korallen erbaut, sondern von Algen. Erst im Silur (vor 440 – 400 Mio. Jahren) entstanden auch mächtige Korallenriffe. Seit dieser Zeit prägen die primitiven Tiere durch ihre langsame, aber stetige Kalkabscheidung das Bild unserer Erde.

Nicht nur unter dem Meeresspiegel finden sich die Ergebnisse ihrer Bautätigkeit, sondern auch auf dem Land, denn durch die Auffaltung der Erdkruste, bei der in Jahrmillionen hohe Gebirgszüge entstanden, wurde der Meeresboden oft mehrere tausend Meter emporgehoben. Der Druck, der dabei herrschte, veränderte zwar die Struktur der Kalkkristalle, doch läßt sich der von Korallen gebildete Kalkstein daran erkennen, daß er nicht aus klaren Schichten wie die Ablagerungsgesteine besteht. So sind etwa die Dolomiten mit ihren bizarren Felstürmen fossile Korallenriffe der Trias (vor 225–180 Mio. Jahren), die im Zuge der Alpenauffaltung angehoben wurden. Auch die Schwäbische Alb sowie der Französische und der Schweizer Jura zeugen von der Tätigkeit der Tiere, in diesem Fall aus dem Jura (vor 180 – 135 Mio. Jahren).

Schon damals lebten die Korallen in großen Stöcken, die durch ungeschlechtliche Vermehrung aus einem einzigen Tier, einem Polypen, entstanden. Heute verhält es sich ebenso; und auch sonst hat sich diese Tiergruppe im Lauf der Zeit kaum weiterentwickelt, zumindest was die Skelette anbelangt, denn nur diese sind in der Regel von ihnen erhalten geblieben. Offenbar unterscheiden sich die Steinkorallen, die heute in unseren Meeren leben, nur unwesentlich von denen des Kambriums.

Prall gefüllt ist der Schlund dieser Korallenpolypen der Gattung Favia *– allerdings nicht mit Nahrung, sondern mit Fortpflanzungszellen. In einer einzigen Nacht entlassen sämtliche Korallen zahlloser Arten ihre Eier und Samenzellen zu Bündeln verpackt ins Wasser. Die runden Pakete steigen langsam zur Oberfläche, wo sie ihren Inhalt freisetzen. Nach der Befruchtung entwickeln sich Larven, die zum Boden zurückkehren, sich dort festheften und einen neuen Korallenstock bilden.*

Nur im sonnendurchfluteten Wasser tropischer Meere können Korallenriffe entstehen. Oft bilden sie, wie hier vor Moorea, einer Insel bei Tahiti, viele Kilometer lange Wälle, auf denen unablässig Abertausende von Polypen ihre Kalkskelette errichten.

Dank seiner besonderen Wuchsform bietet dieser Korallenstock der Gattung Montipora *den verschiedensten Tieren Unterschlupf in Kammern und Ritzen. Er wächst nach allen Seiten am Boden und kann im Indischen und im Pazifischen Ozean riesige Flächen bedecken.*

Zierliche Baumeister mit mikroskopisch kleinen Helfern

Ein Korallenstock besteht aus vielen einzelnen Tieren, den Polypen, sowie dem von ihnen gemeinschaftlich abgeschiedenen Kalkskelett. Als Außenskelett entsteht dieses an der Außenseite ihres Körpers, genauer: an der Fußscheibe. Dort ist es durch zahlreiche senkrechte Platten gegliedert, die sternförmig zur Mitte des Tiers laufen. In die schützenden Räume zwischen den Platten kann sich der Polyp fast vollständig zurückziehen.

Ohne Licht keine Korallen

Lediglich in tropischen Breiten, wo die Temperatur der Ozeane meist 25–29 °C beträgt, können sich Korallenriffe bilden, aber auch dort nur bis zu einer Wassertiefe von etwa 45 m. Der Grund hierfür ist, daß die einzelligen Algen, mit denen Riffkorallen in Symbiose (Gemeinschaft zu gegenseitigem Nutzen) leben, eine bestimmte Lichtmenge zur Aufrechterhaltung ihres Stoffwechsels benötigen. Jeder Polyp beherbergt diese Algen in den Zellen seines Körpers. Die pflanzlichen Gäste, die eine gelbbraune Farbe besitzen und „Zooxanthellen" genannt werden, sind sehr anspruchsvoll. Optimale Lebensbedingungen finden sie in den lichtreichen und warmen oberen Wasserschichten vor, weshalb die Verbreitung von riffbildenden Korallen auf diese Zonen der tropischen Meere beschränkt ist.

Doch die Algen profitieren nicht nur von ihren Trägern, indem diese ihre Bautätigkeit ausschließlich in solchen Bereichen entfalten, die günstige Voraussetzungen für den Stoffwechsel der Pflanzen bieten, sondern sie tragen ganz entscheidend zur Bildung des Korallenstocks bei! Um diesen Vorgang zu verstehen, muß man wissen, daß der Grundstoff für das Kalkskelett, das Calcium, in gelöster Form im Wasser vorliegt. Es fällt nur dann als unlöslicher Kalk (Calciumcarbonat) aus, wenn dem Wasser Kohlendioxid entzogen wird, und ebendies bewirken die Algen bei der Photosynthese: Unter Ausnutzung der Energie des Sonnenlichts nehmen sie Kohlendioxid auf, verarbeiten es z. B. zu Kohlehydraten und scheiden gleichzeitig den für ihren tierischen Partner lebenswichtigen Sauerstoff aus. Der Kalk kristallisiert nun und wird zur kelchförmigen Fußscheibe des Polypen weitergeleitet, wo er nach außen wandert.

Riffkorallen zeigen eine phantastische Formen- und Farbenvielfalt. Auf dem unteren Foto, das im Großen Barriereriff gemacht wurde, sind ein Hirnkorallenstock und Baumkorallen zu sehen.

Leuchtend orange präsentieren sich die Korallen der Gattung Tubastraea *auch dann, wenn sich die Polypen wie auf dieser Abbildung in ihr Skelett zurückgezogen haben.*

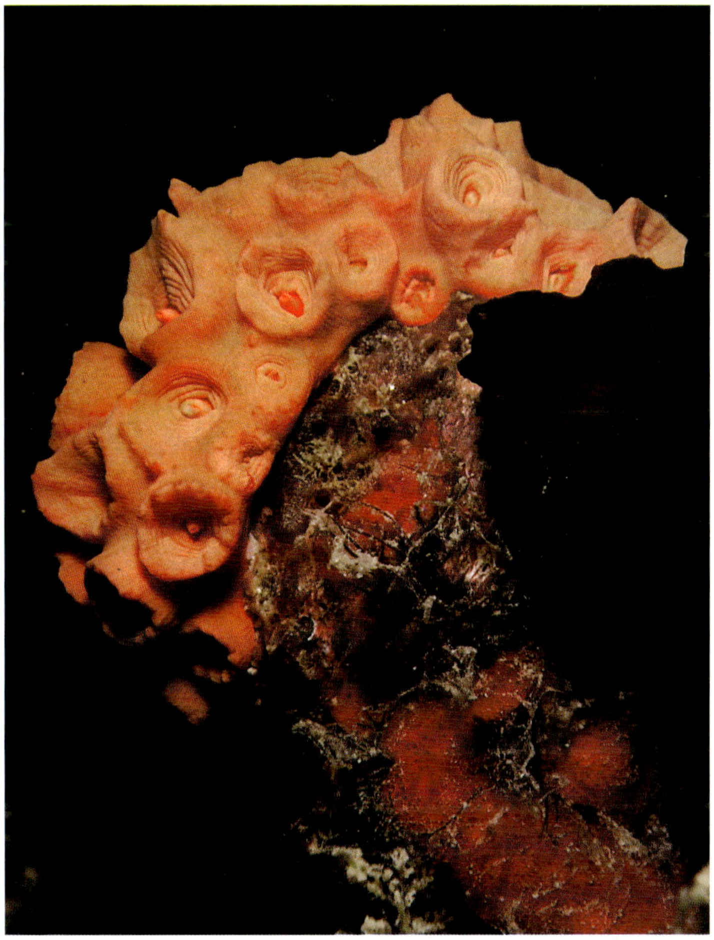

Fleischfresser und Selbstversorger

Wie die meisten Hohltiere ernähren sich auch Korallen von kleinen Tieren, die sie mit speziellen Fangeinrichtungen an ihren Tentakeln (Armen) erbeuten. Lange Zeit nahm man an, daß diese Art des Nahrungserwerbs auf alle Korallenarten zutreffe, doch bei näherer Untersuchung kamen ganz verschiedene Ernährungsweisen in dieser Tiergruppe zum Vorschein.

Viele Korallen fressen tierisches Plankton, also kleine, im Wasser schwebende Krebse und andere Lebewesen, welche sie vorwiegend nachts erbeuten, wenn die Kleintiere aus der Tiefe in höhere Wasserschichten aufsteigen. Tagsüber ziehen die Polypen ihre Tentakel ein, und die Korallenstöcke lassen nichts von ihrer nächtlichen Schönheit erahnen.

Bei den Pilzkorallen gelangt die Nahrung durch einen von Wimpern erzeugten Strom in die Mundöffnung – wie auf einem Förderband. Bei anderen Arten wird sie mit Hilfe komplizierter Fangwerkzeuge (siehe Kasten) festgehalten und zum Schlund geführt.

Perfektes Recycling

Doch ausgerechnet in den warmen Meeren der Tropen enthält das Wasser meist sehr wenig Plankton. Wovon sich die Polypen dort ernähren, blieb lange ein Rätsel; erst vor wenigen Jahren konnten Forscher herausfinden, daß zwischen den Polypen und den Algen ein Nährstoffaustausch stattfindet. Die Tiere nehmen über ihre Körperoberfläche Nitrate und andere Mineralstoffe aus dem Wasser auf, die die Zooxanthellen zur Produktion von Aminosäuren und anderen Verbindungen benötigen, und von diesen Stoffwechselprodukten der Algen leben die Polypen. Jeder Stoff, den einer der beiden Partner ausscheidet, wird vom anderen sofort weiterverwendet – Recycling in höchster Vollendung. Manche Korallenarten beziehen über 80 % ihrer Nährstoffe von den Algen, mit denen sie in Symbiose leben. Sie beherbergen in ihren Zellen ungefähr 1 Mio. Zooxanthellen pro cm^3.

Gefährliche Waffen

An den wehrhaften Tentakeln der Korallenpolypen sitzen Tausende winziger Nesselkapseln, die Gift enthalten. Jede Nesselzelle trägt einen kleinen Fortsatz an ihrer Oberfläche, bei dessen Berührung die Kapsel aufreißt und sich der Nesselfaden blitzschnell nach außen stülpt. Er trägt Stilette, winzige Dornen, die Wunden in das Beutetier ritzen, in die das Gift eindringen kann. Bei einigen Arten sind die Nesselfäden von einer klebrigen Substanz überzogen, an der die Beute hängenbleibt. Jede Kapsel kann nur einmal „abgeschossen" werden, doch besondere Zellen bilden ständig neue nach.

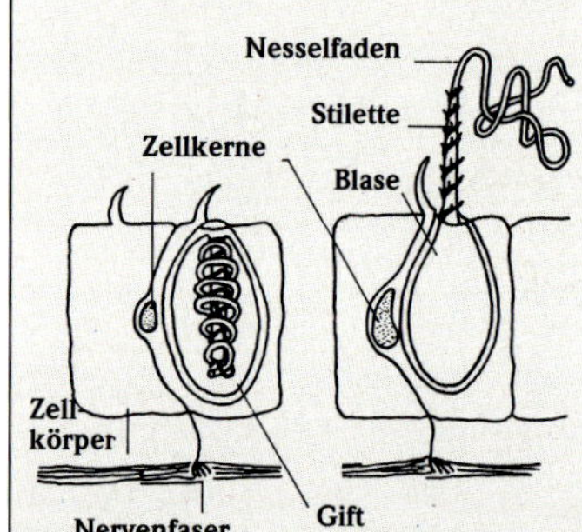

Während die meisten Korallen die Tagesstunden im Schutz ihres Skeletts verbringen, lassen die Polypen der Gattung Goniopora *ihre Tentakel immer ausgestreckt. Bei der Art* Goniopora djiboutiensis *(unten) sind die Arme zu kleinen Stummeln zurückgebildet.*

Nachts, wenn kleine Beutetiere aus tieferen Schichten an die Wasseroberfläche steigen, breiten die Korallenpolypen der Gattung Tubastraea *ihre Tentakel weit aus. Sie sind von unzähligen winzigen Nesselkapseln übersät, die bei Berührung Gift in das Opfer spritzen. Dadurch wird es gelähmt, und die Arme können es zur Mundöffnung befördern. Bei Tagesanbruch ziehen sich die Polypen wieder in ihr schützendes Skelett zurück.*

Der Mond bestimmt den Hochzeitstag

Nur wenige Korallenarten besitzen männliche und weibliche Individuen, die ihre Keimzellen ins Wasser abgeben, wo dann die Befruchtung stattfindet. Pilzkorallen gehören beispielsweise zu ihnen.

In der Regel jedoch sind beide Geschlechter in einem zwittrigen Polypen vereint: Ein und dasselbe Tier bildet Ei- und Samenzellen. Bei manchen Arten findet die Befruchtung im Magenraum des „Mutter"-Polypen statt, und eine kleine, bewimperte Larve, Planula genannt, verläßt das Tier. Wieder anders verläuft die Fortpflanzung der riffbildenden Korallen, wie eine Forschergruppe erst Anfang der 80er Jahre am Großen Barriereriff vor der Nordostküste Australiens feststellen konnte. Dort halten die Korallen eines ganzen Riffs in einer einzigen Nacht Hochzeit, häufig sogar verschiedene Arten zugleich.

Mehrere Monate benötigen die Eier und Samenzellen, um zu reifen; kurz vor dem großen Tag werden sie zu einem Ei-Sperma-Bündel zusammengeschnürt und unter der Mundöffnung zur „Geburt" bereitgehalten. Den Termin dafür bestimmt offenbar der Mond, denn regelmäßig kurz nach Vollmond am Ende des südlichen Frühlings (Oktober/November) entlassen Abermillionen Polypen ihre meist rosa gefärbten Bündel.

An der Wasseroberfläche angelangt, werden die Keimzellen frei, die Befruchtung findet statt, und nach wenigen Stunden schwimmen bereits die ersten Planula-Larven im Wasser. Wie sich die Keimzellen der einzelnen Arten in diesem Durcheinander finden, ist noch nicht geklärt, doch der Vorteil der „Massenhochzeit" liegt auf der Hand: Bei einem solchen Überangebot an Larven fällt nur ein Teil Freßfeinden zum Opfer. Würden die Larven zu unterschiedlichen Zeiten im Wasser treiben, wären ihre Überlebenschancen wesentlich geringer.

Von der Larve zum Korallenstock: Tausende identischer Töchter

Über und über mit Wimpern besetzt, bewegt sich die birnenförmige Planula-Larve gemächlich durch das Wasser. Wird sie an eine günstige Stelle gespült, setzt sie sich fest und beginnt, ihre erste Kalkschicht auszuscheiden. Die nötigen Zooxanthellen enthält sie bereits; eine 1 mm große Larve der Lochkorallengattung *Porites* besitzt ungefähr 7500 Algen.

Nun bilden sich die ersten Tentakel aus, und der Polyp wächst rasch heran. Nach kurzer Zeit erzeugt er durch Knospung oder Teilung (ungeschlechtliche Vermehrung) Tochterpolypen, die nun ihrerseits wachsen und sich auf dieselbe Weise vermehren.

Alle diese Polypen sind völlig identisch. Sie trennen sich nicht ganz, sondern bleiben durch eine äußere Gewebeschicht, die das Skelett überzieht, in Verbindung. Bei einigen Korallenarten wie etwa den Hirnkorallen lassen sich nicht einmal einzelne Polypen eindeutig unterscheiden, da sie sich nur unvollständig teilen (siehe Seite 120).

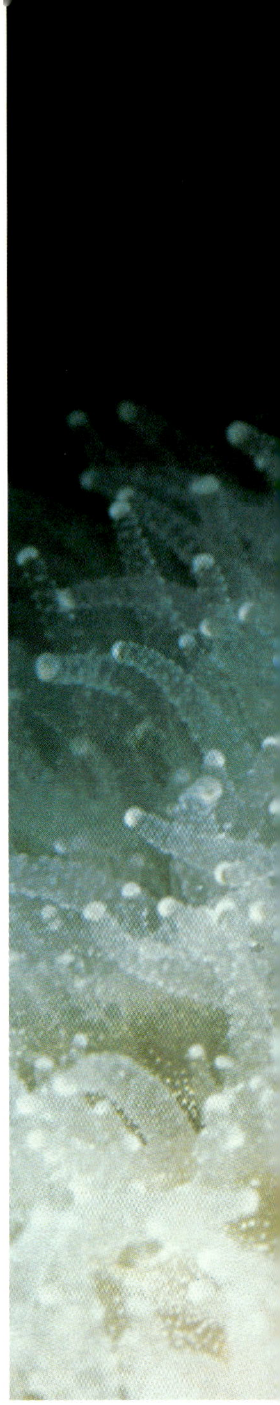

Pilzkorallen sind getrenntgeschlechtig; das Tier auf der linken Abbildung stößt gerade eine Spermawolke aus.

Eine zwittrige Wabenkoralle (unten) hat ein Ei-Sperma-Bündel entlassen.

Nachdem es die Mundöffnung des Polypen verlassen hat, schwebt dieses etwa stecknadelkopfgroße Ei-Sperma-Bündel langsam der Meeresoberfläche entgegen.

Wie Schneeflocken wirken die Keimbündel, die von sämtlichen Polypen dieses Korallenstocks der Art Acropora formosa *gleichzeitig abgegeben wurden.*

▶ *Die etwa 2 cm hohe, einzeln lebende Becherkoralle ist in kühleren Meeren wie der Nordsee beheimatet.*

Baumkorallen

Acropora

Die etwa 200 Arten der Gattung *Acropora* zählen zu den häufigsten Vertretern der tropischen Steinkorallen. Auf fast allen Korallenriffen sind sie vertreten, und im über 2000 km langen Großen Barriereriff, dem gigantischsten Bauwerk der Erde, bedecken sie von allen Korallengattungen die bei weitem größte Fläche. Viele Baumkorallenarten können kurzzeitig an der Luft überleben und ragen bei Ebbe oft aus dem Wasser.

Wie alle Korallen bestehen die Baumkorallen aus einem Kalkskelett und den Polypen, die ständig an ihrer Fußscheibe Kalk abscheiden. Unter den Baumkorallen finden sich einige besonders schnellwüchsige Arten, deren Skelett sich allerdings nur deshalb so rasch entwickeln kann, weil es zahlreiche Hohlräume enthält. Dadurch brechen leicht Teile des Korallenstocks ab, die häufig weiterwachsen und so zur ungeschlechtlichen Vermehrung der Tiere beitragen. Die einzelnen Polypen sind durch eine äußere Zellschicht miteinander verbunden. Auf diese Weise bildet der gesamte Korallenstock eine Einheit; auch die Teile des Kalkskeletts, an denen keine Polypen sitzen, werden von lebendem Gewebe überzogen, das ebenfalls Kalk abscheidet und so zum Wachstum des Stocks beiträgt.

Die Fußscheibe, die das Außenskelett bildet, ist nicht wie eine Scheibe, sondern wie ein Kelch geformt. Begrenzt wird dieser Kelch vom Ringwall, der höchsten Erhebung des Kalkskeletts, und in der Mitte befindet sich eine kompakte

BAUMKORALLE	
Gattung:	*Acropora*
Familie:	Baumkorallen
Ordnung:	Steinkorallen
Klasse:	Blumentiere
Merkmale:	Form der Stöcke sehr variabel, meist baum- bis geweihähnlich. Zweigspitzen häufig bunt (rot, grün, violett, braun)
Maße:	Polypen 1–6 mm; Stöcke bis zu 3 m hoch, bedecken oft 2,5 m². Wachstum meist 2–10 cm, maximal 26 cm pro Jahr
Verbreitung:	Rotes Meer, tropische Zonen des Indischen und Pazifischen Ozeans; Antillen und Küsten Floridas
Lebensraum:	Warme Meere, nahe der Wasseroberfläche
Nahrung:	Produkte aus der Photosynthese der in ihren Zellen lebenden Algen sowie kleinste Tiere des Planktons
Sozialstruktur:	Kolonien aus identischen Polypen, die durch Knospung entstehen und durch eine Gewebeschicht miteinander verbunden sind
Fortpflanzung:	Zwitter; Eier und Samenzellen werden zu einem Bündel zusammengefaßt und von allen Stöcken gleichzeitig abgegeben (im Großen Barriereriff in einer Nacht im Oktober oder November). Ungeschlechtliche Fortpflanzung durch Festwachsen abgebrochener Zweigstücke
Anzahl der Eier pro Bündel:	Meist 4
Entwicklung:	Freischwimmende Planula-Larven setzen sich nach einigen Stunden oder Tagen fest und bilden einen Stock
Lebensdauer:	Meist etwa 10 Jahre, danach langsames Absterben
Bedrohung und Schutz:	Sehr empfindlich gegen Wasserverschmutzung; in bestimmten Gebieten aus diesem Grund bereits ausgestorben. Auf weiten Flächen durch die Dornenkrone, einen räuberischen Seestern, vernichtet

Columella (Säule). Diese beiden Strukturen sind durch senkrechte Platten verbunden, die sogenannten Septen, durch die das Gebilde ein sternförmiges Aussehen erhält.

Zwischen den Septen lagert der Polyp nicht ständig Kalk ab, sondern nur in bestimmten Abständen; solche Kalkböden heißen Dissepimente. Sie unterteilen das Skelett in Stockwerke, die sich bei einem Längsschnitt gut erkennen lassen. In den Kelch, gebildet aus Ringwall und Septen, zieht sich der Polyp tagsüber meist vollständig zurück.

Jeder Polyp besteht aus zwei Zellschichten, zwischen denen eine gallertige Schicht mit einem Geflecht von Nerven- und Muskelzellen sowie Keimzellen liegt. In der äußeren Zellschicht befinden sich Sinneszellen und an den Tentakeln, die die Mundöffnung umgeben, Nesselzellen. Die innere Schicht kleidet den Magenraum aus, der mit einem Schlundrohr in der Mundöffnung endet.

Baumkorallen besitzen im Gegensatz zu vielen anderen Riffkorallen sehr kleine Tentakel, da sie keine aufwendigen Beutefangeinrichtungen benötigen. Sie ernähren sich hauptsächlich von den Stoffen, die ihnen die einzelligen Algen, mit denen sie in Symbiose leben, liefern. Die Polypen beherbergen diese mikroskopisch kleinen Pflanzen in ihrer inneren Zellschicht und versorgen sie ihrerseits mit Kohlendioxid, Stickstoff, Phosphor und anderen wichtigen Elementen. Nur in der Nacht öffnen die 1–6 mm großen Polypen ihre Arme und fangen kleinste Tiere.

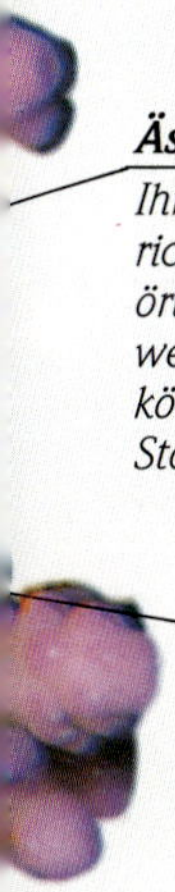

Äste

Ihre Länge und Form richten sich nach den örtlichen Verhältnissen; wenn sie abbrechen, können sie einen neuen Stock bilden.

Spitzenpolyp

Pro Ast nur ein Exemplar mit sechs Tentakeln. Größer als die seitlichen Polypen, die er durch Knospung hervorbringt.

Besondere Merkmale

Teile einer Einheit

Ein Baumkorallenstock besteht aus vielen tausend Einzelpolypen, und obwohl sich jedes dieser Tiere selbständig ernährt und fortpflanzt, bleiben alle ihr Leben lang miteinander verbunden und bilden eine große Einheit. Wenn man von einer Koralle spricht, meint man in der Regel auch nicht den einzelnen Korallenpolypen, sondern die gesamte Kolonie. Neben den ungezählten Polypen gehören aber noch andere Lebewesen zu einem Korallenstock, deren Zahl in die Millionen geht: die Zooxanthellen, einzellige Algen. Sie leben in der inneren Zellschicht der Polypen; da die äußere Zellschicht der Tiere durchsichtig ist, kann man bei genauer Betrachtung anhand der gelblichbraun gefärbten Bereiche auch von außen erkennen, wo sich die pflanzlichen Gäste befinden. Sie verleihen den meisten riffbildenden Korallen eine bräunliche Färbung.

Wuchsformen

Die Wuchsform eines Korallenstocks wird nicht allein durch die Erbanlagen festgeschrieben, sondern hängt darüber hinaus auch stark von den jeweiligen Standortverhältnissen ab. Auf die Arten der Gattung *Acropora*, die man in immer wieder neuen, überraschenden Gestalten findet, trifft dies besonders zu. Dabei ist die baumförmige Gestalt die ursprünglichste, der auch der deutsche Name „Baumkoralle“ Rechnung trägt. Bei Lichtmangel können die Korallenstöcke auch schirmförmig wachsen, bei starker Brandung krustenförmig oder als massiver Block und bei starker Strömung in einer niedrigen Traubenform. Unter optimalen Bedingungen – bei ruhigem Wasser und reichlich Licht – trifft man jedoch in der Regel baumförmige Stöcke an. Wenn sich im Lauf der Zeit die Umweltbedingungen ändern, wird die Anpassungsfähigkeit dieser Tiere sogar an ein und demselben Stock sichtbar.

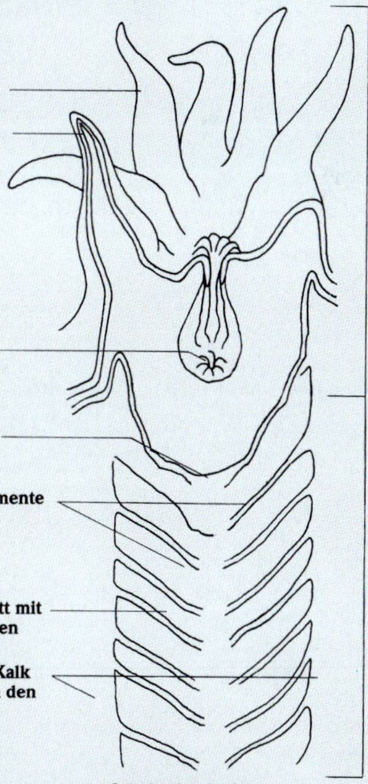

Schnitt durch einen Korallenpolypen

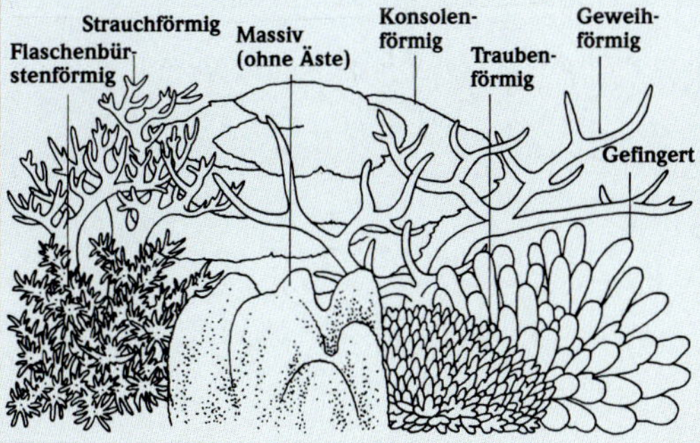

Polypentypen

An den Astenden eines Korallenstocks finden sich die größten Polypen. Sie bilden durch ungeschlechtliche Vermehrung – Knospung – „Töchter“, die zu seitlichen Polypen werden. Jeder seitliche Polyp kann allerdings auch als Spitzenpolyp weiterwachsen.

Andere Arten

Die Ordnung der Steinkorallen umfaßt insgesamt sechs Unterordnungen mit zahlreichen Familien. Sie alle bilden als Sechsstrahlige Korallen eine durch sechs teilbare Zahl von Kalksepten an ihrer Fußscheibe. Ihre Wuchsformen unterscheiden sich jedoch mitunter deutlich von denen der Baumkorallen. Ein Grund hierfür ist die Bildung der Tochterpolypen, die sich auf sehr unterschiedliche Weise vollzieht; während die Baumkorallenpolypen in der Regel durch Knospung aus dem Körper eines anderen entstehen, teilen sich die Tiere bei anderen Arten einfach in Längsrichtung.

Diese Vermehrung findet man beispielsweise bei den Sternkorallen, die flächige, krustenartige Stöcke ausbilden. Wenn eine solche Längsteilung unvollständig bleibt, besitzen die Polypen zwei durchgehende Tentakelreihen und eine gemeinsame Fußscheibe; die Oberfläche ihres Kalkskeletts weist dann keine einzelnen, sternförmigen Vertiefungen auf, sondern gewundene Bänder. Auf diese Weise entsteht die seltsame Oberflächenstruktur der Hirnkorallen.

Bisher war nur von stockbildenden Korallen die Rede, die aus zahlreichen Polypen bestehen, doch es gibt auch Einzelgänger unter den Korallen. Zu den bekanntesten zählen die Pilzkorallen, deren Form von der Seite tatsächlich an Pilze erinnert. Einige von ihnen erreichen einen Durchmesser von bis zu 25 cm – beachtlich im Vergleich zur Größe der *Acropora*-Polypen (1–6 mm).

Die Steinkorallen werden nach dem Bau ihrer Kalkskelette eingeteilt. Insgesamt unterscheidet man rund 1000 Arten. Sie leben nicht nur als Riffbildner in den Tropen, sondern kommen auch in kühlen Meeren (bis 4 °C) und sogar in großen Tiefen (bis fast 6000 m) vor. Die meisten Korallen benötigen Felsen, um sich festzusetzen, aber einige, wie z. B. die Pilzkorallen, können sich sogar auf sandigen Böden ansiedeln.

URSPRÜNGLICHE STEINKORALLEN
Vier Familien.
Zu ihnen zählen die Baumkorallen, die bedeutendsten Riffbildner.
Merkmale: Koloniebildend, mit porösem Skelett; wenig ausgeprägte Septen.
Wichtige Gattungen: *Montipora, Acropora, Astraepora.*

PILZKORALLENARTIGE
13 Familien.
Meist in Stöcken, doch auch einzeln lebende Arten; die Lochkorallen sind neben den Baumkorallen die wichtigsten Riffbildner.
Merkmale: Poröses Skelett; Kelche der koloniebildenden Arten oft durch Septen verbunden. Äußerer Rand des Skeletts gezähnt.
Wichtige Gattungen: *Porites, Goniopora, Alveopora* (Lochkorallen); *Fungia, Cycloseris* (Pilzkorallen).

NELKENKORALLENARTIGE
Zwei Familien.
Meist solitär lebende Arten, nur einige bilden Stöcke.
Merkmale: Massives Skelett, Stöcke der in Kolonien lebenden Arten klein. Oberer Rand der Septen immer glatt.
Lebensraum: Weltweit, in den verschiedensten Wassertiefen. Mehrere Arten auch an europäischen Küsten (Mittelmeer, Atlantik, Nordsee).
Wichtige Gattungen: *Flabellum, Caryophyllia*; die Becherkoralle *(Caryophyllia smithi)* kommt in der Nordsee auf Felsen bis in 100 m Tiefe vor.

MÄANDERKORALLENARTIGE
Drei Familien.
Merkmale: Oberfläche mit mäanderartig gewundenen Bändern; Septen mit glattem oder kaum gezähntem Rand. Ausgesprochen massives Skelett.
Lebensraum: Korallenriffe.
Wichtige Gattungen: *Manicina, Meandrina* und *Dendrogyra* von den Riffen der Karibik.

STERNKORALLENARTIGE
Vier Familien.
Merkmale: Häufig riffbewohnende Arten, die meist in großer Zahl vertreten sind; massives, hochentwickeltes Skelett. Rand der Septen gezähnt. Bildung der Polypen meist durch Längsteilung,

Pilzkoralle *(Fungia fungites)* auf einer Lochkoralle (Gattung *Porites*)

Blasenkoralle *(Plerogyra sinuosa)*

Einzeltiere deshalb durch Septen verbunden.
Wichtige Gattungen: *Favia, Favites* (Sternkorallen); *Diploria, Leptoria, Platygyra* (Hirnkorallen); *Oculina.*

BUSCHKORALLENARTIGE

Zwei Familien.
Hierher gehören sowohl zahlreiche auf Riffen in Stöcken lebende als auch einzeln vorkommende Arten.
Merkmale: Bei vielen Arten Skelett sehr porös.
Lebensraum: Manche Arten auf Riffen, andere auf Felsen in den gemäßigten Zonen.
Wichtige Gattungen: *Dendrophyllia* (stockbildend); *Turbinaria*; *Balanophyllia, Leptopsamia* (einzeln). Die Prachtkoralle *(Balanophyllia regia)*, deren Polypen leuchtend orange bis scharlachrot gefärbt sind, kommt an den Atlantikküsten Europas vor, die Warzenkoralle *(Balanophyllia italica)* im Atlantik und im Mittelmeer und die Buschkoralle *(Dendrophyllia ramea)* im Mittelmeer.

Buschkoralle (Gattung *Dendrophyllia*)

Achtstrahlige Korallen

Während alle bislang vorgestellten Arten einen sechsstrahligen Aufbau zeigen, besitzen die Achtstrahligen Korallen acht Scheidewände in ihrem Magenraum und acht Tentakel. Diese Tentakel sind immer gefiedert. Anders als die Sechsstrahligen Korallen scheiden diese Polypen das Kalkskelett nicht nach unten ab, sondern in die Gallerte zwischen ihren beiden Zellschichten. Bei manchen Arten wird der Kalk durch Horn ersetzt.

In diese Blumentiergruppe gehört z.B. die Rote Edelkoralle *(Corallium rubrum)*, deren Skelett als Korallenschmuck verwendet wird (siehe Seite 125 f.). Sie wächst in verzweigten Stöcken mit dicken Ästen. Weiche Korallen, deren Skelett nur aus einzelnen, losen Nadeln besteht, findet man bei den Lederkorallen; die wohl bekannteste ist die Tote Manneshand *(Alcyonium digitatum)* aus der Nordsee. Eine ihrer Verwandten, die Orgelkoralle *(Tubipora purpurea)*, bildet dagegen ein festes Skelett mit orgelpfeifenartigen Röhren.

Der Venusfächer *(Rhipidogorgia flabellum)*, ein Vertreter der Rinden- oder Hornkorallen, ähnelt mit seinen feinen Ästen einem zarten Fächer. Sein Skelett besteht vorwiegend aus elastischer Hornsubstanz.

In eine völlig andere Verwandtschaft, die der Hydroidpolypen, gehören die Feuerkorallen, deren Nesselgift auch bei Menschen brennende Schmerzen verursacht. Ihre Polypen leben in Röhren; die einzelnen Tiere sehen verschieden aus und übernehmen bestimmte Aufgaben. Feuerkorallen sind mit ihren kräftigen Kalkskeletten ebenfalls am Bau von Riffen beteiligt.

Sternkoralle *(Acanthastraea echinata)*

Korallen in ihrem Lebensraum

Steinkorallen zeigen einen phantastischen Formenreichtum und eine exotische Farbenpracht. Sie kommen in allen Meeren und Ozeanen vor, von der Gezeitenzone bis in fast 6000 m Tiefe, von den Tropen bis in kühle Meere. Die geringste Wassertemperatur, bei der noch Korallen wachsen, beträgt 4 °C; so bildet beispielsweise die Buschkoralle *(Lophelia prolifera)* in den Meeren vor der skandinavischen Küste in 60–2100 m Tiefe oft lange, 50 cm hohe Korallenbänke.

Fast alle Korallenarten benötigen festen, felsigen Untergrund, um sich festsetzen und ihr Kalkskelett bilden zu können. Nur wenige Arten vermögen sich auf lockerem Boden anzusiedeln. Zu den besonders robusten Korallen gehört die Pilzkoralle *Fungia cyathus*; sie lebt sogar auf Sandbänken, da sie ihre Oberfläche vom Sand befreien kann. Darüber hinaus behauptet sie sich noch in Tiefen von 6000 m.

Arten wie diese sind allerdings auf sehr planktonreiche Gewässer angewiesen, wie sie die kalten Meere auszeichnen, denn sie leben ausschließlich von kleinen Lebewesen, die sie mit ihren Tentakeln erbeuten.

Symbiose: die Grundlage der Riffe

Völlig anders verhält es sich bei den Korallenarten, die Algen in ihrem Körper beherbergen; diese können den Hohltieren so viele Nährstoffe liefern, daß sie kaum noch feste Nahrung zu sich nehmen müssen (siehe Seite 112). In planktonarmem Wasser wie dem der tropischen Meere kann diese Lebensgemeinschaft zwischen Tier und Pflanze erst das Überleben beider Partner ermöglichen. Allerdings können die Korallen wegen der lichthungrigen Algen nur in einem sehr begrenzten Bereich leben. Die Photosynthese der Pflanzen, also der Aufbau organischer Verbindungen aus Sonnenlicht und Kohlendioxid, erfordert eine bestimmte Lichtmenge, was wiederum bedeutet, daß die Voraussetzungen für die Symbiose in trübem Wasser nicht gegeben sind. Doch selbst in klaren Meeren reicht das Licht in einer Tiefe von 50 m nicht mehr aus, um den Stoffwechsel der einzelligen Pflanzen aufrechtzuerhalten, und auch das Wachstum des Korallenskeletts verlangsamt sich erheblich, da die Algen maßgeblich an dessen Bildung beteiligt sind (siehe Seite 111). Ferner ist eine gewisse Wassertemperatur notwendig, wie sie nur in tropischen bis subtropischen Zonen erreicht wird: Am besten gedeihen Riffkorallen zwischen 25 und 29 °C; nur für kurze Zeit halten sie Extremwerte von 19 °C bzw. 36 °C aus.

Ein weiterer Faktor, der die Verbreitung der Riffe begrenzt, ist der Salzgehalt. Von Art zu Art gibt es beträchtliche Unterschiede in der Toleranz gegenüber Schwankungen der Salzkonzentration, und aus der Artenzusammensetzung einer bestimmten Region kann man oft schon auf den Salzgehalt des Wassers schließen. In der Regel wachsen Korallen bei 28–40 ‰ Salz, doch manche bevorzugen schwach salziges Wasser, wie die Tiere der Gattung *Siderastraea* mit 21‰, während sich die der Gattung *Porites* bei 33 ‰ am wohlsten fühlen. Besonders hohe Salzkonzentrationen findet man mit 48 ‰ im Golf von Akaba, einem Teil des Roten Meers; doch auch dort wachsen zwei Korallenarten. Unter 17 ‰ und über 54 ‰ hält jedoch keine Koralle länger als einen Tag durch.

Ein Gesamtkunstwerk der Natur

Trotz all dieser einschränkenden Bedingungen zählen Korallenriffe zu den produktivsten Ökosystemen: Neben dem tropischen Regenwald stellt das Korallenriff den artenreichsten Lebensraum der Erde dar. Während jedoch im Wald grüne Farbtöne vorherrschen, bieten das Korallenriff und seine Bewohner dem staunenden Auge des Naturfreunds alle nur erdenklichen Farben und Formen, und zwar in den kühnsten Kombinationen.

Fast alle Stämme des Tierreichs sind vertreten: Schwämme, Hohltiere (Korallen, Seerosen und Quallen), Moostierchen, Plattwürmer, Ringelwürmer, Weichtiere (Kraken,

Zwischen Korallenstöcken wartet eine Putzergarnele auf Kundschaft: kleine Fische, die sie von Parasiten befreit.

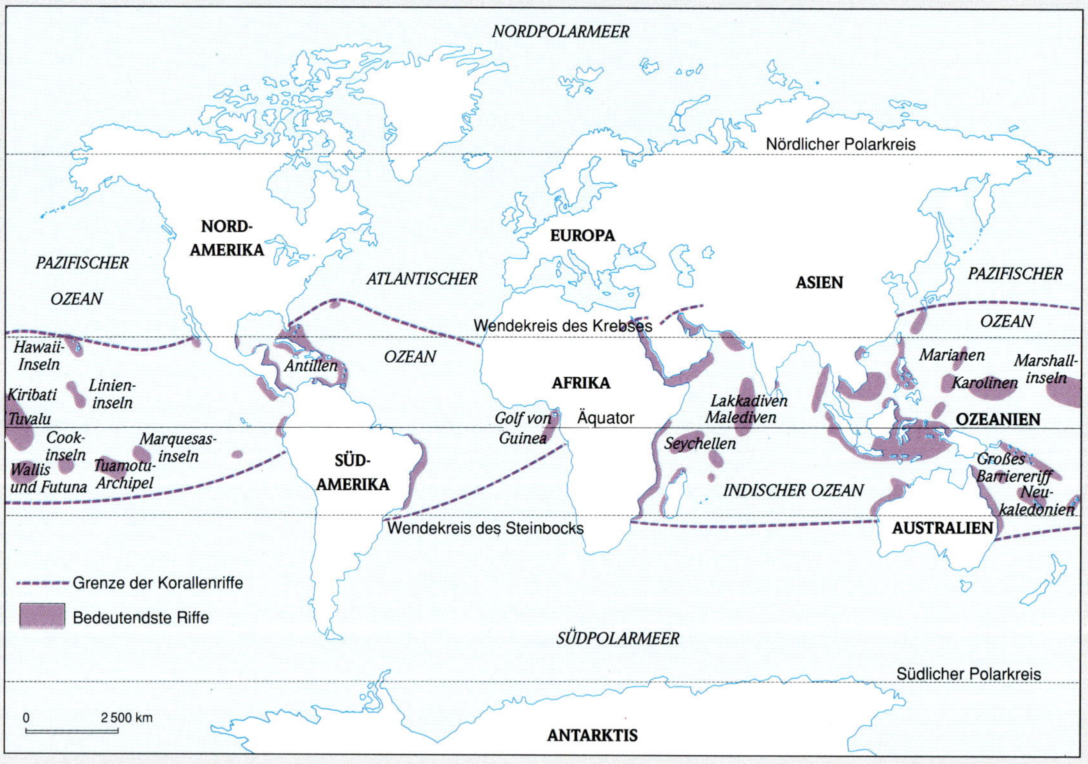

Das Verbreitungsgebiet riffbildender Korallen beschränkt sich fast ausnahmslos auf die Tropen, in deren Bereich die Meerestemperatur nicht unter 20 °C absinkt. Vor der Nordostküste Australiens haben diese Korallen das größte Bauwerk der Erde, das Große Barriereriff, errichtet, und in den Weiten des Pazifik und des Indischen Ozeans zeugen unzählige kleinere Riffe und Atolle von der Bautätigkeit der Tiere. Zahlreiche Südseeinseln wurden im Lauf vieler Millionen Jahre von Korallen geschaffen. Vor den Westküsten der Kontinente kommen die Riffbauer dagegen nur selten vor, da diese Gebiete über weite Strecken dem Einfluß kalter Meeresströmungen ausgesetzt sind.

Schnecken und Muscheln), Stachelhäuter (Seesterne), Wirbeltiere (Knochen- und Knorpelfische) sowie viele weitere Tiergruppen.

Korallen sind zwar nicht die einzigen Baumeister im Riff, aber sie bilden das Grundgerüst, das die Wellen bricht und dadurch zahlreichen anderen Tieren und Pflanzen gute Lebensbedingungen bietet. Zwischen ihren Ästen und Platten können sich nicht nur Höhlenbewohner verstecken, sondern auch kleinere kalkabscheidende Tiere oder Algen ansiedeln, die zum Wachstum des Riffs beitragen. Es gibt unendlich viele ökologische Nischen, sowohl räumlich als auch im übertragenen Sinn. Dementsprechend leben sehr viele, teilweise nah miteinander verwandte Arten auf engstem Raum zusammen, die deshalb eine solche Vielfalt an Farben und Mustern entwickeln mußten, um bei der Partnersuche Verwechslungen auszuschließen. Auf einem Riff von weniger als 100 m² Fläche können allein 200 Fischarten vorkommen.

Zerstörer des Bauwerks und seiner Baumeister

Wie in jeder Lebensgemeinschaft kann sich auch im Korallenriff kein Lebewesen ungehindert ausbreiten; selbst die durch ihr Kalkskelett gut geschützten Korallen sind nicht gegen Angriffe gefeit.

Fadenförmige Algen lösen den Kalk durch Ausscheidung von Säure in bestimmten Bereichen auf, ebenso wie Bohrschwämme, die am stärksten zum Zerfall der Korallenstöcke beitragen. Letztere bilden ausgedehnte, verzweigte Gänge unter der Oberfläche, sind aber von außen nicht sichtbar. Ebenfalls mit ätzender Säure setzen Bohrmuscheln dem Korallenkalk zu, beispielsweise die mit den Miesmuscheln verwandte Seedattel. Nicht mit chemischen, sondern mit mechanischen Mitteln (kleinen Zähnen) höhlen dagegen manche Würmer und Seeigel enge Ritzen zu geräumigen Verstecken aus.

Zahlreicher allerdings als diejenigen Tiere, die den Korallenstock als Wohnraum nutzen, sind die Meeresbewohner, die sich von Korallenpolypen ernähren. Mehrere Schneckenarten raspeln mit ihren zahnbesetzten Zungen die lebenden Teile der Korallen ab und lassen nur noch das nackte Skelett übrig. Gegen die Nesselzellen der Polypen schützen sie sich durch reichliche Schleimabscheidung.

Auch viele Fische haben sich auf das Abweiden von Korallen spezialisiert. Besonders bekannt sind die Papageienfische, deren schnabelartiges Maul mit kräftigen Zähnen besetzt ist. Mit ihnen beißen die Fische ganze Korallenzweige ab; den Kalk scheiden sie mit dem Kot wieder aus. Anders gehen die Feilenfische vor: Sie saugen die Polypen mit ihrer lang ausgezogenen, schmalen Schnauze einzeln aus den Kelchen.

Doch der bei weitem gefährlichste Freßfeind der Korallen ist die Dornenkrone *(Acanthaster planci)*, ein mit mächtigen Dornen besetzter Seestern, der bis zu 60 cm Durchmesser erreicht. Ein einziges Exemplar vermag im Jahr sämtliche Korallenpolypen auf einer Rifffläche von 6–12 m² zu zerstören. Wo Dornenkronen in Massen auftreten, hinterlassen sie geisterhaft kahle, ausgebleichte Korallenriffe.

Von solchen Dornenkronen-Invasionen im Großen Barriereriff berichtete die Presse Mitte der 60er und Mitte der 80er Jahre. Tatsächlich scheinen sich diese Seesterne in den letzten Jahrzehnten stark vermehrt zu haben, was wahrscheinlich auch auf den Einfluß des Menschen zurückgeht. Möglicherweise handelt es sich aber auch um einen natürlichen Zyklus, und die Meeresbiologen hoffen, daß sich die Riffauna und -flora wieder regeneriert. Es dauert allerdings viele Jahre oder sogar Jahrzehnte, bis die toten Skelette erneut von lebenden Korallen überwachsen sind.

Atolle

Ringförmige Korallenriffe, die eine Lagune umschließen, heißen Atolle. Nach der Theorie Charles Darwins (unten links dargestellt) entstehen sie aus Saumriffen um eine Insel, die so langsam im Meer versinkt, daß die Korallen die Absenkung durch ihr Wachstum ausgleichen. Von einer anderen Annahme ließ sich der Geologe Reginald A. Daly leiten: vom Absinken des Meeresspiegels in der Eiszeit und der Abtragung des Inselbergs durch Erosion (unten rechts). Steigt der Meeresspiegel wieder an, setzt sich dieser Theorie zufolge der Aufbau des Riffs bis zum Atoll fort.

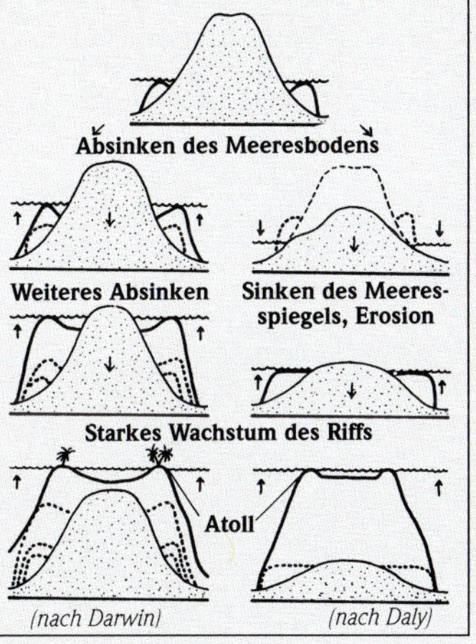

Eingriffe des Menschen in ein empfindliches Gleichgewicht

Schon in der Antike waren Korallen den Küstenbewohnern Europas wohlbekannt, doch bis auf diejenigen Arten, aus deren Skeletten Schmuck hergestellt werden konnte, blieb das Interesse an diesen Lebewesen lange Zeit sehr gering. Sie zogen sich allenfalls den Zorn von Fischern zu, weil sich deren Netze häufig in Korallenstöcken verfingen und dabei zerrissen.

Forscher begannen sich erst Ende des 18. Jh. für Korallen zu interessieren; der Systematiker Carl von Linné hatte sie in seiner 1735 erschienenen *Systema naturae* noch als „Steinpflanzen" bezeichnet.

Gebannt vom Zauber einer fremden Welt

Vermutlich gehörte der Seefahrer James Cook zu den ersten Europäern, die die großen Korallenriffe des Indischen und des Pazifischen Ozeans zu Gesicht bekamen. Im Jahr 1770 erlitt er Schiffbruch auf dem Großen Barriereriff nahe der heutigen Stadt Cooktown und entrann dabei nur knapp dem Tod. Durch die Logbücher seiner Reisen, in denen er seine Eindrücke wiedergab, wurden diese Wunderwerke der Natur auch bei europäischen Wissenschaftlern bekannt.

Dennoch dauerte es mehr als 100 weitere Jahre, bevor die ersten Forscher begannen, die großen tropischen Riffe zu untersuchen. 1928 fand die erste Expedition ins Große Barriereriff statt, bei der Wissenschaftler verschiedener Fachrichtungen gemeinsam die Geheimnisse seiner Entstehung und seiner Bewohner lüften wollten. Doch wie immer in solchen Fällen warf jede Antwort neue Fragen auf, und immer mehr Menschen begannen sich für die bunte Vielfalt des Lebens im Korallenriff zu begeistern.

Seit 1969 finden regelmäßig internationale Tagungen zum Thema „Korallenriff" statt, auf denen Meeresbiologen neue Erkenntnisse austauschen und der Öffentlichkeit vorstellen. Durch faszinierende Dokumentationen wie die des französischen Meeresforschers Jacques-Yves Cousteau wurden die komplizierten Beziehungen, die in den Korallenriffen zwischen Tieren und Pflanzen bestehen, auch einem breiten Publikum bekannt.

Eine Barriere vor der Küste Australiens

Rund einem Viertel aller Küsten unserer Erde sind Korallenriffe vorgelagert, doch das größte und eindrucksvollste ist sicher das Große Barriereriff. Dieses größte Bauwerk, das Lebewesen im Lauf der Erdgeschichte errichtet haben, erstreckt sich über eine Länge von mehr als 2000 km vor der Nordostküste Australiens. Es bildet kein durchgängiges Band, sondern besteht aus einer Reihe von Barriere-, Saum-, Plattformriffen und Atollen. Seine Breite reicht von 24 km im Norden bis 240 km im Süden.

Dieses etwa 500 000 Jahre alte Riff ist ein tropisches Paradies, das von Tausenden von Tier- und Pflanzenarten bevölkert wird. Heute allerdings bedrohen die Umweltverschmutzung und Massen von Touristen dieses Naturwunder immer stärker.

Menschliche Riffbewohner

Viele Inseln Ozeaniens sind vor allem deshalb für eine menschliche Besiedlung geeignet, weil sich vor

Immer seltener findet man solche prächtigen Exemplare von Baumkorallen der Gattung Acropora*, die schirmförmig wachsen. Die zunehmende Meeresverschmutzung und die mannigfachen Störungen, denen Riffkorallen heute ausgesetzt sind, lassen ihre Zukunft recht trüb erscheinen.*

ihren Küsten Korallenriffe entlangziehen. Sie brechen die heftige Brandung, die unentwegt vom offenen Meer anrollt. Häufig entstehen sanft abfallende Strände oder Lagunen, in denen die Wellen flach auslaufen. Die einzelnen Zonen dieses Komplexes bieten den unterschiedlichsten Lebewesen optimale Bedingungen.

Auch die Menschen profitieren vom Einfluß der Korallenriffe auf die äußeren Verhältnisse. Noch entscheidender ist aber, daß ihnen dieses Ökosystem verschiedenste Nahrungsmittel liefert. Dazu zählen nicht nur zahlreiche Fischarten, sondern beispielsweise auch Krebstiere, Seeigel und Seegurken.

Auf vielen Archipelen und Eilanden des Pazifischen Ozeans können die Inselbewohner ohne die vorgelagerten Korallenriffe nicht überleben, da sie aus ihnen ihre gesamte Nahrung beziehen.

Das Riff bestimmt die Kultur

Es ist daher nicht verwunderlich, daß Korallen einen zentralen Platz in der Kultur von Völkern einnehmen, deren Alltag vom Riff bestimmt wird. Auf Samoa beispielsweise wird das Haus des Dorfoberhauptes oft auf einem Fundament errichtet, das aus zerkleinerten Korallen besteht. Darüber werden Kieselsteine gestreut, und den Raum legt man schließlich mit Matten aus. Auf den Gesellschaftsinseln (Ozeanien) müssen junge Insulaner beim Initiationsritual barfuß über Korallenkalk laufen, der im Feuer zum Glühen gebracht wurde.

Um zu diesem begehrten Rohmaterial zu gelangen, tauchen die Fischer zum Riff und brechen die Korallen ab. Seit der Tourismus in Ozeanien Einzug gehalten hat, tragen verschiedene aus Korallenskeletten hergestellte Produkte des örtlichen Kunsthandwerks erheblich zum Wohlstand der Inselbewohner bei; auch unbearbeitete Stücke erfreuen sich großer Beliebtheit. Die Verarbeitung der Korallen ist inzwischen zu einem regelrechten Industriezweig geworden – mit dem Ergebnis, daß die Riffe immer stärker ausgebeutet werden.

Besonders nachhaltig wirken sich Versuche aus, den Kalk der Korallen in großem Stil als Baumaterial zu nutzen; nicht selten verwendet man sogar Sprengstoff, um Kalkstücke für Zement zu gewinnen. Selbst in der Chirurgie wird Korallenkalk verwendet, da er der menschlichen Knochenstruktur ähnelt und vom Körper nicht abgestoßen wird. Schon mehrfach konnten Ärzte gebrochene Knochen mit Hilfe von Korallenpulver wieder zusammenfügen.

Kostbare rote Korallen

Während bei der industriellen Verwertung des Korallenkalks billiger Rohstoff in riesigen Mengen gewonnen werden soll, müssen Korallenstöcke zur Schmuckherstellung möglichst unversehrt geborgen werden. Auch in Europa hat die Herstellung von Schmuck aus Korallen eine lange Tradition, allerdings bilden hier nicht Riffkorallen, sondern Edelkorallen, die in fast allen Meeren wachsen, das Ausgangsmaterial. Ihr sehr hartes, sprödes Skelett kann eine Höhe von 1 m und ein Gewicht von 40 kg erreichen. Die Farbe variiert von Weiß über Rosa bis Tiefrot und hängt davon ab, in welchem Verhältnis rote und weiße Skelettnadeln eingelagert werden.

Bereits in mehr als 2000 Jahre alten Gräbern wurden Schmuckgegenstände und Teile von Rüstungen gefunden, die kleine Korallensplitter als Dekoration trugen; die Gallier verzierten mit ihnen Helme und Schilde. Doch nicht nur schmückende Funktion übernahmen diese roten „Steine“, sie galten auch als Glücksbringer. Schon die Römer trugen Amulette mit Korallen, und Neugeborenen wurden sie als Ketten um den Hals gebunden, um sie vor ansteckenden Krankheiten zu schützen.

Die Hirnkoralle Platygyra lamellina *wandelt wie viele andere Korallen ultraviolettes Licht, das besonders tief ins Wasser eindringt, in blaues Licht um; dadurch können es ihre Algen für die Photosynthese nutzen. Wird die Koralle mit UV-Licht angestrahlt, fluoresziert sie aus diesem Grund tiefblau.*

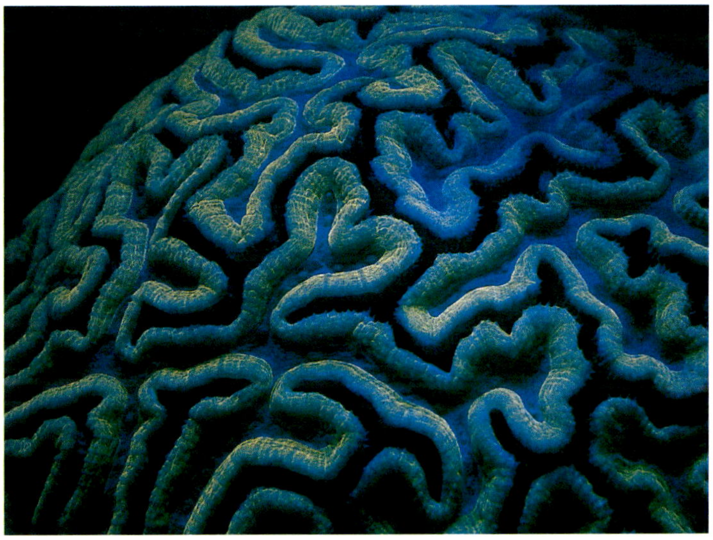

Sie wurden auf die unterschiedlichste Weise präpariert, auf daß sie Unglück abwendeten. Zu Pulver zerstoßenen Korallenstöcken schrieb man große Heilkräfte zu, vor allem bei der Bekämpfung von Krankheiten; ebenso sollten sie vor dem „bösen Blick" schützen. Bis ins 19. Jh. reichte die Verwendung der Edelkorallen für solche Zwecke.

Korallenschmuck, den man heute in Europa erhält, stammt meist von Stöcken des westlichen Mittelmeers, aus dem Golf von Biskaya, von den Kanarischen Inseln, aus Malaysia, aus Japan und neuerdings auch aus Australien und Hawaii.

Das große europäische Zentrum für den Handel mit Korallen liegt in der Nähe von Neapel. Dort beginnt auch die Bearbeitung des Materials mit Säge, Feile und Bohrer. Welche Form die „Steine" erhalten, bestimmt der aktuelle Geschmack; früher wurde der Facettenschliff bevorzugt, wie er für Edelsteine üblich ist, heute trägt man Korallen in Nadel- und Perlenform.

Da die Tiere jedoch immer seltener werden, steigt auch ihr Preis in schwindelerregende Höhen. Aus diesem Grund wird Koralle zunehmend durch rotes Plastik, gefärbtes Glas, Horn oder Kunststein aus rot gefärbtem Marmor ersetzt.

Zerstörung der Riffe durch Gedankenlosigkeit und Habgier

Atombombenversuche, wie sie beispielsweise von Frankreich auf dem Mururoa-Atoll im Pazifik durchgeführt werden, vernichten große Riffbereiche auf unabsehbare Zeit vollständig; nicht nur durch die mechanische Zertrümmerung, sondern vor allem durch kaum erfaßbare Spätschäden aufgrund der radioaktiven Verseuchung. Auch Schiffsunfälle können Riffe großflächig zerstören, insbesondere havarierende Öltanker. Solche Katastrophen löschen in einem großen Gebiet für mehrere Jahre jegliches Leben aus.

Manche Korallenarten wachsen pro Jahr 3–5 cm, in der Regel sind es jedoch selbst unter günstigen Bedingungen nur 0,5–2,8 cm jährlich. Größere Korallenstöcke bestimmter Arten können durchaus älter als 100 Jahre sein. Wenn man sich überlegt, wie viele Korallen durch die ständig zunehmenden Tätigkeiten des Umweltschädlings Mensch zerstört werden, stellt sich die Frage, wie lange die Korallenriffe noch überleben können.

Vielerorts geht inzwischen von Hobbytauchern und Schnorchlern, die in immer größerer Zahl die Wunderwelt unter Wasser erleben möchten, eine ernsthafte Bedrohung für Korallen aus. Oft vernichten sie die Riffbewohner aus Unwissenheit: Wo sie mit ihren Booten vor Anker gehen, schädigen sie Teile eines Riffs sehr nachhaltig. Außerdem wirbeln die Unterwassersportler häufig Sand auf, der sich auf die Korallenpolypen legt – für zahlreiche Arten ein Todesurteil. Dasselbe gilt auch für Erde, die durch Erosion abgetragen und ins Meer geschwemmt wird.

Seit einigen Jahrzehnten gefährden die Verschmutzung und die Überdüngung des Meers die Korallen immer stärker, da diese auf die kleinste Störung sehr empfindlich reagieren. Nicht nur ungeklärte Abwässer von Städten und Touristensiedlungen verändern die Wasserqualität in Küstenbereichen und schaden den Tieren, sondern auch Stickstoff, Phosphor und andere Elemente aus Düngemitteln. Da Riffkorallen meist nur in sehr nährstoffarmem Wasser gedeihen, führt eine solche Überdüngung früher oder später zu ihrem Verschwinden. Belastend wirken sich in diesem Zusammenhang auch Umweltgifte wie Pestizide oder Industrieabwässer aus, die in vielen Gebieten schon zur Ausbleichung ganzer Riffe geführt haben.

Kein Tier für Aquarien

Korallen gehören zu den Meereslebewesen, deren Haltung unter künstlichen Bedingungen besonders schwierig ist. Erst vor kurzem gelang es einem Wissenschaftler des Musée Océanographique in Monaco erstmals, im Aquarium diejenigen natürlichen Verhältnisse herzustellen, unter denen Korallen existieren können. Dazu ist allerdings eine riesige Menge an Meerwasser vonnöten: Nicht weniger als 2000 l muß das Becken fassen.

Da sich bislang noch keine Art in Gefangenschaft vermehrt hat, können auch keine nachgezüchteten Tiere an Liebhaber abgegeben werden. Vom Kauf eingeführter Korallenstöcke für Aquarien sollte man jedoch grundsätzlich absehen. Einerseits überleben die meisten Tiere den Transport nicht, weil sie dabei in zu kleinen Behältern mit abgestandenem Wasser aufbewahrt werden, andererseits kann man den richtigen Sauerstoff- und Salzgehalt sowie die für die jeweilige Art notwendige Sonnenlichtstärke in einer künstlichen Umgebung nicht nachahmen. Folglich trägt jeder Erwerb von Riffkorallen für Aquarien dazu bei, die Zerstörung dieser empfindlichen Ökosysteme weiter voranzutreiben.

Auf dem meist rötlichen Skelett der Roten Edelkoralle (Corallium rubrum) *sitzen zarte, weiße Polypen. Ihre deutlich gefiederten Tentakel sind ein untrüglicher Hinweis darauf, daß diese Art zu den Achtstrahligen Korallen gehört. Diese scheiden, anders als die Sechsstrahligen Korallen, ihren Kalk nicht nach außen ab, sondern lagern ihn in ihre Gallerte ein. Edelkorallen bauen keine Riffe und wachsen in Tiefen zwischen 20 und 300 m, wo sie große Bänke bilden können. Früher waren sie weit verbreitet, doch vielerorts sind sie bereits verschwunden; vor allem vor den europäischen Küsten werden sie immer seltener.*

ORKAS

Als „Mörderwale" waren sie lange bei Walfängern und Fischern verschrien, weil sie neben dem Menschen die einzigen Lebewesen sind, die die größten Tiere der Erde angreifen. Doch bei näherer Betrachtung zeigen sich diese stattlichen Delphine als empfindsame, verspielte Riesen mit enger Familienbindung, die ihren Artgenossen völlig friedlich begegnen.

Ebenso wie die kleineren Delphine gehört der Orka, der auch Schwertwal genannt wird, zu den Zahnwalen, die eine Unterordnung der Waltiere darstellen. Da alle Zahnwale räuberisch leben, nahm man lange Zeit an, daß sie ursprünglich von Landraubtieren abstammten. Anatomische Untersuchungen erbrachten jedoch den Beweis, daß ihre Vorfahren Huftiere waren.

Der Orka ist der größte Delphin und mit seiner kontrastreichen Schwarzweißzeichnung auch einer der auffälligsten. 1,5 Mio. Jahre alte Fossilien dieser Walart wurden in Italien und England in Gesteinsschichten aus dem Pliozän gefunden, und Knochenreste der Tiere aus vorgeschichtlicher Zeit hat man in Nordeuropa entdeckt.

Von einigen Zoologen wird der Orka den Eigentlichen Delphinen zugeordnet, in der Regel jedoch stellt man ihn in eine eigene Familie, die der Schwert- und Grindwale (siehe Seite 21). Deren Mitglieder haben ausnahmslos eine schwarze Grundfarbe, teilweise mit weißen Feldern und Flecken wie der Orka. Sämtliche Vertreter der Familie sind mächtige Delphine ohne Schnabel.

Als einziger Delphin macht der Orka Jagd auf andere Meeressäuger; wenn eine Orkagruppe sehr hungrig ist, kann sie gemeinsam sogar einen großen Bartenwal angreifen und überwältigen. Walfänger haben den Schwertwal aus diesem Grund als gefährliches Monster gebrandmarkt. Längst haben Forscher jedoch herausgefunden, daß er keineswegs nur große Tiere erbeutet, sondern daß der Hauptteil seiner Nahrung aus Fischen und Tintenfischen besteht.

Schon seit mehreren Jahrzehnten leben zahlreiche Orkas in Delphinarien der ganzen Welt, wo sie in Shows gemeinsam mit Delphinen gezeigt werden, ohne daß sie diese angreifen. Dabei hat sich der gefürchtete Meeresräuber als umgängliches Tier erwiesen, das ähnliche Verhaltensweisen an den Tag legt wie seine kleineren Verwandten. Seither wandelte sich das Bild vom „Mörderwal" in der Öffentlichkeit: Aus der Abscheu vor dem „gnadenlosen Killer" wurde Bewunderung und Zuneigung.

Auch Studien, die freilebenden Orkas gewidmet waren und die in den letzten Jahren in den pazifischen Küstengewässern Nordamerikas durchgeführt wurden, zeigten den Schwertwal nicht als blutrünstiges Ungeheuer, sondern als geselligen, sensiblen Meeresriesen.

Mißtrauisch beäugen Pinguine eine Gruppe von Orkas, die vor der Küste nach Nahrung sucht. An den mächtigen Rückenflossen, denen die Tiere den Namen „Schwertwal“ verdanken, sind die großen Delphine schon von weitem zu erkennen.

Orkas trifft man fast immer in matriarchalischen Gruppen an, die aus einer Stammutter und ihren Kindern und Kindeskindern bestehen. Erwachsene Männchen sind leicht an ihrer senkrecht emporragenden, nahezu 2 m hohen Rückenfinne zu erkennen. Auch wenn sich die Tiere allein auf Nahrungssuche begeben, bleiben sie durch Laute ständig in Verbindung mit den anderen Familienmitgliedern, die sich mehrere Kilometer weit entfernt befinden können.

Friedfertige Großfamilien, die fest zusammenhalten

Die geselligen Orkas leben meist in kleinen Gruppen von 5–20 Tieren, die sich in der Regel nahe den Küsten aufhalten. In der Umgebung von Vancouver Island vor der Westküste Kanadas umfaßt eine solche Gruppe weibliche und männliche Erwachsene sowie Jungtiere verschiedenen Alters. Dabei liegt die Anzahl der erwachsenen Weibchen höher als die der Männchen; zurückzuführen ist diese Erscheinung darauf, daß Weibchen wesentlich älter werden.

Jede Gruppe stellt nach den Erkenntnissen der Forscher eine Familie dar, die ein Leben lang zusammenbleibt. Offenbar verfügen die Mitglieder über ein eigenes Repertoire von Lauten, an dem sie sich gegenseitig erkennen. Nur zur Nahrungssuche spaltet sich die Gruppe manchmal für einige Stunden auf, vereint sich danach aber bald wieder.

Ebenso wie beispielsweise die Elefanten leben die Orkas in matriarchalischen Gruppen, die immer von den ältesten Weibchen geleitet werden. Die übrigen Gruppenmitglieder sind in der Regel die Nachkommen dieses Weibchens, und die enge Beziehung zur Stammutter hält alle Tiere zusammen. Wenn das Oberhaupt stirbt, bricht die Familie meist auseinander; die Töchter bilden mit ihren Nachkommen eine neue Gruppe, während die Männchen allein umherziehen.

Aggressionen innerhalb eines Familienverbandes sind noch nie beobachtet worden, Spiele und andere Kontakte zu den Artgenossen kommen jedoch häufig vor: 13 % ihrer Zeit verwenden die Tiere dafür. Auch verschiedene Gruppen mischen sich gelegentlich und tauschen freundschaftliche Gesten aus. Besonders häufig sind solche Begegnungen mit benachbarten Verbänden in der Fortpflanzungszeit, denn die eigenen Eltern, Geschwister und Kinder scheinen für die Orkas als Partner wenig attraktiv zu sein. Selbst zwischen fremden Tieren gibt es keine Aggression, jedenfalls sahen die Wissenschaftler bisher keine Kämpfe.

Begrüßungsrituale

Die Begegnung zweier Orkagruppen wird stets von einem ganz bestimmten Begrüßungszeremoniell begleitet. Wenn die Verbände nur noch wenige Meter voneinander entfernt sind, blikken sie sich 10–30 Sekunden lang an (1). Anschließend tauchen die Tiere ab, und die Familien mischen sich (2). Sie bilden einen dichten Schwarm, der sich im Kreis bewegt und wieder an die Oberfläche steigt; dort teilt er sich in kleine Gruppen, die sich in ausgelassenen, geräuschvollen Spielen ergehen (3).

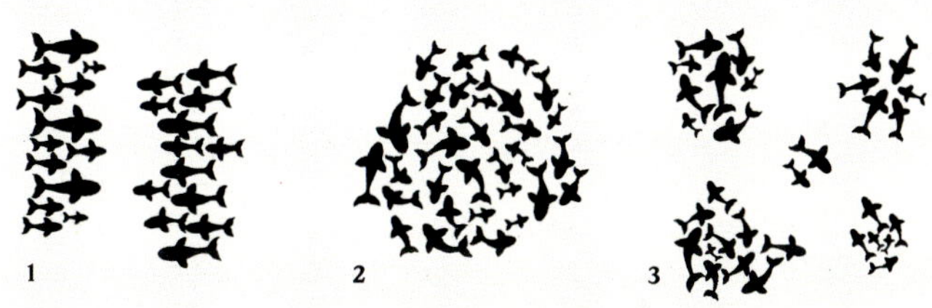

Während größerer Wanderungen nimmt die Orkafamilie häufig eine bestimmte Formation ein und spaltet sich in kleinere Gruppen auf. Diese bestehen meist aus weiblichen Tieren und Jungen aller Altersstufen, wie auf dem Bild rechts. Säuglinge bleiben stets in der Nähe ihrer Mütter. Sowohl innerhalb der Familie als auch gegenüber fremden Artgenossen legen Orkas nach den Erkenntnissen der Wissenschaftler immer ein freundliches Verhalten an den Tag.

Ein unglaublich beweglicher Koloß

Wenn man eine Gruppe von Orkas und ihre Verhaltensweisen über einen längeren Zeitraum beobachtet, drängt sich der Eindruck auf, daß die Sprünge und Schwanzschläge der Tiere das Resultat ihres Spieltriebs sind und nichts mit der Fortbewegung zu tun haben.

Häufig heben Orkas kurz den Kopf aus dem Wasser oder richten sich senkrecht auf, als wollten sie nach irgend etwas Ausschau halten. Bis zu den Brustflossen ragen sie dann aus dem Meer. Manchmal nehmen mehrere Tiere einer Gruppe gleichzeitig diese Beobachtungshaltung ein; besonders häufig sieht man sie aber bei Jungtieren, die offenbar sehr neugierig sind. Auf diese Weise können die Orkas beispielsweise Beute am Ufer ausfindig machen.

Geräuschvolle und ausgelassene Spiele

Vor allem beim Spiel mit Artgenossen zeigen Schwertwale eindrucksvolle Sprünge und Schwanzschläge. Wenn sie mit den Brustflossen oder der mächtigen Fluke auf die Wasseroberfläche schlagen, entsteht ein gewaltiger Lärm, der sich unter Wasser rasch fortpflanzt und so laut ist, daß man ihn über mehrere Kilometer hinweg wahrnehmen kann. Dieses Schlagen auf das Wasser wenden die Orkas nicht nur im übermütigen Spiel, sondern auch beim Werbeverhalten an. Bei der Nahrungssuche kann man es ebenfalls beobachten; hier dient es wahrscheinlich dazu, Fische in Panik zu versetzen und zusammenzutreiben.

Bei ihren stets geräuschvollen, ausgelassenen Spielen zeigt sich, daß Orkas trotz ihrer Größe und ihres Körpergewichts sehr wendig sind. Häufig strecken sie ihren Schwanz aus dem Wasser und wedeln damit hin und her, oder sie vollführen Luftsprünge. Dabei heben sie sich nicht selten fast vollständig aus dem Meer, tauchen elegant kopfüber wieder hinein oder lassen sich schwer auf den Bauch, den Rücken oder eine Seite fallen, so daß das Wasser hoch aufspritzt.

Streicheleinheiten

Wie die anderen Delphine suchen auch die Orkas häufig den Körperkontakt mit Artgenossen, der aber meist nur wenige Sekunden währt. Viel mehr Zeit, oft bis zu einer Stunde, verbringen sie damit, sich an Steinen auf dem Meeresboden zu reiben, die sie, wie im Pazifik beobachtet wurde, eigens zu diesem Zweck aufsuchen.

Wenn Schwertwale ein Tangfeld passieren, können sie nur schwer der Versuchung widerstehen, die langen Algen dabei an ihrer Haut entlangstreifen zu lassen. Oft befördern sie danach einige Pflanzen auf ihrem Rücken an die Wasseroberfläche. Bislang konnten die Wissenschaftler noch nicht ermitteln, ob es sich bei diesem Verhalten um ein Spiel oder um eine Notwendigkeit handelt.

Trotz ihres Körpergewichts von bis zu 8 t sind Orkas anmutige Tiere; wie ihre kleineren Vettern können auch sie elegant durch die Wellen springen.

Häufig lassen sich die Orkas nach einem Sprung schwer auf den Rücken, den Bauch oder eine Seite zurückfallen, so daß das Wasser weit nach allen Seiten spritzt. Dieses Verhalten gehört ebenso zum Spiel der Tiere wie das heftige Schlagen mit der Schwanzflosse, der Fluke. In jedem Fall entsteht dabei ein Lärm, der unter Wasser kilometerweit zu hören ist und für die Verständigung mit anderen Gruppen über größere Entfernungen eine wichtige Rolle spielt.

Seelöwen müssen ständig auf der Hut vor Orkas sein, denn selbst an Land droht ihnen von den Delphinen Gefahr. Hungrige Schwertwale verlassen nicht selten für kurze Zeit ihr Element, um Robben zu ergreifen, die so unvorsichtig waren, die lautlos heranschwimmenden Jäger nicht zu beachten. Sobald die Orkas in Strandnähe auftauchen, geraten die Seelöwen in Panik und fliehen ins Wasser, wo sie erst recht eine leichte Beute sind.

Überraschungsangriffe im Wasser und sogar an Land

Schwertwale jagen ebenso wie die anderen Delphine meist in Gruppen, da das Aufspüren und Fangen der Beute oft die Zusammenarbeit aller Mitglieder eines Verbandes erfordert. Dabei hängt es von der Art der Beutetiere ab, wie groß die Jagdgruppe ist und welche Technik sie anwendet. Eine perfekte Koordination mehrerer Orkas ist vor allem bei den riesigen Bartenwalen oder bei Schwärmen von Fischen erforderlich.

Dank der gemeinschaftlichen Suche dauert es meist nicht lange, bis die Tiere einen Fischschwarm, beispielsweise Stinte oder Kabeljaus, entdecken. Ihre Taktik sieht dabei folgendermaßen aus: Sie formieren sich zu einer breiten Front von ca. 2 km Länge und schwimmen mit einer Geschwindigkeit von etwa 5 km/h. So können die Orkas eine Fläche von 10 km^2 in der Stunde kontrollieren, wesentlich mehr als ein Einzelgänger oder ein Verband, der dicht zusammengedrängt auf Jagd geht. Mit ihrem Echoortungssystem stellen sie die Größe des Fischschwarms und die Art der Beutetiere fest.

Durch die Ultraschallsignale, die die Orkas aussenden und empfangen, kennt jedes Tier außerdem seine Position im Jagdverband; auf diese Weise bleibt es ständig in Kontakt mit den anderen Gruppenmitgliedern.

Orkadialekte

Die Echoortung reicht allerdings nicht aus, um die Aktionen der gesamten Gruppe aufeinander abzustimmen, vor allem, wenn es darum geht, eine Fischbank einzukreisen; in diesem Fall benutzen die Schwertwale spezielle Laute geringerer Frequenz.

Die Schwertwale vor der nordamerikanischen Pazifikküste verständigen sich mit ungefähr 40 verschiedenen Lauten, von denen manche bisher nur bei einer einzigen Gruppe festgestellt wurden und folglich als eine Art Dialekt gelten können. Aus der Ähnlichkeit dieser Töne bei verschiedenen Orkas ziehen Wissenschaftler Schlüsse auf ihren Verwandtschaftsgrad bzw. auf ihre Vertrautheit untereinander. Darüber hinaus kann jedes Tier seine eigenen Lautvarianten erzeugen, die sich mit der unverwechselbaren Klangfarbe der menschlichen Stimme vergleichen lassen.

Lautlose Annäherung

Während die Schwertwale mit ihren Lautsignalen sehr erfolgreich Fische jagen, taugt diese Methode nicht für das Erbeuten von Delphinen wie z. B. Tümmlern, da diese die von den Orkas ausgesandten Töne vernehmen können. Demzufolge müssen sich die Schwertwale bei der Jagd auf ihre Verwandten einer anderen Technik bedienen. Sie patrouillieren dazu fast lautlos und „spitzen die Ohren", um ihre Beutetiere aufgrund der Geräusche ausfindig zu machen, die diese bei ihren Bewegungen im Wasser und bei der Ortung selbst erzeugen.

Zum Beutespektrum der Orkas gehören auch Seehunde und Seelöwen. Besonders einfach ist die Jagd auf diese an den Orten, wo sie sich zur Fortpflanzung versammeln. Dort können sich die Schwertwale ihre hungrigen Mägen problemlos füllen.

Um einen mächtigen Bartenwal zu überwältigen, müssen die Orkas jedoch ein Höchstmaß an Vorsicht und Zusammenarbeit aufbringen. Während einige Gruppenmitglieder das Beutetier an der Flucht hindern, indem sie es an den Flossen packen, beißen die anderen es in den Kopfbereich, um es dazu zu veranlassen, das Maul zu öffnen. Dann können die Orkas die empfindliche Zunge fassen – sozusagen die Achillesferse dieser Giganten. Manchen Walen gelingt die Flucht, indem sie wild um sich schlagen und dadurch ihre Feinde abschütteln, die anderen sterben einen qualvollen Tod.

Für die Meeressäuger besteht jedoch keine Gefahr, von hungrigen Schwertwalen angegriffen zu werden, wenn sich ein Fischschwarm in ihrer Nähe befindet. Untersuchungen haben eindeutig erbracht, daß Wale, Seelöwen oder Seehunde die Nähe der Schwertwale bei reichlich vorhandenem Fisch nicht zu fürchten brauchen, da sie dann von diesen in keinster Weise behelligt werden.

Meist handelt es sich um unerfahrene junge Seelöwen oder um alte und kranke Tiere, die den Orkas zum Opfer fallen. Wenn Schwertwale Robben mit ihren Zähnen ergriffen haben, schütteln sie diese heftig, bevor sie sie verschlingen.

Mutter und Kind – eine lebenslange Beziehung

Die Paarung der Schwertwale beginnt mit einem ausführlichen Liebesspiel, in dessen Verlauf sich die Partner leichte Klapse mit den Flossen versetzen und eng aneinanderschmiegen. Häufig steigen sie an die Wasseroberfläche und rollen ihre Körper gegeneinander. Sind sie sich einig, erfolgt die Paarung – meist an der Wasseroberfläche mit großem Gespritze und Geplatsche. Dabei legen sich die beiden Partner Bauch an Bauch in waagrechter oder senkrechter Stellung aneinander und halten sich mit den Brustflossen fest.

Die Tragzeit ist mit 16–17 Monaten verhältnismäßig lang; direkt nach der Geburt bugsiert die Mutter das Kleine an die Wasseroberfläche, damit es atmen kann.

Männchen wachsen länger als Weibchen

Das Schwertwalbaby ist bei seiner Geburt bereits 2,2–2,9 m lang und wächst sehr rasch heran. Im 1. Lebensjahr ernährt es sich nur von der Milch seiner Mutter und entfernt sich nie weiter als einige Meter von ihr. Wenn es hungrig ist, berührt es mit dem Maul ihren Bauch nahe der Zitzen und nimmt geschickt den herausschießenden Milchstrahl auf.

Manchmal begegnet man Untergruppen von Schwertwalen, die nur aus Säuglingen und älteren Jungtieren zu bestehen scheinen. Ein erwachsenes Tier ist dann jedoch nie weit, um den Nachwuchs zu bewachen und dafür zu sorgen, daß er zusammenbleibt.

Wie alle großen Waltiere nehmen Orkas in den ersten Lebensjahren sehr schnell zu – jedes Jahr etliche Zentner. Nach etwa 10 Jahren verlangsamt sich das Wachstum der Weibchen, während das der Männchen noch mehrere Jahre fortdauert. Ausgewachsene Männchen erreichen manchmal eine Körperlänge von fast 10 m, während die Größe der Weibchen im Höchstfall 7 m beträgt. Entsprechend unterschiedlich ist auch das Körpergewicht der Geschlechter: Die männlichen Orkas wiegen in der Regel doppelt soviel (im Mittel 8 t) wie die weiblichen (4 t).

Das Alter der Schwertwale läßt sich durch die genaue Untersuchung ihrer Zähne errechnen. Auf diese Art konnte man feststellen, daß die Lebensdauer der großen Delphine mindestens 35 Jahre betragen kann.

Abgesehen vom Menschen müssen freilebende Schwertwale keine Feinde fürchten; einem gesunden Orka kann kein Lebewesen ernsthaft gefährlich werden, während er selbst bei allen größeren Meeresbewohnern gefürchtet ist. Dementsprechend niedrig liegt nicht nur die Sterblichkeitsrate der Schwertwale, sondern auch ihre Geburtenrate: Ein Orkaweibchen kann höchstens alle 3 Jahre ein Junges zur Welt bringen.

Ein schnelles Wachstum

Das Geschlecht erwachsener Orkas läßt sich trotz gleicher Färbung anhand der Rückenfinne und der Größe der Tiere gut unterscheiden. Das rasante Wachstum beider Geschlechter in den ersten Lebensjahren verlangsamt sich, sobald die Tiere die Geschlechtsreife erreichen (gekennzeichnet durch Pfeile). Während jedoch männliche Tiere auch nach dem 10. Lebensjahr noch mehrere Jahre zügig weiterwachsen, legen die Weibchen nur noch unwesentlich an Körpergröße zu.

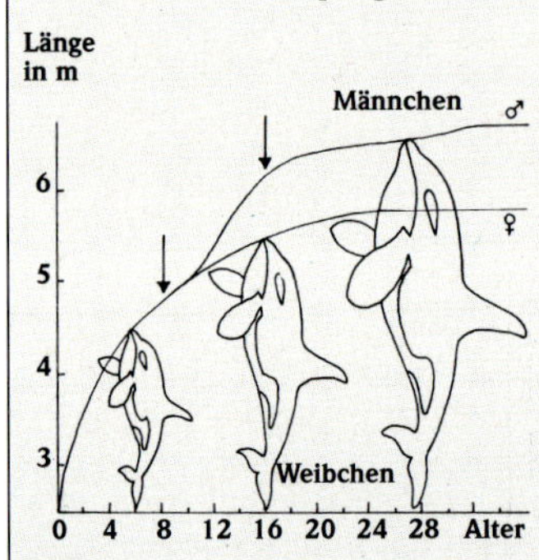

In ihrem 1. Lebensjahr ernähren sich kleine Orkas ausschließlich von Muttermilch. Die Zitzen des Weibchens sind in Hautfalten in der hinteren Bauchgegend verborgen und werden beim Säugen vorgestülpt, damit das Walbaby die Zitze im Maul richtig plazieren kann. Dank der äußerst nahrhaften Milch wächst das Junge sehr schnell heran – allein in den ersten beiden Lebensjahren um ungefähr 1 m. Die Sterblichkeitsrate junger Schwertwale ist niedrig.

Das Junge begleitet seine Mutter überallhin und weicht nicht von ihrer Seite. Von Geburt an ist es ebenso gezeichnet wie die Erwachsenen. Seine Mutter unterscheidet der kleine Orka von den anderen Gruppenmitgliedern an ihrer Stimme. Selbst nach der Entwöhnung bleibt die Beziehung zwischen den beiden Tieren sehr eng.

▶ *Orkas streifen gern durch Tangwälder, die in seichten Küstengewässern wachsen. Mit der Schwanzflosse nehmen sie manchmal einige Algen mit an die Wasseroberfläche.*

Orka

Orcinus orca

Seine Körperzeichnung, seine Gestalt und seine Größe verleihen dem Orka oder Schwertwal ein unverwechselbares Äußeres. Der kegelförmige Kopf besitzt im Unterschied zu vielen anderen Delphinarten keinen deutlichen Schnabel. Die schwertförmig aufragende, knochenlose Rückenfinne ist verhältnismäßig schmal. Bei männlichen Tieren kann sie eine Höhe von fast 2 m erreichen. An der Form dieser Rückenflosse lassen sich einzelne Tiere identifizieren; bei Jungtieren und Weibchen ist sie kleiner und eher sichelförmig, bei Männchen dreieckig und fast gerade. Die beiden Brustflossen sind rundlich geformt und von beträchtlicher Größe. Bis zu 2 m Länge und 1 m Breite hat man schon bei erwachsenen Männchen gemessen.

Die bei weitem größte Kraft wird jedoch wie bei allen Delphinen von der mächtigen, waagrecht angesetzten Schwanzflosse, der Fluke, erzeugt, die ebenso wie die Rückenfinne nicht mit Knochen verstärkt ist. Die Fluke verleiht dem Tier seinen Antrieb beim Schwimmen. Trotz seiner auffälligen, kontrastreichen Schwarzweißzeichnung ist der Schwertwal in seinem Lebensraum gut getarnt; seine Umrisse verschwimmen offenbar durch die Körperzeichnung, so daß er auf seine Beutetiere kleiner wirkt, als er tatsächlich ist.

Hinter der Rückenfinne befindet sich ein halbmondförmiger, weiß bis hellgrau gefärbter Fleck, und am Kopf, hinter und über dem Auge, verläuft ein weißer Schläfenstreifen. Eine besonders große weiße Fläche zieht sich über Unterkiefer, Kehle, Brust und Bauch. Doch gibt es gelegentlich auch Tiere, die völlig schwarz bzw. einheitlich weiß gefärbt sind.

Im gewaltigen Maul des Orkas sitzen pro Kieferhälfte 10–14 Zähne, die eine Länge von 14 cm erreichen können.

Wie der Große Tümmler verfügt auch der Orka über ein hochentwickeltes Gehirn; das Verhältnis des Hirngewichts zu dem des ganzen Körpers ist bei beiden Arten etwa gleich. Auch sonst ähnelt der Schwertwal in seinem Körperbau und in seinen Fähigkeiten sehr stark den anderen Delphinen. Er besitzt wie sie ein sehr feines Gehör bis in den Ultraschallbereich hinein, mit dessen Hilfe er seine Beute aufspürt, und sein Gesichtssinn ist ebenfalls ausgezeichnet. Sowohl unter als auch über Wasser

	ORKA ODER SCHWERTWAL
Art:	*Orcinus orca*
Familie:	Schwert- und Grindwale
Ordnung:	Waltiere
Klasse:	Säugetiere
Merkmale:	Kein Schnabel, kegelförmiger Kopf, hohe Rückenflosse; typische Schwarzweißzeichnung. 10–14 Zähne je Kieferhälfte
Maße:	Männliche Tiere bis zu 10 m, weibliche bis zu 7 m lang
Gewicht:	Männchen durchschnittlich 8 t, Weibchen 4 t
Verbreitung:	Alle Ozeane, von den Tropen bis in die Polargebiete
Lebensraum:	Bevorzugt in Küstennähe
Nahrung:	Fische, Tintenfische, Robben, Pinguine, Delphine; gelegentlich sogar große Bartenwale
Sozialstruktur:	Stabile Gruppen von 5–20 miteinander verwandten Tieren, meist in festen Revieren
Geschlechtsreife:	Mit 10–15 Jahren beim männlichen, mit 7–8 Jahren beim weiblichen Tier
Fortpflanzung:	Abhängig vom Aufenthaltsgebiet
Tragzeit:	15 17 Monate
Anzahl der Jungen pro Geburt:	1 (höchstens alle 3 Jahre eine Geburt)
Geburtsgewicht:	Etwa 160 kg
Bedrohung und Schutz:	Nicht gefährdet

kann er scharf sehen, was für ihn deshalb wichtig ist, weil er in Strandnähe nicht selten Jagd auf Robben und Pinguine macht.

Wie lange und wie tief der Orka tauchen kann, ist nicht genau bekannt; da seine wichtigsten Beutetiere jedoch im allgemeinen knapp unter der Wasseroberfläche leben, scheint diese Fähigkeit keine so bedeutende Rolle zu spielen wie bei anderen Walen (siehe Seite 40). Große Meeressäuger, die weit hinabzutauchen vermögen, können ihm leicht entkommen, indem sie größere Tiefen aufsuchen.

Das Verbreitungsgebiet des Orkas umfaßt alle Klimazonen von den Tropen bis in die Polarmeere. Damit zählt er zu den anpassungsfähigsten Zahnwalen, was die Wassertemperatur anbelangt. Sein gut funktionierendes Wärmeregulierungssystem, bestehend aus einer Speckschicht und einem komplizierten Blutgefäßnetz, schützt ihn sowohl gegen Unterkühlung als auch gegen Überhitzung.

Wie die meisten Waltiere lebt auch der Orka in Gruppen, die bei ihm sehr stabil sind und von dem ältesten und erfahrensten Weibchen geführt werden. Bei der Jagd kommen ihm diese starken Bindungen zugute, da er viele Beutetiere nur in der Gemeinschaft mit Artgenossen überwältigen kann.

Früher unterschieden die Wissenschaftler mehrere Schwertwalarten, wobei sie sich auf die unterschiedliche Hautfärbung und die Form der Rückenflosse stützten. Im 19. Jh. wurden drei Arten beschrieben, die in den europäischen Meeren vorkamen: *Orca gladiator*, der sich von *Orca minor* durch die Höhe seiner Rückenflosse unterschied, und *Orca eschrichti*, der anders gefärbt war als die beiden vorher genannten Arten. Später erfaßte man noch eine im Pazifischen Ozean beheimatete Form mit Namen *Orca rectipinna*, und 1981 schließlich wurde eine Zwergform aus der Antarktis bekannt, *Orcinus nanus*. Heute jedoch vertritt die Forschung den Standpunkt, daß alle diese Varianten zu einer einzigen Art zusammengefaßt werden müssen, nämlich *Orcinus orca*.

Besondere Merkmale

Zeichnung
Die weißen Flächen an Kopf, Bauch und Rücken des Orkas setzen sich deutlich vom schwarzen Körper ab und sind typisch für diese Art. Sie bewirken, daß sich die Konturen des großen Delphins im Meer auflösen und Beutetiere den Schwertwal erst spät entdecken. Diesen tarnenden Effekt des Schwarzweißkontrasts findet man beispielsweise auch bei Zebras.

Zähne
Das mächtige Gebiß des Schwertwals enthält zwischen 40 und 56 Zähne, also wesentlich weniger als beispielsweise das des Großen Tümmlers. Die Form aller Zähne ist einheitlich, doch ihre Länge nimmt nach hinten von 14 auf 12 cm ab. Mit ihnen vermag der Orka größeren Beutetieren wie Bartenwalen Fleischstücke aus dem Körper zu reißen und kleinere Meeressäuger wie Seelöwen festzuhalten und zu verschlingen.

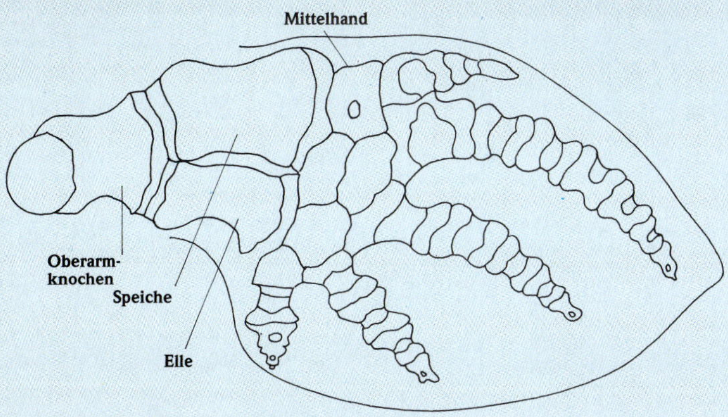

Brustflosse
Das Skelett der Brustflosse setzt sich wie die Vordergliedmaßen der anderen Säugetiere zusammen, doch sind die Knochen entsprechend ihrer Funktion abgewandelt. Oberarmknochen, Elle und Speiche haben sich im Lauf der Stammesgeschichte stark verkürzt und abgeflacht. Beweglich ist nur das Gelenk zwischen Oberarmknochen und Schulterblatt, die anderen Gelenke bilden mit verschiedenen Knochen eine feste Einheit. Die paddelförmige Hand besteht aus fünf weit gespreizten Fingern, die von Bindegewebe und Haut umhüllt sind. Der zweite Finger überragt die anderen und ist kräftiger entwickelt. Die Brustflossen oder „Flipper“ dienen der Steuerung und Stabilisierung beim Schwimmen; der Antrieb wird von der Schwanzflosse erzeugt.

Orkas in ihrem Lebensraum

Das Verbreitungsgebiet der Orkas erstreckt sich über alle Ozeane. Doch damit nicht genug, einzelne Exemplare der Art wurden sogar schon in Süßwasser gesichtet. Besonderes Aufsehen erregte 1931 ein 4 m langes Schwertwalweibchen, das den Columbia River im Nordwesten der USA mehr als 100 Meilen flußaufwärts schwamm und über 3 Monate in diesem Fluß verbrachte.

Obwohl der Orka von der Packeiszone bis in tropische Meere vorkommt, begegnet man ihm am häufigsten in kalten Gewässern, wo er im Bereich eines bis zu 800 km breiten Küstenstreifens anzutreffen ist. In der Regel bleibt der Schwertwal auch in der Paarungszeit, die im Nordatlantik die Monate Oktober und November umfaßt und im Nordpazifik von Mai bis Juli andauert, standorttreu. Zu bestimmten Jahreszeiten wechselt die Art jedoch nicht selten in tiefere Gewässer, um sich dort auf Nahrungssuche zu begeben.

Selbst Meeresgiganten müssen sich vorsehen

Große Bartenwale müssen neben dem Menschen nur einen Feind fürchten: den Orka. Dank seiner Muskelkraft, seiner scharfen Zähne und nicht zuletzt der gemeinschaftlichen Jagd kann er selbst die größten Meeressäuger erfolgreich angreifen. Deshalb eilte ihm lange Zeit der Ruf voraus, ein blutrünstiger Mörder zu sein, und seine Gefräßigkeit wurde häufig maßlos übertrieben.

Mitte des letzten Jahrhunderts hatte der dänische Naturforscher Eschricht in einer Veröffentlichung mitgeteilt, daß er im Magen eines Schwertwals die unverdauten Teile von 13 Kleintümmlern und 14 Robben gefunden habe. Diese Zahlen wurden in den folgenden Jahrzehnten immer wieder zitiert, und einige Autoren interpretierten Eschrichts Angaben fälschlicherweise so, daß der Orka die Tiere ganz verschlungen hätte. Sie schlossen daraus, daß der Magen von Schwertwalen 27 Tiere dieser Größe fassen könne. Tatsächlich jedoch waren sie in dem betreffenden Fall nacheinander und offenbar nur teilweise gefressen worden.

Verbürgt ist hingegen der Freßrekord eines Schwertwals, der 1956 in der Meerenge von Akashi in Japan gefangen wurde: Sein Magen enthielt acht Kleintümmler. Auch in Gefangenschaft zeigt der Orka einen wahren Heißhunger: Täglich vertilgt er mit großem Appetit bis zu 200 kg Fisch.

Doch auf seinem Speisezettel stehen keineswegs nur Meeressäuger und Fische; bei der Prüfung des Mageninhalts toter Orkas fanden Wissenschaftler Reste der unterschiedlichsten Tiere, darunter zehn Arten von Waltieren, acht Robben-, elf Knochenfisch- und drei Knorpelfischarten (Haie, Rochen) sowie sechs Arten anderer Wirbeltiere (Reptilien und Vögel).

Diese Befunde verdeutlichen, daß Schwertwale über ein sehr breites Nahrungsspektrum verfügen und so gut wie alle Meereswirbeltiere erbeuten können, darüber hinaus selbstverständlich auch Wirbellose, vor allem Tintenfische und Kraken.

Fische bevorzugt

Im nördlichen Atlantik ernähren sich Orkas in erster Linie von Heringen. Zu manchen Zeiten fressen sie aber auch andere Fische wie Dorsche, Heilbutte und Lachse. Das jahreszeitlich bedingte Auftauchen großer Gruppen von Orkas vor der Südküste Norwegens hängt oft mit dem Zug der Heringsschwärme zusammen, während die Schwertwale vor der Nordküste gleichzeitig mit den Dorschen im Spätwinter und Frühling eintreffen.

Der Angriff auf einen großen Bartenwal erfordert die Zusammenarbeit sämtlicher Mitglieder der Orkagruppe. Während einige Tiere den Wal an der Flucht hindern, versuchen andere, ihm tödliche Verletzungen zuzufügen. Normalerweise machen Schwertwale keine Jagd auf die friedfertigen Riesen, doch wenn sie nicht genügend Fische – ihre Hauptnahrung – finden, stellen sie eine echte Gefahr für die mächtigen Meeressäuger dar.

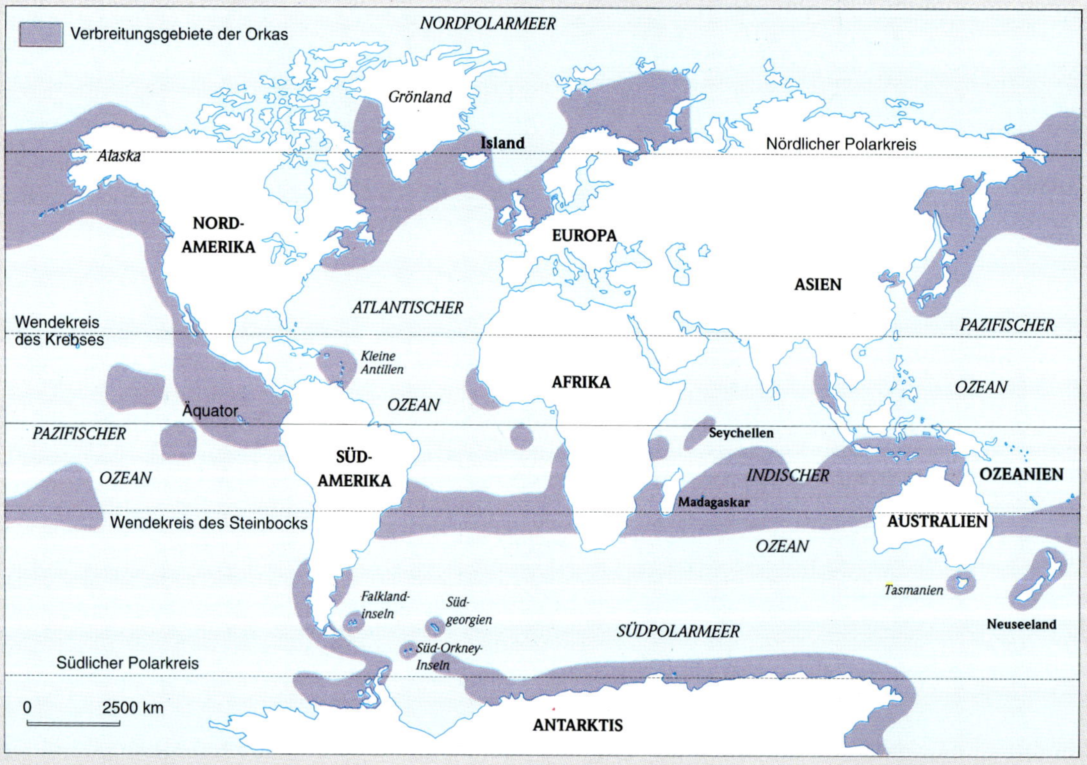

Orkas sind in allen Ozeanen der Erde zu Hause, von der Arktis bis zur Antarktis. Auf der Nordhalbkugel leben sie hauptsächlich im Bereich eines breiten Meeresstreifens, der große Teile der Küsten Nordamerikas und Eurasiens umschließt. Auf der Südhalbkugel sind Schwertwale vor allem in den Küstengewässern des antarktischen Kontinents, die wahrscheinlich die weitaus größten Populationen beherbergen, vor der Südspitze Südamerikas sowie im Bereich des südlichen Wendekreises verbreitet. Wissenschaftler beziffern die Zahl der im Südpolarmeer lebenden Schwertwale auf 180 000 Tiere.

Fische bestimmen auch die Aufenthaltsgebiete der Schwertwale, die vor der Nordwestküste Nordamerikas leben: Wenn die Pazifischen Lachse diese Region auf ihrer Wanderung in ihre Laichgewässer durchqueren, sind auch die Orkas nicht weit. Manche Gruppen verweilen dann länger als einen Monat dort, um sich ihre Mägen mit Lachs vollzuschlagen. Bei schätzungsweise jährlich 2–20 Mio. Lachsen, die im Juli und August ziehen, bleibt noch genügend Nahrung für andere Jäger.

Die im Nordostpazifik verbreiteten Schwertwale kommen besonders häufig in solchen Gebieten vor, wo sich viele Meeressäuger tummeln. Bei reichem Fischangebot allerdings interessieren sich die Orkas nicht weiter für Säugetiere, die zu fangen zweifellos sehr viel mehr Kraft erfordert. So ergab eine Untersuchung der Mageninhalte von Schwertwalen, die in japanischen Küstengewässern heimisch sind, daß Fische den Hauptanteil ihrer Nahrung ausmachen.

Genaue Zahlen unbekannt

Es gibt bislang nur grobe Schätzungen darüber, wieviele Tiere die einzelnen Schwertwalpopulationen umfassen. Die Forscher beziffern die Zahl der Orkas, die im Südpolarmeer leben, auf etwa 180000 Exemplare. Wesentlich weniger Orkas sind auf der Nordhalbkugel verbreitet, wo nur für einige begrenzte Regionen Bestandsschätzungen vorliegen. Demnach beläuft sich z. B. die Population vor der Küste Norwegens auf ungefähr 1400 Schwertwale; Verallgemeinerungen läßt diese Zahl nicht zu, denn in den europäischen Meeren wurden große Bestandsschwankungen festgestellt. Da Orkas aber kalte Gewässer bevorzugen, nimmt ihre Populationsdichte wohl von Norden nach Süden ab.

Auch für den Pazifischen Ozean liegen nur wenige Angaben vor. So ergab die recht genaue Zählung der Schwertwale vor der kanadischen Pazifikküste eine Zahl von 300 Tieren.

Vom berüchtigten Mörder zum sanften Gefährten

Noch vor wenigen Jahrzehnten als „gefräßiges Monster" verschrien, gehört der Orka heute zu den größten Touristenattraktionen aus der Tierwelt. Dennoch wird ihm noch immer nachgestellt – von Fischern, die ihn als Konkurrenten betrachten, und bis vor einigen Jahren auch von Tierhändlern, die ihn lebend für Delphinarien fingen.

Ein Wal mit vielen Namen

Bereits unsere fernen Vorfahren in prähistorischer Zeit machten allem Anschein nach Jagd auf den Orka. Davon zeugen nicht nur Knochenreste, die man in Nordeuropa in Bodenschichten aus der mittleren und jüngeren Steinzeit gefunden hat, sondern auch Felszeichnungen der Tiere aus jener Epoche.

In den Schriften des Altertums wird der Schwertwal mehrfach erwähnt, wenngleich die Zuschreibung zu Fehldeutungen Anlaß gegeben hat. So taucht ein Lebewesen mit Namen *Orca* in der Literatur bereits im 1. Jh. unserer Zeitrechnung auf. Häufig wurde dieses vor allem bei Plinius erwähnte Tier mit dem Schwertwal gleichgesetzt, doch war *Orca* nur die allgemeine Bezeichnung für Wale und konnte ebensogut auf einen Pottwal wie auf einen Schwertwal zutreffen. Wie George Cuvier zu Beginn des 19. Jh. deutlich machte, entspricht der heutige *Orcinus orca* eher dem Tier, das bei den Römern als *Arius marinus* (Meereswidder) auftaucht. Wahrscheinlich wurde es wegen des weißen Flecks hinter dem Auge, dessen Form mit viel Phantasie an ein Horn erinnert, so genannt.

Gejagt mit Harpune und Maschinengewehr

In der Antarktis und in den Meeren um Norwegen und um Japan hatten Schwertwale von jeher besonders stark unter der Verfolgung durch Waljäger zu leiden. Zwischen 1935 und 1980 wurden in diesen Regionen rund 6000 Tiere getötet.

Von dieser Jagd in kleinem Maßstab profitierte in erster Linie die einheimische Bevölkerung. Sie wurde weniger wegen des Fleischs betrieben – es eignet sich nicht für den menschlichen Verzehr und kann nur zu Tierfutter verarbeitet werden – als wegen des wertvollen Öls, das man aus ihrem Fettgewebe gewinnt. Von einem erwachsenen Orka erhält man fast 1 t Öl. Auch die Haut der Schwertwale fand Verwendung, da sie sehr widerstandsfähig ist: Aus ihr wurden Schuhsohlen hergestellt.

Schwertwale wurden aber auch noch aus einem anderen Grund bejagt. Japanische, isländische und vor allem norwegische Fischer machten die Orkas für den Rückgang von Fischbeständen (Lachsen und vor allem Heringen) und die Zerstörung von Fangnetzen verantwortlich. Ob ihre Klagen begründet waren, darf guten Gewissens bezweifelt werden.

Nach sorgfältigen Prüfungen kamen Gutachter zu dem Ergebnis, daß die Fischmenge, die von sämtlichen im Nordostpazifik verbreiteten Schwertwalen jährlich vertilgt wird, nur einen winzigen Bruchteil des Betrags ausmacht, der von Fischereiflotten eingebracht wird. Richtet man sein Augenmerk hingegen nur auf die Heringe, die Orkas im Nordostpazifik erbeuten, kommt man auf eine Menge von 48 000 t jährlich, was gemessen an den Heringsbeständen ein verhältnismäßig hoher Prozentsatz ist. Dies rechtfertigt jedoch in keinem Fall jene wahren Massenschlächtereien, wie sie in den 70er Jahren von Amerikanern, Norwegern und Sowjets mit Maschinengewehren und Harpunen veranstaltet wurden. Man darf nämlich nicht vergessen, daß das Überfischen der Meere, für das allein der Mensch verantwortlich ist, Heringe und andere Fischarten bereits beträchtlich reduziert hat – mehr, als es die Orkas jemals vermocht hätten.

Diese Tatsache hielt die Fischer natürlich nicht davon ab, auch weiterhin Tausende von Schwertwalen zu töten, um einen möglichst einträglichen Fang zu machen. Doch Proteste von Naturschützern schoben diesem Ansinnen einen Riegel vor. Auf ihr Drängen hin verbot die Internationale Walfangkommission im Jahr 1981 die Massentötungen von Orkas.

Seit 1964 stellt der Mensch dem Schwertwal aus anderen Gründen nach: Er erbeutet die Tiere lebend für Delphinarien. Bis zum Jahr 1976 fing man sie vorwiegend aus dem Meer vor der kanadischen Westküste (British Columbia), später vor allem aus isländischen Gewässern. Am bequemsten wird man der Orkas in der Heringssaison im Oktober und November habhaft; dann kreisen die Tierfänger Gruppen ein, die mit der Nahrungsaufnahme beschäftigt sind, und werfen große Schleppnetze über sie. Jungtiere, die nicht älter als etwa 2 Jahre sind, werden

Diese Felsgravur – eine indianische Arbeit, die im Olympic National Park (USA, Bundesstaat Washington) entdeckt wurde – stellt zweifellos einen Schwertwal dar. Vor der Besiedlung des nordamerikanischen Westens durch Europäer nahm der Orka einen wichtigen Platz in der Mythologie der dort beheimateten Völker ein; Verehrung wurde ihm insbesondere auf Vancouver Island vor der kanadischen Pazifikküste zuteil, wo Orkas oft in Strandnähe auftauchen.

zurückbehalten, da sie besonders leicht zu transportieren und zu dressieren sind. Doch auch von diesen Tieren erreicht nur ein kleiner Teil lebend seinen Bestimmungsort. Mehr als 75 % der für Delphinarien gefangenen Tiere sterben beim Fang oder während des Transports, und auch die Umstellung auf das Leben in Gefangenschaft unter veränderten Bedingungen und mit bis dahin unbekanntem Streß gelingt nicht in jedem Fall.

Lärmbelästigung und Meeresverschmutzung

Seitdem Orkas einigermaßen geschützt sind und sich die Meeressäuger wachsender Beliebtheit erfreuen, scheinen ihre Bestände wieder zu steigen. Doch dieses neue Interesse und ihre Popularität bei einem breiten Publikum stellen eine Gefahr für die Tiere dar. Sie sind inzwischen Gegenstand eines wahren Massentourismus, des sogenannten *whale watching*, geworden. Vor einigen Küsten Nordamerikas kreuzen täglich zahlreiche Schiffe mit Touristen, die Wale aus der Nähe sehen und fotografieren wollen. Auch wenn es ihnen nicht bewußt ist, stören diese Besucher die Wale allein schon durch ihre Anwesenheit.

Im Vergleich zu den anderen Eingriffen des Menschen nimmt sich der Tourismus jedoch noch recht harmlos aus. Vor der Westküste Nordamerikas hat der Schiffsverkehr in den letzten Jahrzehnten erheblich zugenommen, so daß die Schwertwale in ihrem Aufenthaltsgebiet einer ständig wachsenden Lärmbelästigung ausgesetzt sind.

Wahrscheinlich gibt es bei den Walen eine gewisse Grenze, jenseits deren sich ihr Organismus nicht mehr an die Geräusche der Umgebung gewöhnt. Da jedoch das Gehör der wichtigste Sinn der Wale ist, beeinträchtigt selbst geringfügiger Lärm sowohl die Verständigung unter den Tieren als auch die Echoortung, ohne die sie sich nicht orientieren und auch keine Nahrung finden können. Somit stellt der Schiffsverkehr und die damit verbundene Geräuschentwicklung eine ernsthafte Bedrohung für die Orkas dar, weil sie die Orientierung der Tiere behindern und die Wale aus ihren angestammten Aufenthaltsgebieten verdrängen.

Nicht minder gefährlich für die Wale ist die starke Wasserverschmutzung, die vielerorts in Küstennähe erschreckende Ausmaße angenommen hat. In den Küstengewässern des US-amerikanischen Bundesstaates Washington etwa werden immer häufiger Fische gefangen, die schwere Erkrankungen zeigen, vor allem Tumoren und Geschwüre, und in ihren Organen hat man hohe Konzentrationen von Giftstoffen festgestellt; Lachse z. B., die Hauptnahrung der Schwertwale in dieser Region, sind mit Quecksilber, Blei und Arsen belastet. Weil die Orkas am Ende der Nahrungskette stehen, sammeln sich die giftigen Chemikalien in ihren Körpern weiter an.

Wissenschaftler konnten Rückstände des Pflanzenschutzmittels DDT im Gewebe toter Orkas in besorgniserregender Konzentration nachweisen. Die Auswirkungen dieser Schadstoffe auf die Gesundheit der Wale sind schwer abzuschätzen, doch Wissenschaftler sind davon überzeugt, daß sie das Immunsystem schwächen. Vor einigen Jahren stellte man sogar im Körper eines Schwertwals, der in antarktischen Gewässern lebte, DDT in bedenklicher Höhe fest. Diese Tatsache verdeutlicht, daß sich solche Umweltgifte mittlerweile über alle Ozeane verbreitet haben und selbst in jenen Gebieten auftreten, die man vor jeder Verseuchung sicher wähnte.

Tod am Strand: Absicht oder Unfall?

Waltiere, die auf hoher See gestorben sind, werden oft vom Meer an Land gespült. Der Todeszeitpunkt ist meist nur schwer zu ermitteln, da die Körper im Salzwasser nicht so schnell verwesen wie an Land. Häufig jedoch geraten lebende Tiere an die Küsten und verenden dort, weil sie aus eigener Kraft nicht mehr ins Wasser zurückkehren können.

Diese – stets schlagzeilenträchtigen – Walstrandungen geben Meeresbiologen bis heute Rätsel auf. Nicht selten trifft man eine große Anzahl von Walen scheinbar ohne ersichtlichen Grund sterbend an der Küste an; für diese „Massenstrandungen“ gibt es mehrere, zum Teil abenteuerliche Erklärungsversuche.

Während Orkas früher verhaßt waren und in Massen von Fischern getötet wurden, bieten sie heute den Besitzern von Ausflugsbooten eine willkommene Einnahmequelle. Längst hat sich unter Touristen herumgesprochen, daß die Beobachtung einer Orkagruppe ein unvergeßliches Erlebnis ist; kaum jemand macht sich bewußt, daß die Tiere dadurch empfindlich gestört werden.

Massenstrandungen wurden seit Menschengedenken bei vielen Walarten beobachtet, selbst bei solchen, die ausgesprochene Hochseebewohner sind. Dieses Phänomen ist nicht ungewöhnlich, es ereignet sich Jahr für Jahr an zahlreichen Orten der Erde. Wenn mehrere Dutzend Wale derselben Art am Strand verenden, dann handelt es sich in der Regel um gesellige Arten, die von einem dominanten Tier geleitet werden. In solchen Gruppen mit ausgeprägtem Sozialgefüge folgen alle Mitglieder dem Leittier – sogar bis in den Tod. Strandet dieses aus irgendeinem Grund, tut es ihm der gesamte Verband nach. An der Küste Argentiniens starben 1988 auf diese Weise 36 Delphine.

Ebenfalls auf dem Sozialverhalten der Waltiere beruht die Annahme, daß Strandungen auf eine zu hohe Bestandsdichte zurückzuführen sind. Ein kanadischer Wissenschaftler glaubt festgestellt zu haben, daß gesellige Arten immer dann stranden, wenn die Populationen sehr stark angewachsen sind. Diese Beobachtung bestärkte ihn in der Annahme, daß die Tiere nicht zufällig gemeinsam verendeten.

Nun ist von einigen Walarten bekannt, daß sie eine Art Geburtenkontrolle ausüben, um einer zu starken Vermehrung vorzubeugen, und vielleicht stranden einige Schwert- und Grindwalgruppen instinktiv, weil die Bestandsdichte zu hoch ist. Um hierüber jedoch Gewißheit zu erlangen, müßten die sozialen Beziehungen innerhalb der betreffenden Populationen gezielt über einen längeren Zeitraum untersucht werden, vor allem die Spannungen, die zu Streß führen. Streß spielt vermutlich eine wichtige Rolle beim Stranden der Meeressäuger, denn diese Delphine sind oft passiv und wirken entkräftet.

Die Strandungen einzelner Tiere lassen sich hierdurch allerdings nicht erklären; sie beruhen möglicherweise auf Orientierungsstörungen der Wale und Delphine. Nach einer Analyse von etwa 100 Massenstrandungen stellte ein holländischer Biologe in den 60er Jahren fest, daß die Wale stets an Küsten eines bestimmten Typs stranden: an sandigen oder schlammigen Ufern mit schwachem Gefälle oder an Felsküsten mit vorgelagerten Untiefen. Daraufhin versuchte er, diese Regionen mit einem Sonargerät auszuloten, und fand heraus, daß dort das Echo sehr schlecht zurückgeworfen wird. Seine Beobachtung veranlaßte ihn dazu, eine sehr plausibel klingende Theorie zu entwickeln.

Bei der Verfolgung eines Fischschwarms gelangen Delphine, die sonst in tiefem Wasser leben, in die Küstenzone. Um die Beutetiere genau zu orten, geben sie Ultraschallwellen ab, deren Echo sie empfangen und prüfen. Doch im Eifer der Jagd kann es geschehen, daß die Tiere in eine Untiefe oder an einen schwach geneigten Sandstrand gelangen, der die vom Meeresboden zurückgesendeten Schallwellen in alle Richtungen wirft und deshalb keine Orientierung mehr erlaubt. Die verunsicherten Tiere können nun in Panik geraten und sich alle blindlings in dieselbe Richtung stürzen, entweder ins offene Meer oder auf die Küste zu. Im zweiten Fall kommt es dann zu einer Massenstrandung.

Eine andere Störung des Echoortungssystems wird ebenfalls für Walstrandungen verantwortlich gemacht: Parasitenbefall. Wale können in ihrem Körper zahlreiche Schmarotzer beherbergen, vor allem verschiedene Fadenwürmer wie die knapp 3 cm lange Art *Stenurus globicephalae*, die sich auch im Gehörgang ausbreitet. Bei einem starken Befall können die Schmarotzer die Wahrnehmung der Ultraschallwellen derart beeinträchtigen, daß die Wale völlig die Orientierung verlieren.

Manche Forscher machen einen ganz anderen Faktor für die Strandungen verantwortlich. Sie nehmen an, daß die Wale einen magnetischen Sinn besitzen, mit dessen Hilfe sie Veränderungen im Magnetfeld der Erde wahrnehmen können. Unterschiedliche Feldstärken sollen ihnen die Orientierung in den Meeren erleichtern. Unvermittelt auftretende Störungen jedoch – bekannt als sogenannte „magnetische Stürme" – würden den entsprechenden Sinn der Meeressäuger außer Kraft setzen.

Wenn sich Hochseetiere einer Küste nähern, kann eine solche Störung ihr Orientierungsvermögen völlig durcheinanderbringen; sie wissen nicht mehr, wo sie sich befinden, und enden womöglich an Land. Das würde auch den Schockzustand erklären, in dem sich gestrandete Waltiere meist befinden. Vermutlich können die Wale in den meisten Fällen den Unfall noch rechtzeitig abwenden, denn gemessen an den häufigen Störungen stranden verhältnismäßig wenige Tiere.

Diese Theorie hat allerdings einen Haken: Sie stützt sich auf die Annahme, daß Waltiere einen magnetischen Sinn besitzen. Ein solcher wurde allerdings bisher weder beim Orka noch bei einer anderen Walart entdeckt. Am plausibelsten erscheint die Theorie, die Strandungen durch Störungen des Echoortungssystems erklärt. Obwohl sie noch nicht mit Sicherheit bewiesen ist, wird sie heute von den meisten Fachleuten vertreten.

An einem flachen Sandstrand, von dem die Tiere nicht mehr aus eigener Kraft ins Meer zurückkehren konnten, endete das Leben dieser Gruppe Unechter Schwertwale. Solche Strandungen kommen immer wieder an zahlreichen Küsten der Erde vor. Eine Erklärung für dieses Phänomen steht noch aus, doch vermutlich ist es auf eine Störung im Echoortungssystem der Meeressäuger zurückzuführen.

QUALLEN

Zahllose Urlauber machen jedes Jahr auf schmerzhafte Weise Bekanntschaft mit Quallen, diesen schlüpfrigen Strandgästen, die bei Berührung brennende Quaddeln auf der Haut hinterlassen. Mit ihren zarten, schirmförmigen Körpern, die zu rund 95% aus Wasser bestehen, sind sie an das nasse Element gebunden. Ansonsten stellen Quallen nur wenig Ansprüche an ihre Umgebung, lassen sich gern treiben und nehmen im Lauf ihrer Entwicklung auch mal Umwege in Kauf.

Im Meer begann das Leben auf der Erde. Die allerersten Tiere und Pflanzen entwickelten sich im Wasser, zunächst als Einzeller, später als vielzellige Lebewesen. Zu den ursprünglichsten Tierstämmen, die bis heute völlig auf das nasse Element angewiesen sind, zählen die Hohltiere. Insbesondere die skelettlosen Quallen, die ebenso wie die Korallen diesem Stamm angehören, sind ohne das Meer nicht vorstellbar.

Obwohl Quallen fast vollständig aus Wasser bestehen, hinterließen einige ihrer frühesten Vertreter Abdrücke in Ablagerungsgesteinen, so daß sie als Fossilien erhalten blieben. Bereits im Präkambrium, dem letzten Abschnitt der erdgeschichtlichen Frühzeit (vor rund 1 Mrd. Jahren), haben Quallen gelebt, deren Form sich allerdings nicht mehr genau bestimmen läßt.

Deutlichere Umrisse zeigen dagegen Versteinerungen, die in Südaustralien entdeckt wurden und etwa 600 Mio. Jahre alt sind; diese Quallen ähnelten in ihrer Gestalt bereits den heutigen Tieren. Während des anschließenden Erdaltertums entstanden zahlreiche Quallenarten verschiedener Größen und Formen, von denen jedoch nur wenige Fossilienfunde vorliegen.

Besonders schöne Abdrücke von Quallen fand man im Solnhofener Plattenkalk, der wegen seiner Feinkörnigkeit auch Hohltiere erstaunlich gut konservierte. Diese Gesteinsschicht wurde vor etwa 150 Mio. Jahren, im Jura, abgelagert, zu einer Zeit, als Korallen bereits riesige Kalkgebirge gebildet hatten. So sind z. B. die Körperformen verschiedener Arten der Gattung *Atolla*, die in die Ahnenreihe der Echten Quallen gestellt werden, in den Solnhofener Ablagerungen sehr gut zu erkennen.

Neben den Echten Quallen unterscheiden die Zoologen noch weitere Quallenklassen, deren Stammesgeschichte jedoch kaum durch Fossilien dokumentiert ist: die Hydromedusen, von denen einige Arten sogar im Süßwasser leben, und die Staatsquallen, die sich aus zahlreichen Individuen zusammensetzen, deren Form sich wiederum nach ihrer jeweiligen Aufgabe richtet. Bis auf die Rippenquallen, die einen eigenen Unterstamm der Hohltiere bilden, besitzen sämtliche Arten Nesselkapseln, die dem Beutefang dienen.

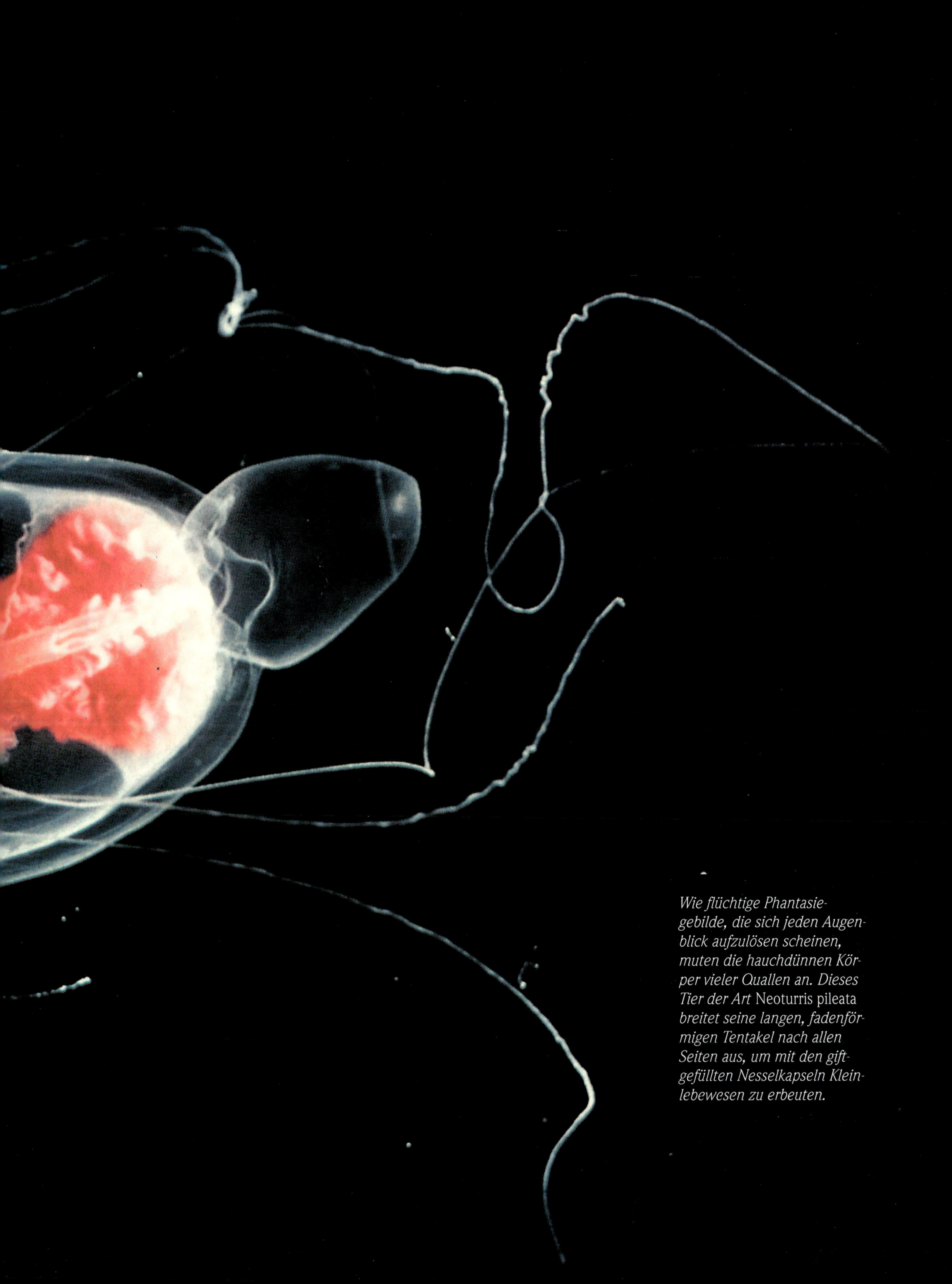

Wie flüchtige Phantasiegebilde, die sich jeden Augenblick aufzulösen scheinen, muten die hauchdünnen Körper vieler Quallen an. Dieses Tier der Art Neoturris pileata *breitet seine langen, fadenförmigen Tentakel nach allen Seiten aus, um mit den giftgefüllten Nesselkapseln Kleinlebewesen zu erbeuten.*

Schleiertanz unter Wasser: Im nächtlichen Scheinwerferlicht offenbart die australische Würfelqualle Chironex fleckeri *ihre volle Eleganz; tagsüber ist diese Art, die Badenden schlimme Brandwunden zufügen kann, im Meer kaum auszumachen.*

In zarten Rottönen präsentieren sich die Leuchtquallen.

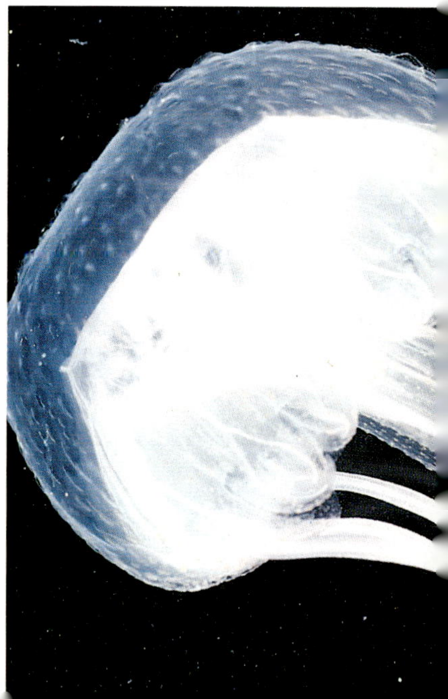

Vagabunden der Meere

Quallen schwimmen in der Regel einzeln im freien Wasser umher; gelegentlich trifft man aber auch auf große Schwärme, die mehrere zehntausend Tiere umfassen. Worauf diese Massenansammlungen zurückzuführen sind, ist noch nicht ganz geklärt. Sicherlich spielen Meeresströmungen dabei eine Rolle, doch häufig pflanzen sich die Quallen einer Art gleichzeitig an einem bestimmten Ort fort, so daß sich große Schwärme gleich alter Individuen bilden. Werden sie von der Strömung auseinandergetrieben, finden sie bald wieder zusammen. Dieses Verhalten ist vor allem bei denjenigen Arten sinnvoll, die ihre Ei- und Samenzellen einfach ins freie Wasser abgeben, weil die Wahrscheinlichkeit einer Befruchtung hierdurch ganz beträchtlich erhöht wird.

Obwohl große Quallenschwärme in Küstennähe keineswegs selten beobachtet werden können, sind die Tiere vorwiegend Bewohner der küstenfernen Schelfzonen oder der hohen See. Jede Art bevorzugt eine bestimmte Meerestiefe, die bis zu 4500 m reichen kann. Zahlreiche Quallen wechseln darüber hinaus entsprechend der Tageszeit die Wasserschichten (siehe Kasten).

Die meisten Arten leben jedoch nahe der Meeresoberfläche, wo sie sich mit rhythmischen Schirmkontraktionen immer in einer gleichbleibenden Höhe halten. Um langsam abzusinken, stellen sie diese regelmäßigen Bewegungen ein und lassen sich treiben. Da ihr spezifisches Gewicht fast identisch mit dem des sie umgebenden Wassers ist, sinken sie nur sehr langsam.

Quallen schwimmen wie die Kraken nach dem Rückstoßprinzip. Ein kräftiger, äußerst leistungsfähiger Ringmuskel, der sich durch den Schirmrand zieht, besorgt die ruckartigen Kontraktionen. Der Druck, der beim Herauspressen des Wassers aus der Schirmhöhle erzeugt wird, treibt die Tiere voran. Manche Quallen wirken beim Schwimmen sehr behäbig, andere hingegen können sich rasch und wendig fortbewegen; die Mittelmeerwespe *(Charybdea marsupialis)* etwa, eine Würfelqualle, schlägt bis zu zweimal in der Sekunde mit dem Schirm und vermag so vielen Feinden zu entkommen. Bei den Vertretern einiger Quallenordnungen zieht sich eine dünne Haut, ein sogenanntes Velum, vom Schirmrand bis zur Mitte der Schirmhöhle und verschließt den Schirm teilweise. Dadurch erhöht sich die Schubkraft bei der Fortbewegung, da der Druck des ausgestoßenen Wassers durch die engere Schirmöffnung ansteigt.

Tägliches Auf und Ab

Manche Quallenarten halten sich im Lauf eines Tages in verschiedenen Meerestiefen auf. Ohrenquallen verbringen die Tagesstunden nahe der Wasseroberfläche (dunkel markiert), während sie sich nachts in eine Tiefe von mindestens 10 m absinken lassen.

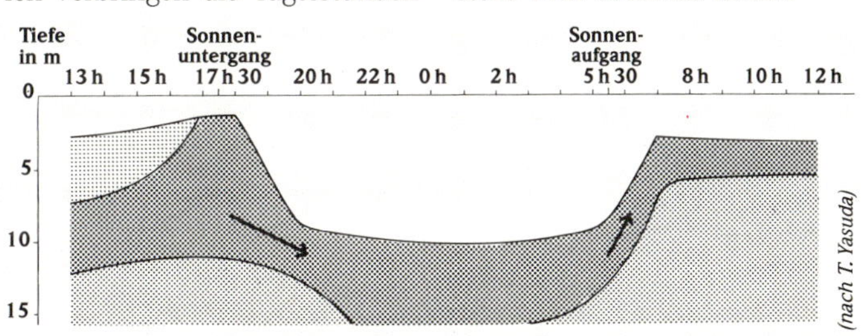

Zu den größten Hydromedusen, einer weniger bekannten Quallengruppe, zählt die unten abgebildete Art der Gattung Aequorea, *deren durchsichtiger Schirm rund 10 cm Durchmesser erreicht.*

Quallen bewegen sich mittels rhythmischer Schirmkontraktionen durchs Wasser.

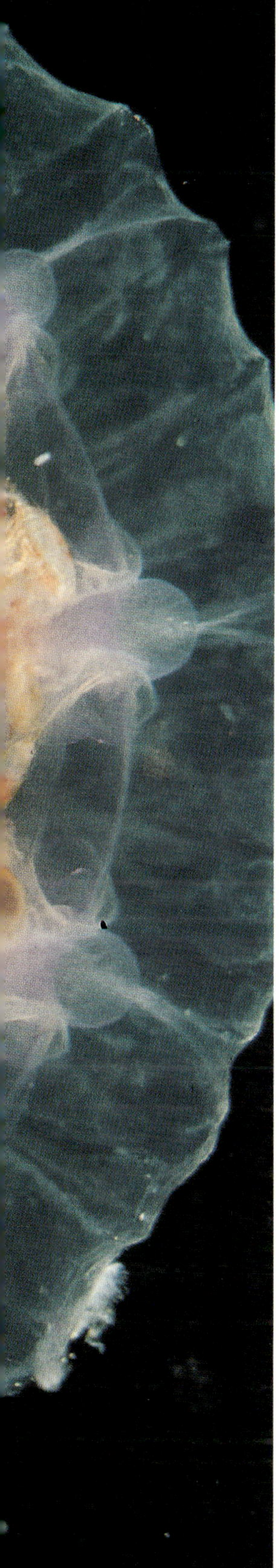

Tödliches Gift aus zarten Armen

Zu den charakteristischen Merkmalen der meisten Quallen zählen die Fang- und Wehrorgane, die als lange, elastische Fäden vom Schirmrand herabhängen. Die Tentakel sind mit Tausenden von Nesselkapseln besetzt, die ein starkes, lähmendes Gift enthalten. Je nach Größe erbeuten Quallen damit Fische, Krebse oder auch Kleintiere des Planktons. Bei Berührung verletzen winzige Stilette den Körper des Opfers, woraufhin die Nesselkapseln ihr Gift entleeren (siehe Seite 112). Zu den „Jägern" unter den Quallen gehören beispielsweise die Würfelquallen und die Haarquallen, deren Gift auch für Menschen sehr gefährlich ist. Die Gelbe Haarqualle *(Cyanea capillata)*, die oft in Massen an Nord- und Ostseeküsten auftaucht, hat eine besondere Technik des Nahrungserwerbs entwickelt: Sie breitet ihre langen, dünnen Tentakel waagrecht nach allen Seiten aus und läßt sich dann langsam absinken. Auf diese Weise vermag die Qualle mit ihren Tentakeln große Bereiche abzufischen, die häufig mehrere Kubikmeter Wasser gleichzeitig umfassen.

Die Größe der Beutetiere übersteigt dabei sogar manchmal die der Jäger. So fand man im Magen einer Kompaßqualle mit einem Schirmdurchmesser von 6 cm zwei Ohrenquallen, die jeweils 5,5 cm maßen, und bei einem Experiment nahmen Ohrenquallen mit einem Durchmesser von 2,5 cm bis zu 12 cm lange Fische auf.

Kleinere Quallen mit nur wenigen Zentimetern Schirmdurchmesser ernähren sich in der Regel jedoch von Kleinlebewesen, aber es gibt auch viele große Arten, die vorwiegend mikroskopisch kleines Plankton aufnehmen. Ohrenquallen vermögen sich sowohl auf die eine wie auf die andere Weise zu ernähren: Sie können einerseits mit ihren Armen Krebse, Würmer und ähnliche Tiere erbeuten, andererseits mit zahlreichen Wimpern, die ihre Oberfläche überziehen, winzige Lebewesen in ihre Mundöffnung strudeln.

Völlig auf Plankton spezialisiert sind dagegen die Wurzelmundquallen. Sie besitzen ein verlängertes, stark verzweigtes Mundrohr, das die Mundöffnung, durch die andere Quallen ihre Beute aufnehmen, weitgehend verdeckt. Ihre Nahrung gelangt nicht auf diesem Weg in den Körper, sondern durch ein System unzähliger Poren und Kanäle, die sich vor allem am Mundrohr finden. Ein Mitglied dieser ungewöhnlichen Ordnung, die Art *Cassiopea xamachara*, läßt sich das Plankton einfach in den Mund fallen: Sie saugt sich mit der Schirmoberseite am Boden fest und spreizt ihre Mundarme, Verlängerungen des Mundrohrs, nach allen Seiten aus. In den so gebildeten Trichter sinken Kleinlebewesen, die daraufhin von Wimpern in die Poren gestrudelt werden.

Ein Blick von oben genügt, um zu wissen, was diese Leuchtqualle (links) in den letzten Stunden gefressen hat. Der durchsichtige Schirm gewährt Einsicht in den großen Magenraum, in dem gerade ein Fisch und zahlreiche kleine Krebse verdaut werden. Täglich nehmen Leuchtquallen ein Mehrfaches ihres Gewichts an tierischer Nahrung auf, die sie mit ihren Tentakeln fangen und zur Mundöffnung befördern.

Verzweifelt versucht sich ein Fisch aus der Umschlingung einer Würfelqualle zu befreien (rechts unten). Doch das Gift aus den Nesselkapseln ihrer langen Tentakel lähmt ihn immer stärker, bis er schließlich entkräftet aufgeben muß.

Manchmal sieht man Quallen in Begleitung kleinerer Fische (oben), denen von den Nesselbatterien offenbar keine Gefahr droht. Die Fische ernähren sich von Beuteresten der Quallen.

Entwicklung mit Umwegen

Zahlreiche Hohltiere machen im Lauf ihres Lebens einen sogenannten Generationswechsel durch, bei dem ein festsitzendes, schlauchförmiges Polypenstadium von einem freischwimmenden Medusenstadium abgelöst wird. Auch auf die meisten Quallen trifft dies zu, doch da der Polyp in der Regel sehr klein ist und im Gegensatz zu den Medusen kaum in Erscheinung tritt, wurde er bei vielen Arten erst sehr spät entdeckt.

Dieser kelchförmige Polyp entwickelt sich aus einer bewimperten Planula-Larve. Er sitzt mit der Fußscheibe auf einem festen Untergrund und fängt, ähnlich wie ein Korallenpolyp, mit seinen Tentakeln Kleinlebewesen aus dem Wasser. Nachdem er eine Zeitlang gewachsen ist, beginnt er mit der sogenannten Strobilation.

Kleine Quallen stapelweise

Von außen nach innen bilden sich waagrechte Einschnürungen, die den Körper des Polypen schließlich in bis zu 30 Scheiben teilen. In dieser Phase ähnelt das Tier einem Stapel von Tellern. Der Rand jeder Scheibe wächst zu acht Lappen aus, an denen Sinneskolben liegen; im Scheibeninnern beginnen sich zahlreiche Muskelstränge zu entwickeln. Sobald diese Umwandlung abgeschlossen ist, löst sich jeweils die oberste Scheibe vom Polypen und schwimmt fortan als Ephyra-Larve frei im Wasser.

Die Ephyra ähnelt bereits einer winzigen Qualle, ist ca. 2 mm groß und muß, bis sie beispielsweise die endgültige Größe einer Ohrenqualle erreicht hat, noch um mehr als das Hundertfache wachsen. Wenn sie in einem Alter von 1 Monat etwa 1 cm mißt, schließt sich der Schirm, und die ersten Tentakelspitzen erscheinen zwischen den Resten der Lappen. Nach weiteren 3 Monaten haben sich die Keimdrüsen entwickelt, und die Tiere können sich nun geschlechtlich fortpflanzen.

Zwei Generationen in einem Leben

Gewöhnlich sind bei den Quallen die Geschlechter getrennt: Es gibt weibliche und männliche Tiere, die normalerweise ihre Keimzellen ins Wasser abgeben. Dort finden dann die Befruchtung und die Entwicklung zur Planula statt. Bei den Weibchen mancher Arten, z. B. der Ohrenqualle und der Kompaßqualle, bleiben die Eier allerdings so lange im Körper, bis sich die Planula aus der befruchteten Eizelle gebildet hat.

Eine Generation der Quallen, die Meduse, pflanzt sich also geschlechtlich fort, mit Ei- und Samenzellen, die andere hingegen, der Polyp, durch ungeschlechtliche Vermehrung, die Strobilation. Allerdings vermehren sich nicht alle Quallen auf diese Weise – es gibt auch Arten ohne ein Polypenstadium wie die der Gattung *Pelagia*. Ihre Planula entwickelt sich sofort zu einer Ephyra. Bei den Arten der Gattung *Stygiomedusa* verweilen die Eier sogar gut geschützt im Körper der Mutter, bis die Jungen ihre Mundöffnung als fertige Quallen verlassen.

Der Generationswechsel der Ohrenqualle

In der Regel entwickelt sich aus der Planula-Larve, die aus einem befruchteten Ei entsteht, ein kleiner Polyp, der am Boden festsitzt und sich nach einiger Zeit mehrfach teilt – ein Vorgang, der „Strobilation“ heißt. Bei einer Wassertemperatur von 8 °C dauert dieser Prozeß etwa 25 Tage, bei 2–4 °C hingegen 50–70 Tage. Abgeschlossen ist die Strobilation, wenn sich Ephyra-Larven vom Polypen lösen, die im freien Wasser zu Quallen heranwachsen. Gelegentlich nehmen Ohrenquallen aber auch einen kürzeren Entwicklungsweg, indem sie das Polypenstadium einfach überspringen (rote Pfeile). Dann entsteht aus der Planula-Larve direkt eine Ephyra, und die ungeschlechtliche Vermehrung entfällt.

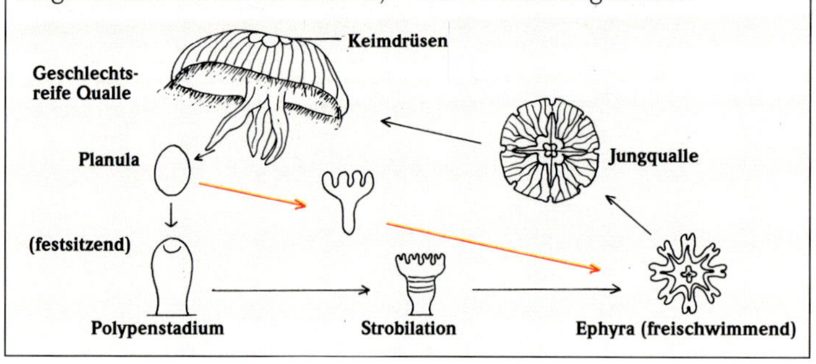

In großen Schwärmen schweben Ephyren als Teil des Planktons im Wasser. Auf der oberen Abbildung sind die Larven von Leuchtquallen zu sehen, die keine festsitzenden Polypen ausbilden. Nur etwa 60 % von ihnen überleben die ersten Tage.

An dieser Ohrenquallen-Ephyra läßt sich der Körperbau gut erkennen. Der Schirm bildet noch keine einheitliche Form. Jeder der acht Randlappen trägt einen Sinneskolben, mit denen sich der Winzling orientiert.

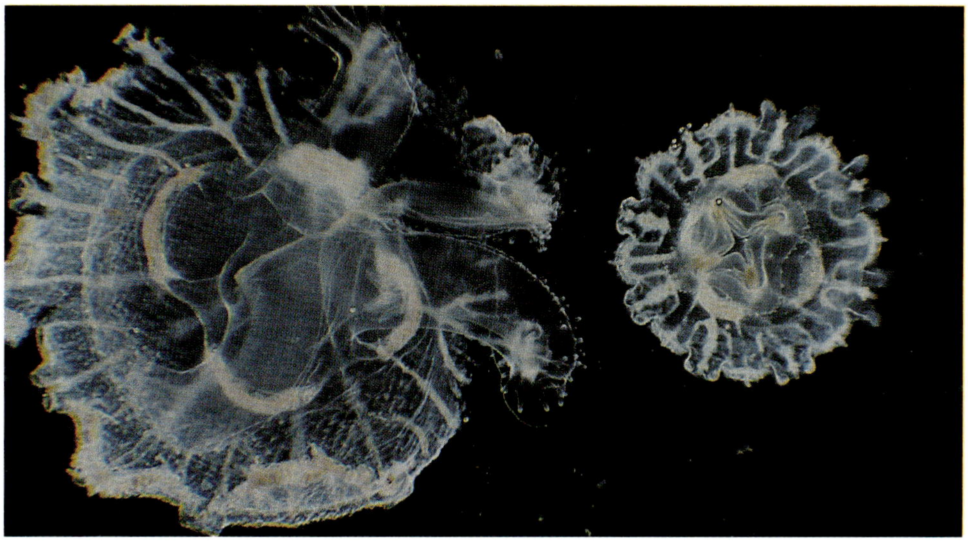

Wenn die Ephyren der Ohrenquallen ein Alter von 1 Monat erreicht haben (links), ist ihr Schirm schon fast geschlossen, und die vier „Ohren", ihre Keimdrüsen, sind im Ansatz bereits zu sehen. Die Tentakel und die großen Mundarme hingegen entwickeln sich erst in den folgenden Monaten.

▶ Die bis zu 40 m langen Tentakel gaben dieser Quallenart den Namen „Gelbe Haarqualle"; sie ist wahrscheinlich die größte Vertreterin der Echten Quallen.

Ohrenqualle

Aurelia aurita

Diese bekannteste Vertreterin der Fahnenquallen ist in allen Weltmeeren verbreitet und kommt auch im Mittelmeer und in der Nord- und der Ostsee vor. Wie alle Fahnenquallen besitzt sie fahnenartig ausgezogene und verbreiterte Fortsätze des Mundrohrs, die Mundarme heißen. Ihr Name leitet sich von der Form ihrer vier sichtbaren Keimdrüsen her, die kreuzförmig angeordnet in der Mitte des Schirms liegen und mit etwas Phantasie an Ohren erinnern.

Mit bis zu 40 cm Schirmdurchmesser zählt die Ohrenqualle zu den großen Medusen. Bis auf die Keimdrüsen, die dunkelviolett gefärbt sein können, ist ihr Körper völlig durchscheinend. Da sie weder ein Skelett besitzt wie die Korallen noch in einem schützenden Panzer oder einer Schale lebt, kann sie sich Feinden nur durch Flucht oder Verteidigung erwehren.

Der Körper der Ohrenqualle besteht zu 98 % aus Wasser; grundsätzlich entspricht sein Bau dem anderer Hohltiere: Eine äußere und eine innere Zellschicht sind durch eine Gallerte mit eingestreuten, spezialisierten Zellen verbunden. Diese gallertige Schicht besteht zum Großteil aus Kollagen und erreicht eine Dicke von mehreren Zentimetern.

In den acht Einkerbungen des Schirmrands liegen sogenannte Sinneskolben, die verschiedene Sinnesorgane enthalten. Lichtsinnesorgane, Gleichgewichtsorgane und Zellen zur Unterscheidung chemi-

	OHRENQUALLE
Art:	*Aurelia aurita*
Ordnung:	Fahnenquallen
Klasse:	Echte Quallen
Merkmale:	Scheibenförmiger Schirm mit acht Einkerbungen, an denen Sinneskolben sitzen; vier kreuzförmig angeordnete Keimdrüsen. Schirm von zahlreichen Kanälen durchzogen, die dem Magenraum entspringen. Kurze, fadenförmige Tentakel; vier breite Mundarme
Maße:	Im Mittel 15–25 cm Durchmesser, gelegentlich bis zu 40 cm
Gewicht:	1–10 kg
Verbreitung:	In allen Ozeanen außer den Polarmeeren, besonders häufig in den gemäßigten und warmen Zonen
Lebensraum:	Relativ flache Meere, freies Wasser und Meeresgrund; Ohrenquallen ertragen auch starke Verschmutzung
Nahrung:	Als Polyp und Ephyra ausschließlich Kleinlebewesen, später kleine bis mittelgroße Tiere und Plankton
Sozialstruktur:	Einzelgänger
Geschlechtsreife:	Mit 1 Jahr (vom befruchteten Ei an gerechnet)
Fortpflanzung:	Geschlechtliche Vermehrung in den gemäßigten Zonen im Frühsommer; Planula-Larven wachsen zu Polypen heran, die von November bis Januar freischwimmende Ephyren abschnüren
Anzahl der Eier pro Gelege:	Mehrere Millionen
Größe beim Schlüpfen:	0,3 mm (Planula)
Lebensdauer:	1 Jahr
Bestand:	Nicht gefährdet

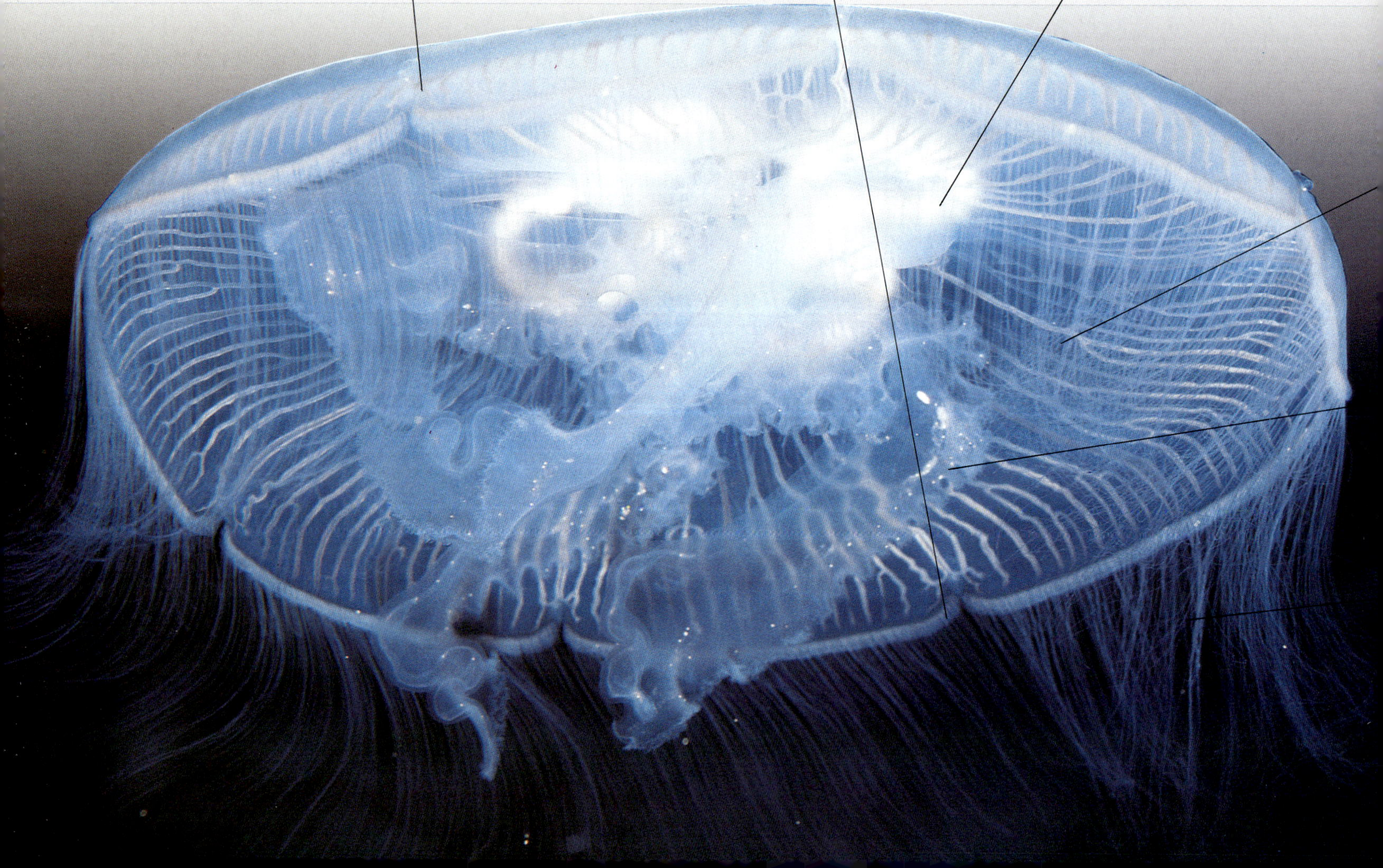

scher Substanzen ermöglichen den Tieren die Orientierung und in einem gewissen Maß auch die Identifizierung von Beutetieren.

Am Rand des tellerförmigen Schirms sitzt eine Reihe kurzer, dünner Tentakel, die dem Beutefang und -transport dienen. Zusammen mit den über die gesamte Körperoberfläche verbreiteten Wimpern befördern sie Nahrungstiere in eine der acht Futtergruben an der Schirmunterseite. Von dort leiten sie die Mundarme in die Mundöffnung, die in den Magenraum führt, an dessen Wänden büschelweise fadenförmige Auswüchse entspringen, die zahlreiche Drüsen zur Bildung von Verdauungsfermenten enthalten. Sie arbeiten erstaunlich schnell; ein kleiner Fisch etwa ist innerhalb von 8 Stunden verdaut. Unverdauliche Reste verlassen den Körper durch die Mundöffnung.

Ebenfalls durch diese Öffnung gelangen die Keimzellen nach außen. Während die Samenzellen wegschwimmen, bleiben die Eizellen in Gruben der Mundarme liegen, wo sich die Entwicklung bis zur Planula-Larve vollzieht; die Larve setzt sich am Boden fest und entwickelt sich zu einem Polypen, der durch ungeschlechtliche Vermehrung kleine Medusen bildet, die sich geschlechtlich fortpflanzen.

Radiärkanäle

Gehen strahlenförmig vom Magenraum aus und ziehen sich bis an den Schirmrand. Bei großen Tieren stark verzweigt.

Mundarme

Vier breite, mit Nesselkapseln besetzte Lappen des Mundrohrs. Ihre Länge entspricht etwa dem Durchmesser des Schirms.

Tentakel

Unzählige kurze, haarfeine Arme am Schirmrand.

Besondere Merkmale

Keimdrüsen

In den ohrenförmigen Keimdrüsen werden die Ei- bzw. Samenzellen gebildet. Sowohl die männlichen als auch die weiblichen Tiere besitzen vier Keimdrüsen, die kreuzförmig am Rand des Magenraums liegen. Sie sind häufig rötlich bis violett gefärbt und kontrastieren damit auffällig zum ansonsten farblosen Körper. Die Weibchen bewahren die befruchteten Eier in speziellen Kammern ihrer Mundarme auf, bis sie sich zur Planula entwickelt haben.

Körperbau

Er entspricht dem für Hohltiere üblichen Schema: Eine äußere Zellschicht bildet die Körperoberfläche und die Tentakel, eine innere den Magenraum. Die Keimdrüsen entstehen aus der inneren, die Sinneskolben aus der äußeren Zellschicht. Gallerte erfüllt den Raum zwischen den beiden Schichten.

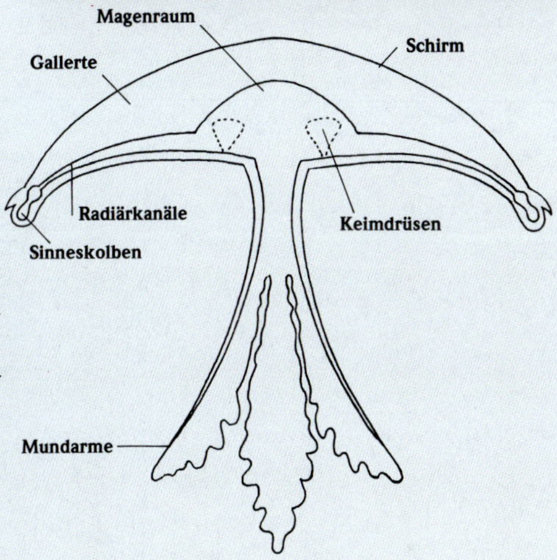

Mundarme

Diese speziellen Verlängerungen der Mundöffnung sind charakteristisch für die Fahnenquallen. An ihrer Außenseite tragen die Mundarme zahlreiche Nesselzellen, die ein für Beutetiere tödliches Gift enthalten; eine weitere Aufgabe der Mundarme besteht im Transport der Nahrung zur Mundöffnung.

Andere Arten

Durch Merkmale wie das Vorhandensein bzw. das Fehlen des Velums, einer Hautfalte am Schirmrand, oder die Anordnung der Sinnesorgane lassen sich Quallen in drei Gruppen einteilen: die Hydromedusen, die Echten Quallen und die Staatsquallen. Letztere werden in einem eigenen Kasten auf der folgenden Seite beschrieben. Während die Echten Quallen auffällige und sehr häufige Arten umfassen, zählen zu den Hydromedusen eher unscheinbare, kleinere Tiere, unter denen nichtsdestotrotz einige interessante Formen zu finden sind.

Von wenigen Ausnahmen abgesehen messen Hydromedusen nur 1–3 cm. Ihre dicke Gallertschicht beherbergt keine Zellen, während die Gallerte der Echten Quallen durch die Einlagerung zahlreicher Zellen eine gewisse Stabilität erhält. Der Schirmrand der Hydromedusen ist zu einem Velum umgeschlagen, das die Öffnung des Schirms wie eine Blende verengt und durch Muskeln noch weiter zusammengezogen werden kann. Dieses Organ, das Echte Quallen nicht besitzen, vermag die Schwimmgeschwindigkeit der Hydromedusen beträchtlich zu erhöhen.

Im Unterschied zu den Echten Quallen, deren acht Sinneskolben gleichmäßig verteilt an Einkerbungen des Schirmrands liegen und in der Regel sehr einfach gebaut sind, weisen Hydromedusen unterschiedlich viele Sehorgane auf, die bei manchen Arten zu richtigen Augen mit linsenartigen Bildungen entwickelt sind.

Die wichtigsten Ordnungen der Echten Quallen sollen hier mit einigen Arten vorgestellt werden. Ordnungen gleichen Namens vertreten die Stielqualle und die Tiefseequalle, die Mittelmeerwespe zählt zu den Würfelquallen. Zu den Fahnenquallen gehören die Leuchtqualle, die Kompaßqualle und die Gelbe Haarqualle, zu den Wurzelmundquallen die Lungenqualle und die Flachwassermeduse.

Hydromedusen

SÜSSWASSERMEDUSE
Craspedacusta sowerbyi
Merkmale: Durchmesser bis 2,2 cm; Schirm flach, 614 Tentakel.
Lebensweise: Schweben in stehenden Gewässern Europas. Polyp bis zu 2 mm lang. Medusen entstehen durch Knospung an den Polypen.

AEQUOREAMEDUSE
Aequorea forskalea
Merkmale: Mit 20 cm, manchmal sogar bis zu 40 cm Schirmdurchmesser eine der größten Hydromedusen. 50–300 Radiärkanäle und ebenso viele, meist sehr lange Tentakel; zahlreiche bunt gefärbte Keimdrüsen.
Lebensweise: Schwimmend, frißt vor allem Krebse und andere Medusen.

Echte Quallen

STIELQUALLE
Haliclystus auricula
Merkmale: Trompetenförmig, bis zu 5 cm hoch. Acht Armbüschel zu je 30–60 Tentakeln.
Lebensweise: Die Larven gehen gemeinsam auf Jagd, bevor sich eine von ihnen zum Polypen umwandelt. Aus diesem Polypen, der an Pflanzen haftet, entsteht eine Meduse, die sich nie vom Boden löst.

MITTELMEERWESPE
Charybdea marsupialis
Merkmale: Schirm würfelförmig, 6 cm groß. Vier lange Tentakel mit Nesselkapseln, die beim Menschen schmerzhafte Verletzungen hervorrufen.
Lebensweise: Schwimmt in 500 bis 1000 m Tiefe.

ROTE TIEFSEEQUALLE
Periphylla regina
Merkmale: Durchmesser bis 20 cm; Schirm glockenförmig, an der Innenseite rostrot gefärbt, Rand mit 16 Lappen und zwölf Tentakeln.
Lebensweise: In großen Tiefen bis mindestens 4500 m verbreitet.

LEUCHTQUALLE
Pelagia noctiluca
Merkmale: Pilzförmiger, rötlich gefärbter Schirm mit 10 cm Durchmesser. Vier lange Mundarme, acht Tentakel. Starkes Nesselgift.
Lebensweise: Aus der Planula entsteht eine Ephyra. Bei Störung intensives Leuchten.

Lampionqualle *(Physophora hydrostatica)*

Portugiesische Galeere *(Physalia physalis)*

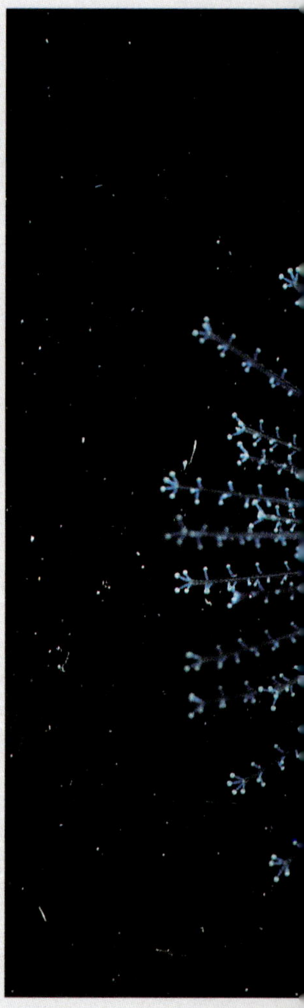

KOMPASSQUALLE

Chrysaora hysoscella

Merkmale: Flacher Schirm mit bis zu 30 cm Durchmesser. Schirmrand mit 32 Lappen; 24 Tentakel, bis zu 2 m lange Mundarme. 16 strahlenförmige, rotbraune Bänder auf der Schirmoberseite.

Lebensweise: Oft in großen Schwärmen. Zwittrige Art; zunächst sind die Tiere männlich, am Ende ihres Lebens weiblich. Die Eier entwickeln sich im Magenraum bis zur Planula.

GELBE HAARQUALLE

Cyanea capillata

Merkmale: Schirmdurchmesser bis über 2 m. Haarförmige, manchmal mehr als 40 m lange Tentakel in acht Gruppen zu je etwa 150 an der Schirmunterseite, die stark zusammengezogen werden können. Mundarme rot, Tentakel rötlich oder gelb, Schirm rötlich. Starkes Gift, das Verbrennungen hervorruft.

Lebensweise: Oft in großer Zahl an der Wasseroberfläche, wo sie ihre Tentakel zum Beutefang weit ausbreitet.

LUNGENQUALLE

Rhizostoma pulmo

Merkmale: Kuppelförmiger, bis 90 cm großer Schirm. Keine Tentakel, aber sehr stark gekrauste, verwachsene Mundarme mit zahlreichen Poren. Schirm gelblich mit blauem Rand.

Lebensweise: Fängt Plankton mit den Mundarmen; nimmt Nahrung über Poren auf, die die Mundöffnung ersetzen.

FLACHWASSERMEDUSE

Cassiopea xamachana

Merkmale: Schirmdurchmesser bis zu 24 cm, acht stark verzweigte Mundarme. Schirmgallerte enthält Zooxanthellen (Algen), mit denen sie in Symbiose lebt.

Lebensweise: Saugt sich mit dem Schirm am Boden in tropischen Mangroven fest. Durch Kontraktionen des Schirmrands fächelt sie sich Wasser zu. Häufig zu Tausenden zu finden.

Chelophyes appendiculata

Tellerqualle *(Porpita porpita)*

Staatsquallen

Die größten Quallen leben nicht als Einzeltiere, sondern ähnlich wie die meisten Korallen in festen Kolonien mit zahlreichen Individuen. Allerdings gibt es bei den Staatsquallen im Unterschied zu den Korallenstöcken eine strenge Aufgabenteilung, die sich in der Form der Einzeltiere widerspiegelt. Man findet in einer solchen Kolonie Wehr- und Nährpolypen mit langen Fangfäden, Geschlechtsmedusen und mit Gas gefüllte Schwimmglocken. Alle diese „Staatsbürger“ entstehen durch ungeschlechtliche Vermehrung aus einer einzigen Larve.

Bei vielen Staatsquallenarten sitzen die Individuen entlang einer schlauchförmigen Achse, an der durch Knospung ständig neue Tiere entstehen. Demgegenüber bilden die scheibenförmigen Staatsquallen floßartige Kolonien, deren Mitglieder an der Unterseite einer schwimmenden Scheibe auf einer Ebene verteilt sind.

Zur ersten Gruppe gehört die Lampionqualle *(Physophora hydrostatica)*. Diese nur wenige Zentimeter große Art zählt zu den schönsten Staatsquallen. Unter ihren in zwei Reihen angeordneten Schwimmglokken befindet sich ein auffälliger Kranz roter Nähr- und Wehrpolypen. Am bekanntesten ist sicher die Portugiesische Galeere, die mit einem bis zu 30 cm langen Schwimmkörper an der Wasseroberfläche treibt. Ihre blauen Fangfäden, die ausgestreckt bis zu 50 m lang werden können, enthalten ein äußerst wirksames Gift, das auch für Menschen gefährlich ist (siehe Seite 166).

Zu den häufigsten scheibenförmigen Staatsquallen gehören die Segelqualle *(Velella velella)* und die Tellerqualle *(Porpita porpita)*, deren Schwimmscheibe 5 cm Durchmesser erreicht und bis zu 100 luftgefüllte Kammern enthält.

Quallen in ihrem Lebensraum

Diese Hohltiere leben in allen Meeren der Erde, vom Äquator bis zu den polaren Zonen. Je weiter man sich von den Tropen entfernt, desto stärker nimmt allerdings die Artenvielfalt ab. Die Tiere besiedeln vor allem die Flachwasserzonen der Ozeane in großer Zahl, weshalb sie auch häufig an Küsten in Massen auftreten, wo sie von den Meeresströmungen zusammengetrieben werden.

Quallen kann man nicht nur im freien Wasser über dem Festlandsockel begegnen, sondern auch in anderen Lebensräumen. Manche Arten wie z. B. die Ohrenqualle halten sich zeitweise am Meeresboden auf, während Tiefseequallen etwa große Tiefen bevorzugen. Eine Gruppe der Hydromedusen findet sich sogar im Süßwasser.

Medusen in Flüssen, Teichen und Seen

Den meisten Naturfreunden dürfte unbekannt sein, daß auch in mitteleuropäischen Teichen eine Quallenart vorkommt, die Süßwassermeduse. Sie erreicht zwar kaum mehr als 2 cm Schirmdurchmesser, erscheint aber gelegentlich in solchen Massen, daß sie das Wasser zu trüben vermag. Möglicherweise wurde die Art mit tropischen Pflanzen in Gewächshäuser eingeschleppt, da sie dort erstmals beobachtet wurde; seit Beginn unseres Jahrhunderts tauchte sie jedoch auch in stehenden Gewässern verschiedener Länder Nord- und Mitteleuropas auf, und sogar im Main kam die Süßwassermeduse früher häufig vor. Heute ist der Fluß jedoch so stark verschmutzt, daß sie in ihm nicht mehr überleben kann.

Ein kurzes Leben

In den gemäßigten Breiten sind Quallen an den Zyklus der Jahreszeiten gebunden und benötigen für ihre Entwicklung ziemlich genau 1 Jahr. Danach sterben die Tiere meist ab, weil sie die kalte Zeit nicht überstehen können, doch ihre Eier, Larven oder Polypen schützen sich gegen den Winter und überdauern bis zum Frühjahr. Erst dann bilden sie Medusen, die ins Meer hinausschwimmen und dort in der Regel nur einige Monate lang leben.

Manche Arten wie vor allem die großen Formen sind jedoch wahrscheinlich nicht ganz so kurzlebig. Einige Wurzelmundquallen beispielsweise, die einen Schirmdurchmesser von mehr als 1 m erreichen, können in wenigen Monaten nicht so schnell heranwachsen. Auch das Wachstum der Gelben Haarqualle, deren Schirm über 2 m groß werden kann, dürfte länger als 12 Monate in Anspruch nehmen.

Medusen in allen Meereszonen

Gewöhnlich kommen Quallen in den Schelfmeeren, den Gewässern über dem Festlandsockel, besonders häufig vor. Die meisten Arten leben in Wassertiefen bis zu 300 m, doch einige Medusen sind auch in tieferen Meereszonen verbreitet.

Unter den Tiefseequallen findet man die verschiedensten Formen mit häufig intensiven Farben, die von Grün über Gelb und Braun bis Rot reichen. Meist leben sie in tropischen Breiten, wie die Arten der Gattung *Periphylla*. Eine von ihnen, *Periphylla regina*, kommt bis in 4500 m Tiefe vor und mißt bis zu 20 cm. Wesentlich kleiner, meist zwischen 1 und 2 cm groß, werden die Arten der Tiefseequallengattung *Nausithoe*, deren Polypen schon in 8300 m Tiefe gefunden wurden.

Während bei den in den obersten Meeresschichten verbreiteten Fahnenquallen, Wurzelmundquallen und Staatsquallen blaue Töne vorherrschen, sind Medusen größerer Tiefen oft rötlich gefärbt. Ihre Körper werden um so dunkler, je tiefer die Tiere hinabsteigen. Diese Farbabstufungen von durchsichtig bis fast schwarz zeigen beispielsweise die Arten der Gattung *Atolla*, die zu den Tiefseequallen gehören und in verschiedenen Zonen leben.

Viele Quallen halten sich nicht ständig in der gleichen Wassertiefe auf, sondern ändern ihr Aufenthaltsgebiet entsprechend der Tageszeit (siehe auch Kasten Seite 151). Diese Auf- und Abbewegungen werden vom Sonnenlicht gesteuert, das die Tiere mit ihren Lichtsinnesorganen wahrnehmen. Sobald es dunkel wird, schwimmen sie aufwärts; bei Helligkeit sinken sie ab. Auf diese Weise folgen Quallen ihren Beutetieren, die dieselben Wanderungen durchführen.

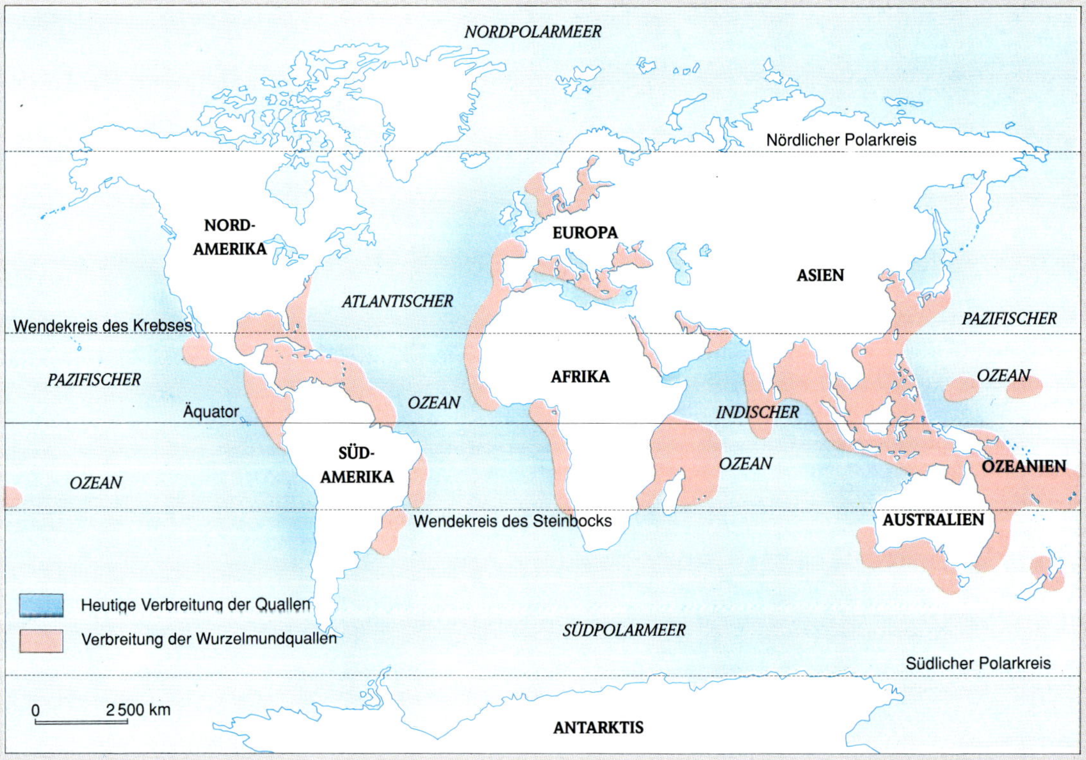

Zahlreiche Quallenarten, unter ihnen die Ohrenqualle, sind weltweit verbreitet; lediglich in den kalten Polarmeeren kommen Medusen kaum vor. Sowohl die Echten Quallen als auch die Hydromedusen erreichen eine besondere Artenfülle in den Tropen. Anders als in den Küstengewässern sind Medusen auf hoher See in der Regel selten und nicht in großen Schwärmen anzutreffen. Bei den Wurzelmundquallen, die sich von Plankton ernähren, beschränkt sich das Verbreitungsgebiet vollständig auf die Schelfmeere, also die relativ flachen Bereiche über dem Festlandsockel. Sie sind durch besonders reiche Nahrungsgründe gekennzeichnet.

Doch nicht nur im freien Wasser leben Quallen, einige Arten gingen vollends zum Bodenleben über. Zu ihnen zählen die bereits erwähnte Flachwassermeduse, die sich im „Kopfstand“ am Boden festheftet, und einige Hydromedusen. Die nur etwa 4 mm großen Medusen der Art *Cladonema radiatum* können zwar auch schwimmen, kriechen aber mit ihren Tentakeln meist auf dem Boden umher. Sogar auf sandigem Untergrund leben Quallen, denen man ihre Familienzugehörigkeit allerdings kaum noch ansieht, da ihr Schirm weitgehend rückgebildet ist.

Feinde und Tischgenossen

Quallen sind trotz ihrer zerbrechlichen Erscheinung äußerst wehrhafte Geschöpfe, weshalb sich die Zahl ihrer Feinde in Grenzen hält. Neben einigen Meeresvögeln setzen ihnen insbesondere Weichtiere aus der Klasse der Furchenfüßer und aus der Gruppe der Fadenschnecken zu, die sich nicht im geringsten von den gefährlichen Nesselzellen abschrecken lassen. Fadenschnecken fressen nicht nur die Medusen, sondern nutzen sogar deren Gift für sich selbst, indem sie die unbeschädigten Nesselkapseln in bestimmten Anhängen auf ihrem Rücken einlagern.

Andere Meeresbewohner wiederum profitieren von der Bewaffnung der Quallen, indem sie sich zwischen deren Tentakeln aufhalten und auf diese Weise vor Freßfeinden geschützt sind. Vor allem junge Stachelmakrelen sammeln sich oft in Schwärmen zwischen den Armen der hochgiftigen Haarquallen oder auch der Lungenquallen. Sie scheinen gegen das Nesselgift immun zu sein, ähnlich wie beispielsweise die Clownfische, die zwischen den Tentakeln von Seeanemonen leben.

Regelmäßige Massenvermehrung

Im Mittelmeer überschwemmt die Leuchtqualle in regelmäßigen Abständen die Küsten. Dieses Phänomen, bei dem über mehrere Jahre hinweg riesige Schwärme der Tiere auftauchen, ist bereits seit Jahrhunderten bekannt und dokumentiert. Um den Ursachen des Massenauftretens auf den Grund zu kommen, werteten französische Wissenschaftler 1989 in einer Untersuchung die Aufzeichnungen zur Häufigkeit der Leuchtqualle aus.

Die Forscher stellten fest, daß sich diese Quallenart in den letzten 200 Jahren immer in einem Rhythmus von ungefähr 12 Jahren massenhaft entwickelte. Diese „Blütezeiten“ schienen stets mit regenarmen Hochdruckwetterlagen zusammenzufallen. Da solche klimatischen Verhältnisse auch die Planktonvorkommen beeinflussen, nimmt man an, daß die große Zahl der Quallen auf die explosionsartige Vermehrung des Planktons zurückgeht.

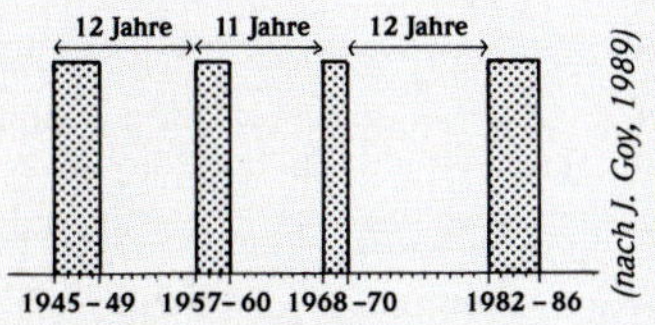

Wie die Tellerqualle schwebt auch diese Fadenschnecke (oben links) aus der Gattung Glaucus *dank eines Luftkissens an der Wasseroberfläche. Ihre blau gefärbte Bauchseite weist dabei nach oben. Diese Nacktschnecke ernährt sich nur von Staatsquallen, die sie bis auf die Schwimmglocke auffrißt; an diese heftet sie daraufhin ihre spiralig gewundenen Laichschnüre.*

Ohrenquallen schwimmen oft in großer Zahl im flachen Wasser nahe den Küsten. Tagsüber sinken sie gelegentlich bis auf den Boden hinab, um bei Einbruch der Dunkelheit wieder zur Wasseroberfläche aufzusteigen.

Wenig Sympathie für giftige Hohltiere

Ekel und Schaudern empfinden viele Menschen, wenn sie an Quallen denken, und dies nicht erst seit unserem Jahrhundert. Die Griechen verglichen sie mit Brennesseln; die Römer nannten sie „Meereslungen", da ihnen offenbar die Wurzelmundquallen am vertrautesten waren, deren Mundarme an Lungen erinnern. Eine besonders häufige Vertreterin dieser Gruppe heißt auch im Deutschen „Lungenqualle", sowohl aufgrund ihrer Gestalt als auch wegen ihrer rhythmischen Schirmkontraktionen beim Schwimmen, die Atembewegungen ähneln.

Ein furchterregendes Wesen als Pate für neuentdeckte Tierarten

Während sich das deutsche Wort „Qualle" im Sinne von „aufgequollenes, schleimiges Tier" auf die Beschaffenheit des Körpers bezieht, stammt der Begriff „Meduse", der das freischwimmende Stadium der Hohltiere bezeichnet, aus der griechischen Mythologie. Medusa war eine der drei furchterregenden Gorgonen, deren Köpfe mit Drachenschuppen und Schlangenhaaren bedeckt waren; sie besaßen große Hauer, Hände aus Erz und goldene Flügel. Jeder, der sie erblickte, wurde augenblicklich in Stein verwandelt, so daß man sich ihnen nur mit abgewandtem Gesicht nähern konnte.

Medusa war die einzige Sterbliche unter den drei Gorgonen – eine Herausforderung, der sich der junge Held Perseus nicht versagen wollte. Er beschloß, dem Ungeheuer den Kopf abzuschlagen und diesen als Beweis für seinen Heldenmut mitzunehmen. Um nicht zu Stein zu erstarren, führte er sein Schwert, indem er das Spiegelbild der Medusa in seinem Schild ansah. Als er das Haupt vom Körper getrennt hatte, entsprangen dem Hals das geflügelte Pferd Pegasus und ein Riese namens Chrysaor. Perseus packte den schrecklichen Kopf in seinen Rucksack und machte sich auf den Rückweg, in dessen Verlauf er mit Hilfe des Haupts der Medusa den König Atlas in ein Gebirge verwandelte.

Soweit die Sage. Obwohl die furchterweckende Medusa kein Meeresungeheuer war, veranlaßte die Menschen ihre Ähnlichkeit mit den Quallen dazu, den Tieren diesen sagenhaften Namen zu geben. Vor allem die Haare der Medusa, die aus giftigen Schlangen bestanden, dürften sie an die nesselnden Tentakel der Quallen erinnert haben. In manchen Sprachen, z. B. im Französischen, heißen die Quallen denn auch „Medusen".

Tiere mit Namen aus der antiken Mythologie

Als einer der ersten Naturforscher versuchte bereits im Jahr 1735 der Schwede Carl von Linné, die Tier- und Pflanzenwelt der Erde in ein übersichtliches System einzuordnen. Die Sprache der Gelehrten war damals Latein, und die Mythen und Sagen der Antike gehörten zur Allgemeinbildung. Deshalb griffen die Gelehrten häufig auf Helden und Götter des klassischen Altertums zurück, wenn sie den Lebewesen wissenschaftliche Namen geben mußten. Linné stellte alle 18 ihm bekannten Quallenarten in die Gattung *Medusa*, die er bei den Würmern einordnete. Die beiden französischen Naturforscher Charles Alexander Lesueur und François Péron, die Anfang des 19. Jh. von einer Expedition nach Australien zahlreiche bis dahin unbekannte Tiere mitgebracht hatten, beschrieben etwa 20 weitere Gattungen. Dabei bezogen sie die gesamte griechische Mythologie in die Namen mit ein. Ihr besonderes Augenmerk galt verständlicherweise den Seefahrergeschichten. So standen die Töchter der Göttin Tethys und des Gottes Okeanos, der das Weltmeer verkörperte, sowie die Meernymphen (Nereiden) bei der Namengebung Pate. Seltsame Geschöpfe wie die Quallen, über deren Einordnung in das System der Lebewesen lange Zeit Unklarheit geherrscht hatte, ließen sich gut mit den rätselhaften Nymphen vergleichen. *Oceania*, *Laodicea* oder *Liriope* heißen bestimmte Quallengattungen noch heute.

Eine herausragende Rolle bei der Namensverleihung spielten jedoch die Gestalten, die im Mittelpunkt des Mythos von der schrecklichen Medusa stehen. Die Gattung *Persa* ist Perseus gewidmet, der die Gorgo Medusa tötete; *Pegasia* und *Chrysaora* sind nach dem Pferd Pegasus und dem Riesen Chrysaor benannt, die aus dem Leib der Gorgo entsprangen, und *Cetosia* erinnert an die Mutter der drei Gorgenenschwestern. Die Flachwassermeduse *Cassiopea andromeda* schließlich verewigt gleichzeitig Cassiopeia und ihre schöne Tochter Andromeda, die Perseus zur Frau nahm.

Heutzutage geben die Forscher neuentdeckten Tierarten meistens recht nüchterne wissenschaftliche Namen; einer internationalen Regelung zufolge sollen sich Artnamen auf körperliche Besonderheiten der Tiere oder auf ihre Lebensweise stützen. In den alten Namen bleiben uns die „sagenhaften" Phantasien der Forscher vergangener Jahrhunderte jedoch auch weiter erhalten.

Meduse und Polyp: zwei Formen eines Lebewesens

Im Unterschied zu den festsitzenden Korallen, die lange als Pflanzen angesehen wurden, ordneten Naturwissenschaftler die frei im Wasser schwimmenden Medusen bereits zu einem frühen Zeitpunkt bei den Tieren ein. Doch die kleinen Polypen, aus denen bei den meisten Arten die Medusen entstehen, galten häufig wie die Korallen als Pflanzen. Aus diesem Grund blieb die Fortpflanzung der Tiere lange ein Geheimnis, denn daß sie sich aus „Pflanzen" entwickeln könnten, wäre den Forschern nie in den Sinn gekommen. Erst um die Mitte des 19. Jh. klärten die beiden dänischen Forscher Sars und Steenstrup den Lebenszyklus der Quallen auf, in dessen Verlauf sich regelmäßig zwei Generationen völlig

Von Creme bis Hellblau reichen die Farbtöne der Wurzelmundqualle Catostylus mosaicus. *Meist schwebt sie nahe der Wasseroberfläche im Indischen und Pazifischen Ozean; besonders zahlreich ist sie vor der Ostküste Australiens vertreten. Wie viele andere Quallenarten wird auch sie häufig von der Brandung an den Strand getragen, wo sie langsam verendet. Ihr empfindlicher Körper bietet keinerlei Schutz vor Austrocknung und kann außerhalb des Wassers nicht bestehen.*

verschiedener Tierformen abwechseln. Die Wissenschaftler stützten sich auf die Untersuchung einer kleinen Hydromedusenart, die zu Ehren eines der beiden Naturgelehrten den Namen *Steenstrupia nutans* trägt.

Fossilien ohne Skelett und Panzer

Beim Anblick des gallertartigen Quallenkörpers kann man sich nur schwer vorstellen, daß ein solches Tier die Jahrmillionen als Versteinerung überdauern konnte. Doch gelegentlich finden sich sogar erstaunlich deutliche Abdrücke von Quallenkörpern in feinkörnigen Ablagerungsgesteinen.

Wie eine solche Fossilisation abläuft, wissen die Fachleute nicht genau. Sie nehmen an, daß es sich bei diesen versteinerten Quallen um Tiere handelt, die von der Flut oder der Brandung an den Strand gespült wurden. Solche Tiere versuchen, wieder ins Meer zu gelangen, indem sie sich heftig bewegen, und dabei dringt Sand in ihre Poren ein und klebt am ganzen Körper fest. Da zahlreiche Bakterien an der Oberfläche der Medusen eine Schleimschicht erzeugen, bildet sich durch die Verbindung dieser Schicht mit dem Sand eine harte Kruste um das tote Tier. Dank dieser blieben wahrscheinlich die Körperformen urzeitlicher Quallen in Stein erhalten.

Ein Stoff für Kriminalisten

Nicht nur Wissenschaftler waren und sind von Quallen fasziniert, sondern auch Maler, Bildhauer und

Während sich ein Schwarm kleiner Fische zwischen den blumenkohlförmigen, mit Nesselkapseln bewehrten Mundarmen dieser Wurzelmundqualle drängt, hält der Taucher respektvoll Abstand. Obwohl nicht alle Arten für Menschen gefährlich sind, ist Vorsicht geboten. Jeder, der schon einmal Bekanntschaft mit dem Nesselgift der Quallen gemacht hat, wird dies bestätigen.

Schriftsteller. Jules Verne etwa erwähnt in seinem Roman *Tausend Meilen unter dem Meer* neben Riesenkraken und verschiedenen anderen schauerlichen Meerestieren auch die Quallen.

Zu literarischen Ehren kamen Quallen in einem Krimi des englischen Schriftstellers Arthur Conan Doyle, des geistigen Vaters des genialen Sherlock Holmes. In der spannenden Erzählung *Abenteuer mit der Löwenmähne* schildert Doyle ein Verbrechen, bei dem das Gift der Gelben Haarqualle eingesetzt wird, die zu den gefährlichsten Quallen zählt. Menschen müssen nicht einmal direkt mit dem Tier in Berührung kommen, um sich zu verletzen, häufig genügt schon der Kontakt mit abgerissenen Tentakeln dieser Quallen, die wegen ihrer Feinheit im Wasser leicht übersehen werden können.

Starkes Gift an zarten Armen

Das Gift der Quallen wird zu Recht gefürchtet, führt es doch auch bei Menschen gelegentlich zum Tod. Die Nesselkapseln, die in rund 0,005 Sekunden abgeschossen werden, enthalten zwar nur kleine Mengen, doch ihr Inhalt wirkt sehr schnell. An den Nesselfäden sitzen winzige Stilette, die den Panzer eines kleinen Krebstiers ebenso leicht durchdringen wie die empfindliche Haut des Menschen.

Wer so unvorsichtig ist, die Fangarme einer Portugiesischen Galeere zu berühren, muß mit mehrstündigem Brennen auf der Haut, starken Schmerzen und sogar Herzbeschwerden rechnen. Das Gift der Würfelquallen führt zu Blasen auf der Haut, zu Schwellungen und zu Krämpfen, die mit dem Tod der Betroffenen enden können. Besonders gefährlich sind für Badende die Arten der Gattung *Chironex*, die sich häufig massenhaft an den Küsten Australiens sammeln, vor allem in flachen Buchten. Jedes Jahr sollen mehrere Menschen ihrem Gift, das zu Kreislaufversagen führt, zum Opfer fallen. Selbst bei sofortiger medizinischer Behandlung bleiben sehr langsam heilende Brandwunden zurück, die deutliche Narben hinterlassen. Aus diesem Grund werden die australischen Küsten im Sommer, wenn die Tiere an den Strand kommen, genau überwacht.

Vergleichsweise harmlos nehmen sich dagegen die Verbrennungen der Leuchtquallen aus, die an europäischen Küsten oft riesige Spülsäume bilden; sie erzeugen Blasen auf der Haut und gelegentlich Fieberanfälle.

Die Gifte der Quallen beschäftigten mehrere Generationen von Wissenschaftlern und führten zu interessanten Erkenntnissen. So entdeckten französische Forscher bei der Untersuchung von Vergiftungen, die auf die Portugiesische Galeere zurückgingen, daß der menschliche Organismus auf eine Substanz, mit der er bereits einmal in Berührung gekommen ist, mit starker Überempfindlichkeit reagieren kann. Diese Reaktion kann sogar zum Tod führen und tritt dann auf, wenn bei dem Betreffenden eine Allergie gegen eine Substanz besteht. Man nennt diesen Zustand „anaphylaktischen Schock". Diese für die Medizin fundamentale Entdeckung öffnete den Weg zur Erklärung des schwierigen Phänomens der Allergie und wurde 1913 mit dem Nobelpreis für Medizin ausgezeichnet.

Quallen im Weltraum

Nicht nur für Mediziner, sondern auch für Zoologen stellen Quallen interessante Forschungsobjekte dar, da sie sehr einfach gebaut sind. Schwierige Zusammenhänge wie beispielsweise die Wahrnehmung von Lichtreizen lassen sich an ihnen auf grundlegende Weise erklären. Da die Lichtsinnesorgane der Quallen eine übersichtliche Struktur zeigen, kann man an ihnen die Funktionsweise der Nervenzellen viel leichter nachvollziehen als bei den komplizierten Augen der Wirbeltiere. Auch der Gleichgewichtssinn der Medusen wurde intensiv erforscht, so daß sich daraus Hinweise auf die menschlichen Organe, die für die Haltung des Gleichgewichts verantwortlich sind, ergaben. Exakt 2478 Quallen gehörten deshalb zur Besatzung des Spaceshuttles *Columbia* bei seinem Flug im Juni 1991.

Ein erstaunlich robustes Tier

Während die riffbildenden Korallen schon bei geringer Wasserverschmutzung absterben, gibt es unter den Quallen Arten, die selbst starke Verunreinigungen ertragen. Bekannt für ihre Widerstandskraft in dieser Beziehung ist z. B. die Ohrenqualle. Sogar in Hafenanlagen kommt sie nicht selten vor, und ihre Planula-Larven setzen sich gern an den Fundamenten von Hafen- und Industriegebäuden fest, wo sich die Polypen entwickeln und Medusen erzeugen.

Ohrenquallen ertragen jedoch die vielfältigen Veränderungen, die Menschen im Meer vornehmen, nicht nur, sie profitieren sogar gelegentlich davon. Da ihnen warmes Wasser zusagt, sammeln sie sich beispielsweise an Kühlwasserzuflüssen von Kraftwerken an, denn dieses Wasser ist um einige Grade wärmer als das der Umgebung. Manchmal kommen die Tiere in solchen Massen zusammen, daß sie die Rohre, aus denen der angenehm warme Strom fließt, völlig verstopfen. Außerdem beeinflußt dieses Kühlwasser ihren ganzen Fortpflanzungszyklus, weil es das ganze Jahr über etwa die gleiche Temperatur besitzt und damit für die Tiere die Jahreszeiten aufhebt. Dies wiederum hat zur Folge, daß die Polypen keine Winterruhe einlegen, sondern immer weiter neue Medusen abschnüren. Welche Auswirkungen eine solche ungehinderte Massenvermehrung der Quallen auf das ökologische Gleichgewicht der Region hat, läßt sich noch nicht abschätzen.

In Stein gehauen, schmückt das Haupt der Medusa den Apollotempel von Didyma, einer antiken Ruinenstätte in der Westtürkei. Der griechischen Mythologie zufolge sollte jeder Mensch, der das Gesicht dieser Gorgo erblickte, augenblicklich zu Stein werden – kein Wunder, denn Medusa wird als furchterregendes Ungeheuer beschrieben, mit Drachenschuppen gepanzert und mit gefährlichen Hauern ausgestattet. Anstelle von Haaren wuchsen ihr giftige Schlangen, was Naturforscher wohl dazu veranlaßte, die mit nesselnden Tentakeln versehenen Quallen auf den Namen „Medusen" zu taufen.

Bildnachweis

Umschlagvorderseite: Doug Perrine/Planet Earth Pictures

Innenteil: S. 4 F. Gohier/Jacana, R. Chastney/Ocean Images, K. Amsler/Jacana, Dr. G. Mazza; S. 5 Monsieur Bonnet, L. Gould/OSF, Visage/Bios, Carré/Jacana; S. 7 J.-P. Varin/Jacana; S. 8/9 Bruce Coleman; S. 10/11 F. Gohier/Jacana; S. 11 o. K. Fink/Ardea; S. 11 u. H. Hall/Black Star/Rapho; S. 12/13 K. Lucas/Planet Earth Pictures; S. 13 o. A. Mounter/Planet Earth Pictures; S. 13 u. J.-P. Varin/Jacana; S. 14/15 F. Gohier/Jacana; S. 15 o. F. Lanting/Bruce Coleman; S. 16/17 F. Gohier/Jacana; S. 18/19 F. Gohier/Jacana; S. 19 o. F. Gohier/Jacana; S. 19 u. J.-P. Varin/Jacana; S. 20 l. F. Gohier/Jacana; S. 20 r. F. Gohier/Jacana; S. 21 o. l. J. D. Wan/Planet Earth Pictures; S. 21 o. r. J.-P. Varin/Visage/Jacana; S. 21 u. F. Gohier/Jacana; S. 23 F. Gohier/Jacana; S. 24 o. Liaison-Earthtrust/Gamma; S. 24 u. Fig-Mag/Gamma; S. 25 K. Amsler/Planet Earth Pictures; S. 26 o. T. Kane/Black Star/Rapho; S. 26 u. J. Mason/Ardea; S. 27 Al Giddings/Ocean Images; S. 28/29 F. Gohier/Ardea; S. 30 u. D. Murrell/Planet Earth Pictures; S. 30/31 o. D. Murrell/Planet Earth Pictures; S. 31 u. Al Giddings/Ocean Images; S. 32/33 F. Gohier/Ardea; S. 33 o. F. Gohier/Jacana; S. 33 u. F. Gohier/Jacana; S. 34/35 Al Giddings/Ocean Images; S. 34 u. F. Gohier/Jacana; S. 35 F. Gohier/Jacana; S. 36/37 J. Hudnall/Planet Earth Pictures; S. 37 J. D. Watt/Planet Earth Pictures; S. 38/39 Al Giddings/Ocean Images; S. 40/41 F. Gohier/Jacana; S. 41 o. F. Gohier/Ardea; S. 41 M. F. Gohier/Jacana; S. 41 u. F. Gohier/Ardea; S. 42 o. F. Gohier/Jacana; S. 42 u. D. White/Ocean Images; S. 43 R. Chastney/Ocean Images; S. 44 F. Gohier/Jacana; S. 45 P. Morris/Ardea; S. 46 F. Gohier/Jacana; S. 47 Y. Glado/Explorer; S. 48/49 N. Tomalin/Bruce Coleman; S. 50/51 R. u. V. Taylor/Ardea; S. 51 K. Amsler/Planet Earth Pictures; S. 52 o. M. Snyderman/Planet Earth Pictures; S. 52 u. W. Deas/Planet Earth Pictures; S. 53 J.-P. Varin/Jacana; S. 54 E.-M. Le Feuvre; S. 54/55 E.-M. Le Feuvre; S. 55 o. Noailles/Jacana; S. 55 u. D. Perrine/Planet Earth Pictures; S. 56/57 M. Pignères; S. 58 R. u. V. Taylor/Ardea; S. 59 o. R. Chastney/Ocean Images/Planet Earth Pictures; S. 59 u. B. Seret; S. 60 o. P. Morris/Ardea; S. 60 u. R. u. V. Taylor/Ardea; S. 60/61 R. u. V. Taylor/Ardea; S. 61 P. Morris/Ardea; S. 63 l. R. u. V. Taylor/Ardea; S. 63 r. R. u. V. Taylor/Ardea; S. 64 C. Francolon/Gamma; S. 64/65 M. Snyderman/Planet Earth Pictures; S. 66 M. Pignères; S. 67 P. Morris/Ardea; S. 68/69 C. Rives/Marina/Cedri; S. 70/71 o. Louisy/Nature; S. 70 C. Rives/Marina/Cedri; S. 70/71 u. C. Rices/Marina/Cedri; S. 71 C. Rives/Marina/Cedri; S. 72 R. u. V. Taylor/Ardea; S. 72/73 C. Rives/Marina/Cedri; S. 73 C. Rives/Marina/Cedri; S. 74 o. Labat/Lanceau/Jacana; S. 74 u. P. Morris/Ardea; S. 75 D. Heuclin; S. 76 C. Roessler/Planet Earth Pictures; S. 76/77 F. Winner/Jacana; S. 77 F. Sauer/Bruce Coleman; S. 78/79 P. Morris/Ardea; S. 80 Labat-Lanceau/Jacana; S. 81 o. K. Ross/Jacana; S. 81 u. J. Mason/Ardea; S. 82 o. C. Rives/Marina/Cedri; S. 82 u. P. Laboute/Jacana; S. 83 o. P. Laboute/Jacana; S. 83 u. R. König/Jacana; S. 84/85 C. Rives/Marina/Cedri; S. 86 R. H. Kuiter/OSF; S. 87 P. Garguil/Bios; S. 88/89 G. Williamson/Bruce Coleman; S. 90/91 R. Jackman/OSF; S. 90 u. P. Parks/OSF; S. 92 J. Burton/Bruce Coleman; S. 92/93 J. Burton/Bruce Coleman; S. 94/95 o. R. Jackman/OSF; S. 94/95 u. J. M. Labat/Jacana; S. 95 A. u. J. Six; S. 96 o. P. Garguil/Bios; S. 96 u. P. Garguil/Bios; S. 96/97 P. Garguil/Bios; S. 97 Bonnet; S. 98/99 R. Jackman/OSF; S. 100/101 P. Garguil/Bios; S. 101 o. H. Reinhard/Bruce Coleman; S. 101 u. H. Chaumeton/Nature; S. 102 M. Laboute/Jacana; S. 102/103 Z. Leszczynski/Animals Animals; S. 103 o. S. Earley/Animals Animals; S. 104 L. Dabouineau; S. 105 o. N. Hautemanière; S. 105 u. Bonnet; S. 106 P. Stone/OSF; S. 107 H. Ausloos; S. 108/109 P. Harrison/OSF; S. 110/111 o. C. Rives/Marina Cedri; S. 110 u. H. Ausloos; S. 110/111 u. D. Parer u. E. Parer-Cook/Auscape; S. 111 P. u. W. Kemp/OSF; S. 112 Dr. G. Mazza; S. 112/113 u. F. Ehrenstrom/OSF; S. 112/113 o. L. Newman u. A. Flowers/Auscape; S. 113 S. de Wilde/Jacana; S. 114 P. Harrison/OSF; S. 114/115 u. P. Harrison/OSF; S. 114/115 o. P. Harrison/OSF; S. 115 u. G. Bull/OSF; S. 116/117 H. Chaumeton/Jacana; S. 118/119 C. Petron/Planet Earth Pictures; S. 119 o. H. Ausloos; S. 119 u. L. Newman u. A. Flowers/Auscape; S. 120 l. M. Pignères; S. 120 r. T. Rock/Animals Animals; S. 121 o. Z. Leszczynski/Animals Animals; S. 121 u. Planet Earth Pictures; S. 122/123 S. de Wilde/Jacana; S. 124/125 Laboute/Jacana; S. 125 C. Rives/Marina Cedri; S. 126 K. Amsler/Jacana; S. 127 C. Guinet/Bios; S. 128/129 C. Guinet/Bios; S. 130/131 A. Visage/Bios; S. 130 u. F. Gohier/Ardea; S. 131 Y. Gouedard/Bios; S. 132/133 o. J.-P. Varin/Jacana; S. 132/133 u. S. Nogg/Marine Mammal Images; S. 133 A. Visage/Bios; S. 134 o. E. u. D. Parer-Cook/Auscape; S. 134 M. E. u. D. Parer-Cook/Auscape; S. 134/135 E. u. D. Parer-Cook/Auscape; S. 135 E. u. D. Parer-Cook/Auscape; S. 136 A. Schulman/Marine Mammal Images; S. 136/137 o. J. Foott/Bruce Coleman; S. 136/137 u. J. Foott/Bruce Coleman; S. 138/139 A. Visage/Bios; S. 140 D. u. E. Parer-Cook/Auscape; S. 141 o. M. Pignères; S. 141 u. J. Foott/Bruce Coleman; S. 142/143 H. Pérez-Cortès/Marine Mammal Images; S. 144 J. Foott/Auscape; S. 144/145 A. Visage/Bios; S. 146 A.N.T./NHPA; S. 147 D. Shale/Oxford Sc. Films; S. 148/149 C. Carré/Jacana; S. 150/151 o. N. Coleman/Bruce Coleman; S. 150 K. Atkinson/Oxford Sc. Films; S. 150/151 u. P. Parks/Oxford Sc. Films; S. 151 P. Parks/Oxford Sc. Films; S. 152/153 P. David/Planet Earth Pictures; S. 153 o. N. Wu/Planet Earth Pictures; S. 153 u. R. u. V. Taylor/Ardea; S. 154/155 o. C. Carré/Jacana; S. 154/155 u. P. Parks/Oxford Sc. Films; S. 155 R. Arnold/Planet Earth Pictures; S. 156/157 F. Ehrenstrom/Oxford Sc. Films; S. 158 K. Lucas/Planet Earth Pictures; S. 159 o. R. Arnold/Planet Earth Pictures; S. 159 u. R. König/Jacana; S. 160 l. P. David/Planet Earth Pictures; S. 160 r. A. Bannister/NHPA; S. 160/161 P. Parks/Oxford Sc. Films; S. 161 o. C. Carré/Jacana; S. 162/163 Y. Lanceau/Nature; S. 163 o. K. Atkinson/Oxford Sc. Films; S. 164 C. u. S. Pollitt/NHPA; S. 165 R. u. V. Taylor/Ardea; S. 166 G. Dagli Orti

Der Inhalt dieses Bandes basiert auf Vorlagen von Larousse, Paris, und Texten der Redaktion Larousse.

Übersetzung:
Sybille A. Illfeld
Claire Knollmeyer
Christiane Landgrebe

Wissenschaftlicher Beirat:
Prof. Dr. Wilbert Neugebauer

Wissenschaftliche Mitarbeit:
Dr. Friedrich Naglschmid
Dr. Dietmar Paschke

Redaktion: Georg Kessler (Projektleitung),
Dr. Angela Meder
Produktion: Heinz Franke
Einbandgestaltung: Gabriele Stammer-Nowack

Entwicklung Sachbuchprogramme
Redaktionsdirektor: Ludwig R. Harms
Senior Editor: Georg Kessler

Produktgrafik
Art Director: Werner Kustermann
Art Editor: Rudi K. F. Schmidt

Materialwirtschaft
Direktor Materialwirtschaft: Joachim Forster
Leiter Produktion Sachbücher und Illustrierte Serien: Joachim Spillner

---

© Société des Périodiques Larousse 1990/1991
© Verlag Das Beste GmbH, Stuttgart 1994

Das Werk einschließlich aller seiner Teile ist urheberrechtlich geschützt. Jede Verwendung außerhalb der engen Grenzen des Urheberrechtsgesetzes ist ohne Zustimmung des Verlags unzulässig und strafbar. Das gilt insbesondere für Vervielfältigungen, Übersetzungen, Mikroverfilmungen und die Verarbeitung in elektronischen Systemen.

Printed in Germany

ISBN 3 87070 423 3